U0215448

"十二五"国家重点图书出版规划项目
中国森林生态网络体系建设出版工程

扬州现代城市森林发展

Modern Urban Forest Development for Yangzhou

彭镇华　等著

Peng Zhenhua etc.

中国林业出版社
China Forestry Publishing House

图书在版编目（CIP）数据

扬州现代城市森林发展 / 彭镇华等著 . —北京：
中国林业出版社，2015.6
"十二五"国家重点图书出版规划项目
中国森林生态网络体系建设出版工程
ISBN 978-7-5038-7995-1

Ⅰ.①扬… Ⅱ.①彭… Ⅲ.①城市林 – 建设 – 研究 –
扬州市 – 现代 Ⅳ.①S731.2

中国版本图书馆 CIP 数据核字（2015）第 108568 号

出版人：金 旻
中国森林生态网络体系建设出版工程
选题策划 刘先银 策划编辑 徐小英 李 伟

扬州现代城市森林发展
编辑统筹 刘国华 马艳军
责任编辑 李 伟 何 鹏

出版发行 中国林业出版社
地 址 北京西城区刘海胡同 7 号
邮 编 100009
E - mail 896049158@qq.com
电 话 （010）83143525 83143544
制 作 北京大汉方圆文化发展中心
印 刷 北京中科印刷有限公司
版 次 2015 年 12 月第 1 版
印 次 2015 年 12 月第 1 次
开 本 889mm×1194mm 1/16
字 数 247 千字
印 张 11
定 价 89.00 元

目　录
CONTENTS

第一篇　扬州现代林业

第二篇　扬州现代林业发展总体规划

第一篇 扬州现代林业

第一章 扬州历史文化与自然环境概述

第一节 运河兴起与扬州经济发展

扬州是我国历史文化名城之一，从建城到现在已经有两千多年历史，对我国政治、经济、文化的发展有过重大贡献。

扬州早期开发是随着吴国强大而发展，吴国是建都在长江下游姑苏（江苏苏州）的诸侯国家。在吴王夫差时期，由于经济社会发展，国家强大，欲与北方齐国争雄。当时海运艰难，江、淮之间河道纵横，行军不利，于是开拓了一条沟通江淮水道。公元前482年，夫差在商（河南商丘）、鲁（山东曲阜地区）之间开沟，北接沂水，西连济水，转入鸿沟，抵于黄河，淮、黄水道打通。至此，吴军可以从苏州出发，经邗沟，过淮河，抵达中原。

《左传·哀公九年》："吴城邗，沟通江、淮。"这条水道以后即名邗沟，又名"邗江"，亦作"韩江"。所筑之城名邗城，是扬州最早的名称。

历史上，扬州的发展与漕运紧密相联，《新唐书·食货志》记载："唐都长安，而关中号称沃野，然其土地狭，所出不足以给京师、备水旱，故转漕东南之粟。"东南漕运，必经运河，扼邗沟入江之口扬州，因此成为重镇。

在唐朝建立之初，为了维护政权的稳定，仰仗江、淮漕运。《漕运》有"高祖武德二年八月，扬州都督李靖运江、淮之米，以实洛阳。"随着唐朝政权的稳固，北方农业生产的恢复，江淮地区的农业也得到迅速的发展，成为当时重要的粮食基地。在北方旱灾或者战争时期，政府依靠漕运，从江淮地区大量调运大米以补充。公元696年，建安王武攸讨伐契丹，陈子昂《上军国机要事》："即日江南、淮南诸州租船数千艘已至巩、洛，计有百万斛，所司便勒往幽州，纳充军粮。"漕运成为当时国家军事物质的重要运输通道。

公元785年，关东大饥，赋调不入，国用益窘，关中饥民蒸蝗而食。至七月，关中蝗食草木都尽。旱甚，灞水将竭，井水苦干，长安城内，饿殍相望。太仓供帝及六宫膳食，不及十日，度支钱谷仅可支七旬，皆赖江淮转输粟帛。

漕运除了是国家物资运输通道外，也是商品运输的重要通道，"舟车既往，商贾往来，百货杂集，航海梯山"，充分说明当时的繁荣景象。

由于扬州地理位置的重要，唐朝开国之初，即设立扬州大都督府，后又设立淮南节度使府，并为盐铁转运常驻地。有时淮南节度使还兼任盐铁转运使，总掌管东南八道诸州财富。杜牧称："三吴者，国用半在焉。"所谓三吴是指吴郡、吴兴、丹阳而言。吴郡就是苏州，吴兴为湖州，丹阳为润州。三郡都在太湖周围，俱是富庶地区，故为当时国用所恃依。而这些国用都经过扬州北运，舳舻相接，衣冠萃集，构成扬州特殊繁荣景象。

扬州是淮南道首府，淮南道所属长江中下游地区的水利和农业发展，为扬州手工业的发展创造了优越的条件，而蕴藏也为手工业生产提供了资源。扬州直属江都、六合、海陵（泰州）、天长等地都有铜、铁、盐。淮南道各州生产铜、铁、盐、丝、麻等，除了各地自用外，还水运至扬州，促进了扬州手工业的发展。

扬州自隋唐以来，即以经济繁荣而著称，虽经历代兵祸破坏，但由于地处要冲，交通便利，土地肥沃，物产丰富，战乱之后，总是很快又恢复繁荣。至清代，虽惨遭十日屠城破坏，但经康熙、雍正、乾隆三朝发展，又呈繁荣景象，成为我国东南沿海一大都会和全国的重要贸易中心。富商大贾，四方云集，尤其以盐业兴盛，富甲东南。

在我国历史上有两个重要的经济地区，即黄河中下游和长江中下游，皆居影响全国的地位，而扬州就在长江中下游经济地区的中心。唐代扬州，不仅扼江南江北运河之口，且有大江横贯其间，形成十字交叉，而扬州正位于这个交叉点上，成为江南地区的交通枢纽，并赖以发展为国内最大的经济都会，甚至是通往国际的重要港口。自扬州入江，东连大海，是通往日本的南路大道；溯江西上，至九江而南，可达洪州（南昌），沿赣江、北江转向交州、广州，可远航东南亚；自九江而西，经鄂州（武昌），西抵巴蜀。东南七道浙江东、西、宣歙、江西、鄂州、湖南、福建以及长江上游的益州、荆州的各种财货，皆可由水道抵运扬州。杜牧称"蜀船红锦重，越橐水沉堆"，充分反映出扬州水上交通情况。由于交通方便，波斯（伊朗）、阿拉伯人经广州或由丝绸之路经长安到扬州从事买卖活动。

历史上扬州经济曾经居全国首位，有"扬一益二"之说。公元808年，《成都记事序》记载："大凡今之推名镇为天下第一者，曰扬、益，以扬为首，盖声势也。"《广陵行》也对扬州的繁盛作了描述："海云助兵气，宝货益军饶。"《扬州春词》："暖日凝花柳，春分散管弦。""满郭是春光，街衢土亦香。""春风荡城郭，满耳是笙歌。"张祜《纵游淮南》："十里长街市井连，月明桥上看神仙。"《送沈卓少府任江都尉》："三千宫女自涂地，十万人家如洞天。"这些充分说明了当时扬州富饶繁盛景况。

第二节 扬州园林与现代城市林业发展

扬州园林是城市经济文化发展的产物。在历史上，帝王的需要和喜好对园林的营造起了非常大的作用。扬州园林两千多年的历史发展，大体上与扬州城市经济文化发展的脉络相一致。扬州初盛于汉，复盛于唐，再盛于清；扬州园林的初始、发展和兴盛，也是如此。扬州园林在历史建设的基础上，集哲学、文学、艺术、建筑等于一体，随着现代城市发展，也得到迅速发展。

一、扬州园林发展的历史

扬州园林历史最早可以追溯到公元前。据记载,汉刘邦之兄刘仲之子,于高祖十二年(公元前154年)受封为吴王,建都于广陵(扬州),并建有宫室林苑。《芜城赋》对宫廷园林描述:"藻扃黼帐,歌堂舞阁之基,璇渊碧树,弋林钓渚之馆",有绘有文采门窗歌堂,悬挂着绣有黑白文饰帏帐舞阁,捕猎听鸟林苑中,满眼是碧树芳草,观鱼垂钓水池边,点缀着如玉山石。

《宋书·徐湛之传》记载:"广陵城旧有高楼,湛之更加修整,南望钟山。城北有坡泽,水物丰盛。湛之更起风亭、月观、吹台、琴室,果竹繁茂,花药成行。"元嘉二十四年,徐湛之被南宋文帝刘义隆派到南兖州刺史,在广陵城对旧高楼曾进行装修,并在城北建亭台,栽植果木花药。这是扬州史籍记载造园活动,利用原有坡地和湿地,建设人工建筑、种植花木山水园林。

早在隋朝,炀帝杨广开通运河,数下扬州,在扬州建江都宫、显福宫、临江宫等行宫。其中江都宫是一座宏丽宫殿建筑群。临江宫在扬子津,宫内有凝晖殿、元珠阁、澄江亭、悬镜亭、寿江亭等。在城北五里建有长阜苑,内有归雁、回流、九里、松林、大雷、小雷、春草、九华、光汾、枫林十宫,在九曲池建有木兰亭等。这些都是有着崇楼杰阁、芳林水榭的皇家宫苑。

唐时扬州,水陆交通发达,商业繁荣,人文荟萃,为东南第一都会,时有"扬一益二"之称。杜荀:"见说西川景物繁,维扬景物胜西川。青春花柳树临水,白日绮罗人上船。夹岸画楼难惜醉,数桥明月不教眠。送君懒问君回日,才子风流正少年。"诗人将扬州描绘得风光无限,犹如一座风景优美的大园林。从唐代咏扬州一些诗句中,"园林多是宅","天碧台阁丽","层台出重霄,金碧摩颢清","九里楼台牵翡翠",可见扬州园林之多。

宫廷园林有水馆、郡圃,郡圃中有春馆。唐朝时圃中就有杏花数十亩。开元年间,太守张宴圃中花盛时:"一株杏令一妓依其旁,立馆曰争春,宴罢夜阑,或闻花有叹息声。"

当时扬州就有很多私家花园,有"绿水接柴门,有如桃花园"、"满院罗丛萱"、"微雨飞南轩"的常氏南郭幽居;青园桥东有"楼台重复,花木鲜秀"、"似非人间"的药商裴谌家的樱花园;有鹤盘孤屿、蝉声别枝、凉月照窗、澄泉绕石的郝氏园;"居处花木楼榭之奇,为广陵甲第"的富商周师儒的家园。由此可见,唐时扬州很流行造园,并且已经有相当水平,在樱花园有似非人境景观。

北宋太祖曾住跸蜀冈,命令在九曲池上建就去亭,后来周淙重建,改名为波光亭。宋代蜀冈上有茶园,生产贡茶,园中建有时会堂、春贡亭等。

庆历五年(1045),韩琦任扬州太守,在郡圃内建有丽极一时的四并堂。孔武仲在《芍药谱》中说,韩琦在谱中得金边芍药四朵,与王安石等四人各得其一,为此建四并堂。而《方舆胜览》则说韩琦建四并堂表示良辰、美景、赏心、乐事四事难并之意。

庆历八年(1048),欧阳修任扬州太守,在蜀冈大明寺侧建平山堂,以后还建有美泉亭。

满径所建私家花园有申申亭,王令在其《题满氏申申亭》:"亭前朱朱有治态,亭下白白无俗枝。好木留存竟见实,恶草除拔无容茨。尝闻景胜未易敌,须有大句相参差。故吾经年不敢往，须有大句相参差。"可见亭园景色美好。

还有朱氏园，王观在其《扬州芍药谱》："扬州朱氏园，芍药最为冠绝。南北二谱所种，几于五六万本。当花盛开，饰亭宇以待游者，逾月不厌。"在郊区建有东园，梅尧臣《东园》中记载："曲阁池边起，长桥柳外横。河浑远波涨，雨急断虹明。云与危台接，风当广厦清。"

经过战乱后南宋时期，主要对以前的园林进行了修复，郭昊在九曲池上重建波光亭，并筑风台、月榭东西对峙于池上。赵巩将郡圃复名为杏花邨，并重建四并堂，植柳种竹，有柳径、竹坡等景。南宋最重要的造园活动是对郡园重建，如嘉靖《淮扬志》记载："自州宅之东，历缭墙入，可百步，有二亭：东曰翠阴，西曰雪芗。直北有淮南道院，后有两庑，通竹西精舍。后有小阜，曰梅坡。上葺茅为亭，曰诗兴。坡之东北隅，有亭曰友山。循曲径而东望，飞檐雕楹，缥缈于高阜之巅（者），是为云山观。乃于池上，为露桥以渡。桥之北，翼以二亭，曰依绿，南有小亭对立，曰弦风，曰箫月。又百余步，始蹑危级而登云山。其下为沼，深广可舟。山之趾二亭，曰濠想，曰剡兴。钓矶在其南，砌台在其北。水之外为长堤，朱栏相映，夹以垂柳。阁于南，为面山亭，于东为留春，曰好音，于西曰玉钩，曰驻屐。观之直北，画栋层出者，为淮海堂。其东巨竹森然，亭其间者，曰对鹤。又东，有道院曰半闲堂。堂之后，为复道而升，与云山并峙，可以眺远者，为平野堂。春日，卉木竞发。扬之游观者不禁，春尽仍止。"

在元代扬州建有平野轩，"元四家"之一倪瓒的《平野轩图》就是以平野轩画，"雪筠霜木影参差，平野风烟望远时。回首十年吴苑梦，扬州依约鬓成丝。"这正是倪瓒在画中描述的景色。

居竹轩是以竹子种植为主的园林，主人成廷圭在诗中写道"定居人种竹，居定竹依人"。表现出主人隐居，以及人种竹、竹依人、人化为竹、竹化为人、物我两忘、天人合一的境界。

明代随着经济逐渐复苏，园林也得到发展。明代扬州园林有平山别墅、苜蓿园、康山草堂、慈云园、谐乐园、影园、嘉树园、休园、红雪楼、迁隐园、小东园、遂初园、竹西草堂、双槐堂、谐春园、乐庸园、冯氏园、员氏园、荣园等。

明代扬州园林，上升到了一个新水平，讲究整体规划、建筑、山水布局与花木的配置。特别是到明代后期，特造园讲究"巧于因借，精在体宜"，追求"虽由人作，宛自天开"理念。

明代产生了我国第一部园林著作《园冶》，作者计成总结数十年造园经验，也是世界上关于造园的第一部开山之作。计成造园的主要代表工程有吴又予园、寤园、影园等。郑元勋在《影园自记》中记载："大抵地方广不过数亩，而无易尽之患，山径不上下穿，而可坦步，然皆自然幽折，不见人工。一花、一木、一石，皆适其宜。审度再三，不宜，虽美必弃"，"是役八月粗具，经年而竣，尽翻成格，庶几有朴野之致，又以吴有计无否善解人意，意之所向，指挥匠石，百不失一，故无毁画之恨。"这充分说明了造园所花的功夫，造园全靠人工，又要体现"不见人工"，各个"皆适其宜"，"不宜，虽美必弃"。

建私家园林在明代蔚成风气，如郑元勋兄弟四人，每个人都有自己私家花园，郑元嗣有王氏园、郑元勋有影园、郑元化有嘉树园、郑侠如有休园。汪氏家族汪士衡有寤园、汪士楚有荣园。

清代，随着盐、漕运的兴起和经济的发展，扬州园林建设也加快了步伐。1664 年，王渔洋在《红桥游记》中记载："出镇淮门，循小秦淮折北，陂岸起伏多态，竹木翁郁，清流映带。人家多因水为园亭树石，溪塘幽窈而明瑟，颇尽四时之美。拿小艇，循河西行，林木尽处，有桥宛然，如垂虹下饮于涧，又如丽人靓妆衦服，流照明镜中，所谓红桥也。游人登平山堂，率至法海寺，舍舟而陆径，必出红桥下。桥四面皆人家荷塘，六七月间，菡萏作花，香闻数里，青帘白舫，络绎如织，良谓胜游矣。"这可以看出当时扬州北郊，也就是城外已经有相当规模私家园林群。

陈维崧在《依园游记》中对当时的依园进行了描述："出扬州北郭门百余武（步）为依园。依园者，韩家园也。斜带红桥，俯映绿水，人家园林以百数十，依园尤胜，屡为名士宴游地"；"由东门至北郭，一路皆碧溪红树，水阁临流，明帘夹岸，衣香人影，掩映生绡画幛间"；"（依园）园不十亩，台榭六七处"；"园门外青帘白舫，往来如织。凌晨而出，薄暮而还，可谓胜游矣"。"人家园林有数十"已蔚然壮观矣！

清朝扬州著名的园林，在城区主要有康山草堂、宛石园、休园、种字园、小方壶、吴园等；东郊有乔氏东园；湖区以及城北有影园、员园、依园、冶春园、卞园、梅花书院、王洗马园等。可见扬州在"康熙盛世"经济繁荣造园规模盛况空前。

二、古代扬州园林的特点

扬州气候温和、雨量充沛、土地肥沃，适宜花木生长。由于靠近江岸，历史上种植杨柳较多，因此有"绿杨城郭"美称。扬州盆景也是我国公认五大盆景流派之一。

杨柳多情，满郭满园。扬州多杨柳，自隋炀帝杨广开始就大规模栽植。隋堤杨柳曾是扬州一条明媚风景线，绿影千里，自汴而淮，又逶迤南来。于是，扬州运河两岸，杨柳绵延，绿荫不尽。然而，"万艘龙舸绿丝间，载到扬州尽不还"（皮日休），一个统一不久王朝，沿着柳丝飘拂河岸，走到尽头。唐代咏隋堤柳的人很多，美丽之中却有那么多深沉教训。白居易咏《隋堤柳》长诗，其结句有"后王何以鉴前王，请看隋堤亡国树"。用语激烈，但未免失之偏颇。杨柳无言，杨柳本身是没有过错的，只是跂立于运河两岸的历史见证者。

唐代扬州，满城杨柳一片绿。在唐人咏扬州的诗歌里，留下美丽的姿影。杜牧诗"街垂千步柳"，想必杨柳已沿街而立，拂人衣肩，成为城中市街两旁的行道树。早于杜牧还有李白诗中"系马垂杨下，衔杯大道间"（《广陵赠别》）句子。郊野呢？诗人窦巩在玉钩亭上，则见到"绿杨如荠绕江城"，从高处远处望，绿杨茂密，如草如荠。而其中一个"绕"字，道出扬州在唐代杨柳已是绿满城郭景象。"络岸柳丝悬细雨"，这是杜荀鹤诗句，展示的是郊野雨中杨柳近观特写。郊野春日，李白在瓜洲看到是，"杨花满江来，疑是龙山雪"；而到了冬日雪中看，景象更为俏丽，正如李嘉祐诗中描述："雪深扬子津，看柳尽成梅。"城南郊扬子津一带，雪中杨柳已是一株株玉树琼枝，被大自然装扮得如诗如画。

宋、元、明三代，许多名花异卉几乎凋零殆尽，惟有杨柳，因易活易长特性，"无心插柳柳成荫"一代一代延续着。在清初太平稳定环境，又逐渐繁茂。于是就有了当时诗坛领袖王渔洋"绿杨城郭是扬州"的盛传名句。

今日扬州城内城外，凡临水处，有一组组一排排杨柳玉立，古柳临风。从南湖荷花池，北至柳湖，以及小秦淮等纵横城河，两岸皆遍植杨柳。自冶春至虹桥，再至五亭桥、熙春台、平山堂，瘦西湖两岸更是柳色如烟，一片葱茏，形成了"两岸花柳全依水"十里杨柳长卷。可以说，今日扬州杨柳，比历史上任何一个朝代，都更为青翠旺盛、婀娜多姿。陈从周在《园韵》中说："经过千年的沿袭，使扬州环绕了万丝千缕的依依柳色，装点成了一个晴雨两宜，具有江南风格的淮左名都，这不能不说是成功的。"

对于欣赏杨柳美，清人李渔在《闲情偶寄》中说："柳贵乎垂，不垂则无柳。柳贵乎长，不长则无袅娜之致，徒垂无益。"现代画家、作家丰子恺也说："杨柳的主要美点，是其下垂。"他在散文《杨柳》中还描述道："湖岸的杨柳树上，好像挂着几万串嫩绿的珠子，在温暖的春风中飘来飘去，飘出许多变度微微的S线来"，"实在美丽可爱"。而在树木之中，与人的感情维系最密切的，大概也要数杨柳了。从《诗经》上的"杨柳依依"，送人戍边出征起，那无边的柳色，碧玉般的枝叶，如雪轻飏的柳絮，就一直带着人世悲欢，在诗词中氤氲着，飘荡着。柔弱枝叶上，系着那么多离别相思、怨恨和忧伤。所以张潮在《幽梦影》里有："物之能感人者……在植物莫如柳。"

扬州园林中杨柳有群植与孤植之分，群植之园，以虹侨修禊、长堤春柳、四桥烟雨诸园为最盛。虹桥修禊四周碧水萦绕，绿浏环合。长堤春柳，高柳沿堤趺立，各呈姿态，连续不断。隔湖荷浦薰风、四桥烟雨，也是柳色绵延、烟起雾笼。基本上都集中于虹桥南北。陈从周对扬州的杨柳印象颇深，有："在瘦西湖的春日，我最爱'长堤春柳'一带，在夏雨笼晴的时分，我又喜看'四桥烟雨'。总之不论在山际水旁，廊沿亭畔，都能安排得妥帖宜人，尤其迎风拂面，予人以十分依恋之感。"（《园韵》）而湖上其余诸园，也以杨柳为花木主景，于是互相形连气贯，在天地间，在碧水岸，晕染出一派绿色，构成美妙景观意境。

因此，可以说湖边水湄多柳是扬州园林一大特色。那种婀娜柔曲优美形态，与蜿蜒曲折湖面，与轻盈的亭、拱曲的桥、透迤的廊又那么协调和谐。园林大师陈从周："苏南后期园林中，杨柳几乎绝迹，然在扬州园中却常能见到，且更具有强烈的地方色彩。因为此地的杨柳，在外形上高劲，枝条疏修，颇多画意，下部的体形也不大，植于园中没有不调和的感觉。"

在园林中一两株、两三株，散植或孤植垂柳，各园都能见到。清人朱锡绥在《幽梦续影》中，"将起画楼先种柳"，一株两株高柳，掩映画楼，引鸟邀月，使园景多自然情趣；而它们春来由鹅黄而嫩绿，夏日有绿绿繁密，秋冬又脱尽绿装，示人气候冷热，四季变化。

个园树木以竹景为胜，而在新拓建北部园中，涵虚堂南黄石叠驳曲池之畔，植有两株垂柳。以青碧的色彩，柔美曲线，摆动丝绦，来映衬那粗夯黄石，飞动瀑布，平静池水，色彩、线条、动静、高低、光影，一切组合都显得那么幽美和谐。在二分明月楼、徐园等处曲池边，孤植垂柳都成了不可或缺的美丽点缀，像从湖边杨柳大家族中，悄悄溜到园里来的小姑娘，在池边嬉戏，在堂前探望，活泼而又美丽。

古木森森，银杏为最。园林中古木是个宝。《园冶》中记载："雕栋飞楹构易，荫槐挺玉难成。"可见古木的难得与宝贵。

　　各种古老树木，树龄达一百年乃至数百年，即进入老年期，国际上习惯以一百年作为古树树龄起点。1981年有关部门作全面调查，扬州有古木十八种，三百零六株。树龄五百年以上至千年的，十八株。一百年至五百年的，二百八十八株。其中，有驼岭巷内的千年唐槐，据记载与唐代李公佐《南柯太守传》有关。李公佐（约770~850）为唐代小说家，其《南柯太守传》作于德宗贞元末。传说游侠之士淳于棼家住广陵郡（今扬州）东，"宅南有大古槐一株，枝干修密，清荫数亩"，于是乃有南柯太守故事。故事乃小说家言，但流传极广，唐人诗文中已用为典实，明代汤显祖还据此作《南柯记》，甚至还附会扬州有南柯太守之墓（王象之《舆地纪胜》卷三十七引《广陵行录》）。但扬州确实有一株唐槐，树龄已有一千多年。这株槐树，胸径达一点六米，主干大部分已朽空，只存北边、东边部分，三米高处分出两大粗枝，向上生长，每至春天枝叶繁茂，夏日还花开串串。仙鹤寺一棵宋代桧柏，树龄在七百年以上，胸径近六十厘米，高十五米，至今枯毙，甚为可惜。

　　过去，扬州园林内，古木较多，不少都是废园故址旧植，树龄比园史要长得多。如乾隆时净香园（江园）内"树石皆数百年物，牡丹本大如桐"。"石壁流淙"园内，"种老梅数百株，枝枝交柯，尽成画格"。卷石洞天"石隙老杏一株，横卧水上，矢矫屈曲，莫可名状"。南园（九峰园）内"有辛夷一树，老根隐见石隙，盘踞两弓之地"。明末清初影园建成之时，即"旧有蜀府海棠二，高二丈，广十围，不知植何年，称江北仅有。今仅存一株，有鲁殿灵光之感"。园内一古桧，倾斜盘曲，附近还有一桧略小，寿亦百年。

　　今寄啸山庄内，百年以上古树，即有白皮松、瓜子黄杨、女贞、朴树、石楠、紫薇、白玉兰、国槐、绿球、圆柏、桂树、罗汉松、广玉兰等。白皮松从湖石假山半山石隙长出，高耸入云，疏枝丽干，秀美潇洒。广玉兰在玉绣楼庭院内，已数百年，冷光翠色，高耸天际。庭院中央那株绣球，枝干四面披散，春日开花千朵，又大又圆，莹白如雪。个园内几株广玉兰，树龄皆在百年以上，高大挺拔，如绿色巨伞。桂花厅西一株百年枫杨，亦挺玉百尺，伫立于湖石夏山曲池之南，俯身聆听夏山上流泉琴韵。个园内更有数株近二百年之圆柏，或盘纡石山之上，或斜倚于高楼之前，为园内增添了古朴雅致的景色。湖上诸园内，一二百年古树名木甚多，如圆柏、枸杞、赤松、冷杉、五针松、桂树、银杏、紫薇、桧柏、山核桃、加罗木、雪松、广玉兰等五十余株，或静立水院，或昂首廊前，或倚山临水，或为低树拥簇。一株株绿荫蔽空，翠色连云，使园林更显苍古幽深。

　　而现存的三百多株古木之中，以银杏为最多，达九十二株。其中五百年以上至千年就有十三株，三百年以上有二十四株。所以陈从周在《园韵》中说："今日古城中保存有巨大银杏的，当推扬州为最。"扬州银杏中，唐宋时代有五株，树龄都在七百年以上，胸径均在一点二米至一点五米之间，最高的达二十三米。如汶河路仙鹤寺园内一株雄银杏树，胸径一点三米，高二十米，树干挺直高大，苍绿繁盛。最古老为石塔之东耸立在文昌中路石塔寺前绿岛上那株唐代银杏，胸径一点四三米，高约十五米，枝繁叶茂，长势良好。一条文昌路，两侧随处可见银杏高大姿影。在市中心街道交口，有数百年以至千年古树白果。其实大多原为私家园林古木，时至今日，在全国也仅此一处。由东向西数，普哈丁墓园内一株，已七百多年。蕃釐观两株，已三百多年，其中一株胸径粗达一米以上，高达二十八米。

东关小学一株，三百多年；商业大厦东侧巷中一株，国庆路口绿岛上一株，胸径一点五米，高达二十米，已五百多年。政协礼堂西侧有一株，胸径近一点六米，高二十米，五百多年。广陵区政府内一株，三百多年；汶河小学内两株，均在五百年以上。石塔寺前绿岛上一株，一千年……一条路上数下来竟有十多株，特别是有两株立于路中绿岛之上，而其中石塔之东的那株千年银杏，树冠阔大，虬枝屈干，又当街而立，远远就能望见它的姿影，被誉为扬州的绿色城标。俗称三元路上："唐宋元明清，从古看到今。"

关于银杏之美，文震亨在《长物志》中说："银杏株叶扶疏，新绿时最可爱。"其实，一年之中银杏有三个时期最可观赏。一如文氏所说在新叶方生之际。春日银杏苍褐老干新枝上，初绿点点，一派蓬勃生机，古茂而又清新。一为夏日银杏结实挂果时节，浓密的绿叶半藏半露着一枚枚淡青粉绿的浆果，显得丰腴而又充实。一为深秋季节鸭蹼之叶将落未落时刻，上下一树秋叶金黄，阳光映照得叶叶透明如蜡，西方称"少女之发"（maiden's hair）。这是银杏一年中最为辉煌灿烂的日子，西北风一吹，金黄树叶纷纷飘落，如黄蝴蝶漫天飞舞，潇洒而又浪漫，带着希望飘落树下，化为尘泥。

扬州银杏，高大挺拔、苍绿古茂、直上苍穹姿影，历经沧桑，显示其雄视千古之生命力，与秀美柔曲、婀娜多姿的杨柳相伴，荣获了市树称号。现在许多路边、园林已广为栽植。

板桥竹影、清丽常春。中华大地是世界最著名竹乡。早在《诗经·卫风》中就以"绿竹猗猗"、"绿竹青青"，来描绘淇水边美丽茂密竹林。《诗经·斯干》中还用"如竹苞矣。如松茂矣"来描写王宫室外松竹之美。晋人戴凯之所撰写我国第一部《竹谱》中，就已记叙了七十多种竹类。它枝干挺秀、意态潇然风姿，凌霜傲雪、虚心向上品格，不仅是历代诗人、画家赞咏描绘对象，也是园林添景增色、群植孤植皆宜的重要绿化树种。"竹林七贤"故事已尽人皆知，刘义庆《世说新语》，又将王羲之之子王徽之爱竹，描述至"不可一日无此君"境界。苏轼在《於潜僧绿筠轩》诗中曰："可使食无肉，不可居无竹。无肉令人瘦，无竹令人俗。"近千年来传颂不衰。所以在住宅庭院及园林中种竹，不仅可以美化环境，还成了避俗趋雅的一种风尚。李渔在《闲情偶寄》中，带着几分揶揄口气说，种竹"能令俗人之舍，不转盼而成高士之庐。神哉此君，真医国手也"。

扬州自古多竹。唐代诗人姚合《扬州春词》中，就有"有地惟栽竹"描述。翻开《扬州画舫录》，清代乾隆年间扬州园林中，处处修篁绿篆，片片青碧竹海。如休园金鹅书屋，"后有修竹万竿"；江园清华堂后"篁筜数万"；石壁流淙阆风堂后，"种竹十余顷"；蜀冈朝旭内"万竹参天"、"竹畦万顷"等等。抽出其中两段具体看一看，如江园清华堂后竹景，"堂后篁筜数万，摇曳檐际。……长廊逶迤，修竹映带。由廊下门入竹径，中藏矮屋曰'青琅玕馆'。联云'遥岑出寸碧（韩愈），野竹上青霄（杜甫）'。是地有碑亭，御制诗云：'万玉丛中一径分，细飘天籁回干云。忽听墙外管弦沸，却恐无端笑此君'。"锦泉花屿多竹，篆竹轩和笼烟筛月之轩一带的竹景，更别具一格。"篆竹轩居蜀冈之麓，其地近水，宜于种竹。多者数十顷，少者四五畦。居人率用竹结屋四角，直者为柱楣，撑者（为）榱栋。编之为屏，以代垣堵。……佳构既适，陈设益精。竹窗、竹槛、竹床、竹灶、竹门、竹联。联云'竹动疏帘影（卢纶），花明绮陌春（王维）'。盖是轩皆取园之恶竹为之，于是园之竹益修而有致""笼烟筛月之轩，竹所也。由篆竹轩过清华阁，土无固志，竹有争心。游人至此，路塞语隔，身在竹中，不闻竹声。湖上园亭，以此为第一竹所。"从李斗的描述中，可见篆竹轩和笼烟筛月之轩一带，简直是一个清新绿竹世界。

扬州园林多竹，以竹为名的园、馆、堂、阁和亭等，就有篠园、个园、听箫园、水竹居以及江园的青琅玕馆、筱溪沙径、趣园的竹间水际，白塔晴云苍筤馆，锦泉花屿篆竹轩，笼烟筛月之轩，东园琅玕丛，卷石洞天中修竹丛桂之堂，让圃碧梧翠竹之间（堂）等。可见，园林中大片群植绿竹，曾是扬州园林绿化的突出特色。如果说杨柳为扬州园林增添了秀丽的景色，那一丛丛、一株株的绿竹修篁，则赋予扬州园林几分潇洒、风雅。

个园景色以竹石为胜。个园原来园门南向，花墙月洞门上，白石为额，阴刻"个园"二字，填以竹青颜色。其中"个"字形如一枝竹叶。西侧十步之遥觅句廊前摘袁枚句"月映竹成千个字"为上联，点破园名含义，而在月洞门东西两侧花坛上，皆散植绿竹，疏疏落落，仪态潇洒。东边花坛竹间，植绿笋石五七峰；西边花坛竹间，植青黑峰石三五峰，皆高低参差，似春笋破土，直蹿而上，构成两幅生意盎然新笋破土春景。虚与实结合，形与义和谐，白墙如纸，竹石如画。以此景置于园门之前，迎人入园，可谓不拘陈格，情趣横生。又藉竹石表现出主人优雅潇洒谦谦君子之风。入园之后，在夏山西南，透风漏月馆之东，皆群植大片修竹，竹里曲径蜿蜒，一派幽深意境。

个园植竹最多处，在新拓北部。从北边新园门至涵虚堂，四望皆竹。有低矮贴地菲白竹、铺地竹，有二三米高的紫蒲头石竹、曙筋矢竹、黎竹、黄金条竹、白哺鸡竹，有高达十一米早竹，有绿叶下垂、形如披针大明竹，有分枝簇生、美丽潇洒孝顺竹，有枝竿金黄黄皮刚竹，有枝竿略呈中粗下细变竹，有竿色紫黑紫竹，有竿上如泪痕点点斑竹，有枝竿茎部如龟甲之龟甲竹，以及罗汉竹、螺节竹等上百个品种，多为群植，高高低低，前前后后，疏疏密密。或静立花墙之下，或掩映曲廊之侧，或簇生青草小坡之上，或迎立曲径两旁，一幅万竹朝天图画就展现于眼前。虽为同类，却姿韵各别。新园门两侧有潘慕如先生所撰楹联一副："春夏秋冬山光异趣，风晴雨露竹影多姿。"上联指园中四季假山胜景，下联则是对园内多姿竹影赞咏。

大片群植的竹丛之外，在园林内，小片散植或孤植也颇多。粉墙之前，瘦石之畔，二三竿秀竹，足成画幅。石涛、板桥都是画竹高手。板桥题画诗有"画竹何须千万枝，两三片叶峭撑持"，"一块峰峦耸太行，两枝修竹画潇湘"，表示这种以简代繁、以少胜多哲理和观赏意趣。

现存扬州园林，不仅个园，其实寄啸山庄、片石山房、徐园、小金山、白塔晴云、观音山紫竹林、史公祠、竹西公园等，处处呈现在人们面前，既有苍翠成片竹景，也有清新雅致竹石小品。曲池岸上，明窗之外，廊前、堂后，处处都有美丽竹影。

名花异卉、四季芬芳。扬州园林花品类繁多，现选择其代表性和地方性较强八种，作简述如下：

梅　花

梅花原产于川、鄂一带，已有三千年以上植培史。《诗经》中有写青年女子在梅树下唱着情歌的《摽有梅》。梅树小枝青绿，树形清雅，花色秀美，幽香四溢。开群芳之前，先天下而春，引领百花，人们喜爱。又因凌霜傲雪、铁骨冰心，称为高尚品格，而被人们称颂。居我国十大名花之首，与松、竹相配，而成"岁寒三友"，与兰、菊、竹相伴，则成"四君子"，称为历代诗画重要题材和赞颂对象。

扬州植梅历史较早，品种也较多，尤以绿萼、玉蝶为胜。古籍中还有一些观梅胜地来扬州选引品种记载。

乾隆时，蜀冈平山堂前有老梅数株，其东万松岭上有"十亩梅园"，赐名"小香雪"。乾隆题诗中有"比雪雪昌若，日香香澹如"诗句。诗人袁枚曾居于金陵随园。据其族孙袁起《随园图说》中记载，随园中"山椒构亭，曰'香雪海'。绕以梅花七百余株。疏影横坡、寒香成海，不啻罗浮、邓尉间也"。据传袁枚老人每于平山堂梅花盛时，迎风冒雪，有舟车百里往来邗上，一探梅花，可见当时堂前岭上梅花之好。道光时姚燮《红桥舫歌》中有一首即写此事："八十老人邗上来，平山堂北看红梅。游人争乞诙谐句，知是钱塘袁子才。"（钱仲联《清诗纪事》）

当时，城北重宁寺旁坡阜，增土为岭。岭上"栽梅花数百株，皆玉蝶种。花比'十亩梅园'迟开一月。极高处有山亭，六角。花时便不见亭"（据《扬州画舫录》）。可见岭上梅花盛况。

湖上植梅甚多，白塔晴云水边有梅花里许，石壁流淙一带种老梅数百，绦园内也有梅花八九亩，但最为游人称道还应推小金山，即梅岭春深。其上，穿岩横穴，遍地皆梅，对面隔树，不通话语。平冈艳雪，岸上颇多梅树，花时冷艳如雪，一片苍茫。李斗在《扬州画舫录》中："湖上梅花以此地为最胜。盖其枝枝临水，得疏影横斜之态。"1960年，园林部门调查梅花时，全市还有骨红、檀香、绿萼、头红、二红、送春、垂梅、龙梅、花梅、杏梅等几十个优良品种。近《扬子晚报》上还有南京梅花山引种扬州墨梅报道。今扬州园林各园都种植梅花，但以史公祠、小金山和盆景园为最多。史公祠已成为纪念性梅花专类园，梅花岭上遍植红梅，衣冠墓北壁嵌梅花石刻四块，墓东西两侧墙垣门上都嵌有"梅花岭"石额，飨堂前廊柱上悬全国名联"数点梅花亡国泪，二分明月故臣心"，堂前庭院东西廊间墙壁上嵌满时任国家主席江泽民及名人赞咏诗词，都歌颂梅花坚贞品格，推崇史可法民族气节，来此赏梅，受益匪浅。

另外，在植物学上与梅花不同科属腊梅，各园亦栽植，其中，以磬口梅为多；而以史公祠后遗墨厅前及徐园疏峰馆一带为胜。

桃 花

我国传统文化自古以来就喜爱桃花。《诗经·桃夭》中就曾以"桃之夭夭，灼灼其华"、"有蕡其实"、"其叶蓁蓁"，来赞誉桃花红艳如火、果实累累和绿叶繁盛形态。扬州植桃历史悠久，品种佳好。有记载，江南茅山乾元观（即南朝齐代陶弘景归隐旧居）道士姜某，自扬州乞得烂桃核数担，在空山月明时下种，次年萌发新苗无数，长达五里有余。这个故事从侧面反映扬州桃树之多。

明末，影园东侧临湖，夹岸多桃柳，延袤映带，景色优美，称为"小桃源"。

清时，湖上长春桥西，植桃树数百株，半藏于丹楼翠阁间。花时，红艳如霞，人面相映，其景即为"临水红霞"，另有桃花庵等胜景。虹桥东岸江园内有桃花池馆，附近坡阜上遍植桃花。平时因花在高阜之后，游人很难看到花开的灿烂景色，而当山溪水发，落花如锦，才随水流出，更有一番情趣。《扬州画舫录》中记载："一片红霞，汩没波际，如挂帆分波。为湖上流水桃花，一胜也。"江园以白桃为多，与之隔湖西岸桃花坞，就以红桃花取胜。园内疏峰馆西，坡阜蜿蜒，坡上桃花，红白相间，如云如霞。园之最西小院在法海桥南，"门内碧桃数十株，琢石为径，人伛偻行花下，须发皆香"（《扬州画舫录》）。

道光七年（1827）钱江韩日华作《扬州画舫词》百首，其中数首是写桃花的。现录其有关桃花庵、桃花坞的两首：

"桃庵昨夜报花开，便有游人放棹来。一路红霞蒸似锦，望中楼台胜天台。"

"桃花坞畔桃花水，水自东流花自开。花落明年更复发，水流此去几时回？"

光绪二十七年（1901），两淮盐运使程仪洛还在原文汇阁故址（今西园饭店）植桃树数百株。花时，也红艳照人。直到民国四年（1915）建徐园前，桃花坞一直以桃花为花木主景。

扬州桃花品种繁多，除有单瓣粉红色、白色桃花外，还有重瓣、花色淡红千叶桃（碧桃）、花色深红绛桃、花色红白日月桃和鸳鸯桃、叶色紫红紫叶桃、枝条下垂垂枝桃、低枝矮脚寿星桃以及洒金碧桃等，现今各园均有栽培。长堤春柳等园还于岸边、路边大量栽植。花发时节，灿烂如霞。岸边有千万绯红"桃腮"，半藏于柳枝间，照影于碧水上，将湖上春光渲染得浓艳至极。而平山堂后，蜀冈西峰之南等处，都有大片大片桃林，春天万树花发，一派霞蒸锦铺景象，俨然如盛世桃源。周瘦鹃称："桃花必须密植成林，花时云蒸霞蔚，如火如荼，才觉得分外好看。"（《拈花集》）

有时散植碧桃三五株于柳间、池畔，也美艳成景。西园曲水浣香谢曲池之南，即作如此安排，景色十分宜人。

紫　藤

藤本花木，扬州园林中多木香、凌霄、金银花、红蓝牵牛、十姊妹、茑萝、爬墙虎等。东圈门刘文淇故居青溪旧屋朝南的小院墙顶上，爬满着青青的凌霄，每当橙红色的凌霄花开放时，东圈门街上的行人，都会缓步而行，细赏细看一番。小金山湖上草堂北山墙边，凌霄攀上一株高高的枯木干头，如一幅枯木逢春图画，也俏丽无限。

藤本花木在扬州园林中栽植得最多、姿态最优美的，首推紫藤。

清时，东关街马氏街南书屋内多植紫藤，并建"紫藤书屋"。篠园旧雨亭花木三绝：一亩老桂，一墙薜荔，一架古藤。石壁流淙园内，石壁之中，有古藤数本，植木为架。春天新绿在杏花之前，花开时累累如璎珞，人行其下，抚项拂肩，如身在绣伞之中。夏秋之时，枝虬叶茂，山径为之占断。锦泉花屿有藤花榭，多植紫藤，绵延一里有余。

现今个园湖石夏山上，一架紫藤，生长十分旺盛。春日紫花悬垂，招蜂引蝶。夏日则枝叶纷披，迎风摇曳，将湖石夏山装点得格外秀丽。史公祠桂花厅前小院中，高架之上一株白花紫藤与木香一起生长。春日先花后叶，白花串串，小院也平添了几分清幽。冶春园的水榭对岸，半河坡上有数十米长的紫藤长廊，条条虬干盘绕屈曲，缘柱而上，春日紫花万串如流苏一般悬垂廊间，夏日又敷荫如盖，枝叶披散，成了一条真正的绿色长廊。

湖上卷石洞天、西园曲水、徐园、长堤春柳诸园亦皆有栽植。长堤春柳中段路西石壁后，植紫藤数丛，虬干由石壁洞穴穿出，攀绕在花架之上。春日也先花后叶，花穗硕大修长，如无数璎珞，紫光照眼，更为游人注目。

平山堂前高架之上的紫藤，已生长有年。春有繁花，夏披绿叶，坐于堂前，从紫花绿叶下看远处江南青山，更富有诗情画意。

扬州紫藤最古老者，在淮海路紫藤园内，植于元末明初。紫藤园昔为元代扬州都督府署，明清时亦为府署。这株古藤已经历了六百多年风雨沧桑，根部一段有青石支撑，干粗逾斗，干上疙瘩突兀，主干偃卧伸展，再盘曲向上，横斜蜿蜒一段，又形似苍龙直跃高架之上。架上枝繁叶茂，又纷披四散。游人立身架下，如在绿屋之中。在这株古藤之西数步，另一株形体稍小，亦有龙姿鹤态，树龄亦在百年之上，盘纡虬曲，攀绕于另一离架之上。

扬州这株元末明初古藤，与誉为苏州三绝之一的拙政园中那株"文衡山先生手植藤"相比，还早一百多年。扬州多古木，计成说"荫槐挺玉难成"，与古城一起经历过千百年沧桑，绿荫和花果都贡献扬州人民。在二十一世纪第一个春天阳光临照时，人们都怀着无限祝福，将驼岭巷中那株唐槐、石塔绿岛上那株唐代银杏和紫藤园内这株元末明初紫藤，合称为"扬州三老"。

荷 花

荷花为夏日清赏，人人喜爱。《广群芳谱》中咏赞荷花的诗词有三卷之多，近五万言。《古今图书集成》草木典内咏荷诗词也有四百多首。荷花皎洁清秀，淡逸芬芳。有人因其出污泥而不染、俊逸清丽，称之为花中君子；有人因其娇艳莹秀、荷裙临风，称之为芙蓉仙子。

扬州水面多植荷，湖上一向有十里荷香不断、两岸柳色绵延之称。湖上诸园，荷花之美也一直为游人喜爱。过去湖边有曙光楼，城内男男女女，每每于夏日荷花开时，侵晓而来，在楼上水滨赏看露荷。

其实，湖上赏荷胜处很多。如江园之荷浦薰风。前湖后浦，湖内种红荷，浦内种白荷；花开时节，红白映发，清香四溢，景色醉人。乾隆第三次南巡时，游幸园内，赐名"净香园"，并作诗二首，其中有"满浦红荷六月芳，慈云大小水中央"及"雨后净依竹，夏前香想莲"之句，均可玩赏。如篠园，在园外湖边疏浚芹田十数亩，尽植荷花，并筑水榭于其中。隔岸仿效，也于湖边种荷。朱花碧叶，两岸相映成景。再如蜀冈朝旭园内，"塘中荷花皆清明前种，开时出叶（瓣）尺许，叶大如蕉"（《扬州画舫录》），则是一种花大叶阔新品类。

荷花美丽多姿。花未开时，可以观叶。如荷钱刚一出水，便田田点缀绿波。待碧叶高擎，又如伞如盖，如轻盈裙裾。"有风即作飘飘之态，无风亦呈袅娜之姿"（李渔《闲情偶寄》），逸致无穷。如若承露带雨，叶上晶莹如珠，滉漾不已，流滚不歇，十分轻灵可爱。既而荷箭高举，时而蜻蜓飞歇，更是一幅美丽图画。待到花开之日，白荷带雨，真洁白无瑕；红荷映日，又灼灼似火。色泽清丽，清香幽远，令人流连不已。

今日瘦西湖上藕塘连界相属，城南荷花池中更广植荷花，城内诸园曲池，也有两枝三叶青荷点缀其中。过去扬州民俗，农历六月二十四日为荷花生日，每年此日，荷花盛开，湖上西园曲水浣香榭前，荷浦薰风，莲性寺、藕香桥及玲珑花界之北水上，熙春台南湖汊，有荷花万朵，供人观赏。

桂 花

桂花，树姿挺秀，绿叶常青，其花细小不逾粟粒，而其芳香则溢于天地。桂花品类不一，花色金黄者，为金桂，花香浓烈；花色黄白者为银桂，花香较浓；花色橙黄者为丹桂，香气较淡。园林中多植于山坡、岸边、庭院或厅堂之前，不惟四季青碧可赏，中秋前后，满园皆会芳香弥漫。

扬州园林多桂，如清代白塔晴云水中有桂屿，种桂数百株，其中还多老桂。蜀冈朝旭园内十字厅，名为青桂山房，厅前有老桂数十株。清初，平山堂大门在寺之西侧，门内亦植老桂百余株。清时，扬州有两个金粟庵，都以植桂闻名。一处地近南湖，在扫垢山尾，原来庵名为扫垢精舍，"康熙五年，灵隐大殿落成后，八月十三日，早落月中桂子。浙僧戴公过扬州，遗四五粒于庵中种之。因又改名金粟庵。……庵左为桂园，园中桂树是月中种子，花开皆红黄色"（《扬州画舫录》）。

另一处金粟庵在湖上四桥烟雨四照轩前，《扬州画舫录》述之甚详，今摘引于下："轩前有丛桂亭，后嵌黄石壁。右有曲廊入方屋，额曰'金粟庵'。……是地桂花极盛。花时园丁结花市，每夜地上落子盈尺，以彩线穿成，谓之桂膏。以子熬膏，昧尖气恶，谓之桂油。夏初取蜂蜜不露风雨合煎十二时，火候细熟，食之清馥甘美，谓之桂膏。贮酒瓶中，待饭熟时稍蒸之，即神仙酒造法，谓之桂酒，夜深人定，溪水初沉，子落如茵，浮于水面。以竹筒吸取池底水，贮土缶中，谓之桂水。"

可见这一处金粟庵名副其实，桂花繁盛。甚至以桂花制出许多饰品（桂球）和油、膏、酒等食品。

如今小金山月观小院内，有金桂数株，中秋时节，桂香溢于花墙之外。个园桂花厅前，寄啸山庄蝴蝶厅西、桂花厅侧等处，皆有丛桂布列，人坐于厅上，则香盈衣袖。

菊 花

菊花是我国传统名花之一。有黄花、芦花、金蕊、金英、甘菊、鞠、秋菊等许多别名。《礼记·月令》中有"季秋之月，鞠有黄华"记述，其实最初只有黄菊。我国栽培菊花已有三千多年历史，屈原赋中"夕餐秋菊之落英"，甚至长期以来人们为"落英"一词还争论不已。其实菊花特点之一，就是花朵枯后不落。《辞海》上释"落"有十五义，其一为"下降、降落。如落叶、落雪；水落石出。《离骚》；'朝饮木兰之露兮，夕餐秋菊之落英'"。苏州周瘦鹃先生说："其实屈大夫并没有错。落，始也，落英就说初开的花，色香味都好，确实可吃。"（《拈花集》）扬州、南京一带至今还有食用菊花脑（嫩头）的习惯，扬派烹饪中还有以菊花入馔的菜肴。

到了晋代，陶渊明酷爱菊花。据说他爱赏九华菊，花型较大，白瓣黄心。可见晋代已有一些新种培育出来。其时，我国菊花已有许多品种，是菊故乡。大约于唐代传入日本，而后又传入欧美。现在全世界已有两万多个菊花园艺品种。菊花具有千姿百态花型，五彩缤纷颜色，傲霜怒放品格，自古就与梅、兰、竹结为"四君子"，成为历代文人画家赞咏重要题材。

扬州艺菊早就闻名于海内。一方面是由于扬州艺菊者一代一代的努力，另一方面也不断引入外地名种，吸收外地艺菊经验和技艺。嘉庆《重修扬州府志》记载："菊种亦近年为繁，士人多从洛中移佳本。"说明是从洛阳一带直接引来名种。至于吸收外地艺菊的经验、技艺，

《扬州画舫录》中有一段叙述:"六安秀才叶梅夫,善种菊。与傍花村种法异,不接艾梗,不植蓬簝……都归自然。著有《将就山房花谱》。以色分类,如铜雀争辉、老圃秋容皆异艳绝世。"

乾隆四十二年(1777),叶梅夫来扬州,寓于湖上田氏冶春诗社园内年余。

"土人周叟,有田数亩,屋数椽,与园为邻。田氏以金购之,弗肯售,愿为园丁于园内种花养鱼。其子扣子,得叶梅夫养菊法,称绝技。"

扬州傍花村人家多种菊,叶梅夫种菊之法与傍花村原来的种法相异。二三百年来,扬州艺菊逐渐形成了一种独特的风格,即不接艾梗,花头只留二三专取清瘦淡逸之致。看来,显然是吸收了不少安徽叶梅夫的经验和技艺。

傍花村在扬州北郊,"居人多种菊。薜萝周匝,完若墙壁。南邻北坨,园种户植。连架接荫,生意各殊。花时填街绕陌,品水征茶"(《扬州画舫录》)。其时,松江沈大成诗中有"碧树平园野,黄花直到门",就是描述傍花村的菊花之盛。李斗所说傍花村这种情况,一直延续到嘉庆、道光年间。嘉道时浙江郎葆辰作《广陵竹枝词》(《桃花仙馆吟稿》),其中有"傍花村里坐团圞,酒压金樽花压栏",写的也是秋日士女如云至傍花村看菊盛况。

除傍花村外,北郊堡城、鹤来村等皆以莳花养菊闻名。清末,扬州有冶春后社,由归里翰林臧谷主持。臧谷有《续扬州竹枝词》百首。其一:"瑟瑟西风满径斜,居人冷淡作生涯。鹤来村里秋光好,依旧重阳卖菊花"。臧谷之后,诗社由孔庆镕主持。孔亦有竹枝词百篇。其中有"采菊何须到宝城,北门城外鹤来村。竹篱茅舍多清洁,一片黄花护短垣"。也是写鹤来村。

堡城在北门外,居民亦世代以种花为业。春则以盆梅、月季为大宗,夏则产栀子,秋则以菊为最盛。养菊也尽得叶梅夫之传。王振世《扬州览胜录》载:"每岁重阳前后,村妇担菊入城,填街绕陌,均以教场为聚集之所。其运出之菊,岁以数万计。次则北门之傍花村、绿杨村、冶春诗社,产菊亦颇盛。"这大体上反映出清末至民初数十年间,扬州北门内外菊花栽植情况。

艺菊专家,除乾隆时之叶梅夫外,清末民初时,城内艺菊名家则有臧谷、萧畏之、陈履之、吴笠仙等多人。

据冶春后社的两位诗人、王振世的《扬州览胜录》和董逸沧的《芜城怀旧录》中所说,臧谷居于府东街桥西花墅,喜种菊,爱菊成癖,称种菊生,又称菊隐翁,晚以菊叟为号。筑问秋馆为艺菊之地,著有《问秋馆菊谱》。分菊为绝品、逸品、上品、中品、次品、又次品诸名目。萧畏之居于文昌阁西之楼西草堂,离桥西花墅不远。幼时学诗于臧谷,师事之,工诗,亦为后社诗人。其艺菊之所名为"萧斋"。萧斋之菊,霉扦为多,花迟耐久,可开至来年春二月。萧有诗曰:"二月犹开秋后菊,六时不断雨前茶。"陈履之也是冶春后社诗人,中年隐于医,家居石牌楼,宅后辟老圃一区,艺菊百种。冶春后社诗人杜召棠《惜余春轶事》中,陈履之"精艺菊。据云,菊类繁赜,有以高为尚,有以短小为尚,有以肥硕为尚。其品不同,其性各异。顺其性而培其本,自然各遂其生。无问寒暑,朝夕课之。每至秋时,则延社友至其家共赏。'翡翠翎'高与檐齐,'金铙'可大于掌,均为吾乡所仅见"。王振世等皆去观赏,王在《扬州览胜录》中记载："所养之'翡翠翎'、'金铙'、'虎须'之属，瘦如幽人，淡而有致。"

萧、陈之后，艺菊名家有画师吴笠仙、顾吉庵及湾子街梦园主人方声如等。

由于一辈辈人不断地培育实践，不断地吸收外地经验、技法，扬州菊花品类丰富、名品迭出。《扬州览胜录》载："菊之种类约有数百。其细种分为前十大名种，后十大名种。前十大名种曰虎须、金铙、乱云、麦穗、粉霓裳、鸳鸯霓裳、翡翠翎、素娥、玉狮子、柳线；后十大名种曰麒麟阁、麒麟带、麒麟甲、玉飞鸾、海裳魂、紫阁、杏红藕衣、玉套环、金套环、白龙须。近年又添出十种新菊，名曰猩猩冠、醉红妆、绿衣红裳、紫宸殿、鹤舞云霄、金鸾飞舞、绿牡丹、醉宝、残霞满月、燕尾吐雪。"近五十年里，又有枫叶芦花、碧玉簪、十丈珠帘、珠帘飞瀑、绿云、宇宙锋、虎啸、牛郎、织女、御黄袍、紫玉（玄玉）、墨荷、黄石公、紫线金钩、玉露冰珠、双色凤凰、帅旗、翠玉等。

从花朵形态看，有纤细流畅柳线、细瓣纷披十丈珠帘，以及花瓣最为阔大帅旗，都十分罕见。从色彩看，有绿茵茵绿牡丹、绿云，深紫近黑墨荷、玄玉等又十分难得。这些品种都各呈色彩风姿。如鹤舞云霄，古铜色、管瓣，瓣纷披后瓣尖又微微扬起，一枚枚瓣尖形状酷似一只只鹤首。花盛开后，长瓣层层纷披，卷曲，犹如群鹤于云间起舞。这一品种虽属一般，但色彩古朴，形态生动。赏菊之法，标准不一，意趣不同。一般观其色彩、花瓣形状、茎叶形态以及脚叶是否齐全、花头多少等。如墨荷，深紫近黑，瓣形宽平如绒，叶的分岔较深，全脚叶，高尺余，二三壮实花头，以花不露心者为上。金黄牡丹、矮脚黄诸种，首先要求花朵色彩金黄、饱满，而再选择茎粗叶全者。

多年来，扬州诸园在艺菊方面都不断有新品育出，每年瘦西湖长堤春柳和徐园，于重阳前后都举行盛大菊展，大立菊、立菊、宝塔菊、悬崖菊、独本菊、案头菊、盆景菊以及各色各样的菊的造型，皆一一展示于游人眼前，色彩斑斓，姿形各异，犹如走入菊的海洋，据日本专家记载，有数千品类。

书带草

书带草，其叶如韭，而颜色苍深则过之。贴地生长，随势纷披，四季常绿。以淄川（今山东淄博）城北东汉经学家郑康成读书处多此草而得名，又称康成读书草。李渔在《闲情偶寄》："书带草其名极佳，苦不得见。"而扬州诸园林及住宅庭院中则为多见，扬州也有人称其为台沿草。

书带草，不问土地肥瘠，不择地势阴阳，不求阳光多少，只要有一些土壤，有一点水分，都能茂盛生长。厅堂台阶边，假山山脚下，古树根四沿，小径两旁边，普遍栽植，用它护根、护坡。在扬州园林中，虽是不起眼的"配角"，但一经其修饰、点缀，园林边边角角布满苍绿之色，有了生气，也增添了书卷气雅致。

陈从周《瘦西湖漫谈》："山旁树际的书带草，终年常青，亦为此地特色。"在《扬州园林与住宅》一文中，说的更为具体："书带草不论在山石边、树木根旁，以及阶前路旁，均给人以四季常青的好感。冬季初雪匀被，粉白若球。它与石隙中的秋海棠，都是园林绿化中不可缺少的小点缀。至于以书带草增假山生趣，或掩饰假山堆叠的疵病处，真有山水画中点苔的妙处。"

园林中一草一木，都有其自身价值，也有它相宜位置，平凡书带草，当是一例。

芍药琼花 两朵奇葩

芍 药

芍药又名将离、绰约、婪春尾、殿春、没骨花、留夷，是我国最古老的传统名花之一。《诗经·郑风·溱洧》中有："维士与女,伊其相谑,赠之以芍药。"溱、洧二水都在河南中部，溱汇于洧，再入颍水。这表明 2500 多年前，黄河流经这片土地上，不但已栽植芍药，而且还以其作为青年男女相约馈赠、表达美好感情礼物。是赠给即将离别情人礼品，所以芍药又名"将离"。《史记》中说，绣山、条谷之山、句檽之山及洞庭之山，皆多芍药。可见到汉代，芍药生长地域已非常广阔。

芍药与牡丹相似，所以牡丹最初叫木芍药。芍药花型丰硕美丽，有红、白、粉等色。久经栽培，已成为著名观赏花卉。

芍药在扬州，每年惊蛰萌芽出土。新芽如一丛丛火苗，紫红鲜艳，热烈奔放，似在表达对春归大地无限激情。两个月后立夏时节，孕育日久茧栗即绽蕾现花。芍药娇艳妍丽，《本草》上说，芍药音谐绰约，美好之貌。芍药确实风姿绰约、娟娟美好。

扬州芍药，大致始于唐而盛于宋。欧阳修于庆历八年（1048）来任扬州太守时，北宋已开国近九十个年头。北宋时扬州，当时欧阳修形容其"琼花、芍药世无伦"，出现海内艳羡两种名花。据传其时，扬州琼花只有后土祠中一株，以其稀有而更为珍异，而芍药则遍植郊野。种花之家，园舍相望。而以朱氏园芍药，最为繁盛。神宗时词人王观所著的《扬州芍药谱》中："今则有朱氏园最为冠绝，南北二圃所种几于五六万株，意其古之种花之盛。未有之也。朱氏当其花之盛开，饰亭宇以待来游者，逾月不绝。"

宋代扬州芍药，不仅数量很多，而且名种迭出，已成为全国芍药栽培和观赏中心。古人留存至今芍药谱，现存四种，即宋代刘攽所撰《维扬芍药谱》（作于 1073 年）、王观所撰《扬州芍药谱》（作于 1075 年）、孔武仲所撰《芍药谱》（作于 1075 年左右），以及明代高濂所撰一种（为其所著《遵生八笺》中《花竹五谱》之一）。除高濂一种论述芍药种植及修剪之法外，前三种都是谈论扬州芍药。其中，刘攽谱载花三十二种，是中国最早一本关于芍药专著。王观谱记三十九种，其时，他正在江都知县任上，对扬州芍药"所见与夫所闻，莫不详熟"。孔武仲谱也记三十二种。可见宋时扬州芍药已有三四十个品种，内中以"冠群芳"、"御衣黄"、"金带围"等最为著名。同时，从宋诗中得知扬州芍药中，还有名品"千叶"。苏轼《题赵昌芍药》中有"扬州近日红千叶，自是风流时世妆"。苏辙诗"千叶团团一尺余，扬州绝品旧应无"。王十朋诗"千叶扬州种,春深霸众芳"。可知"千叶"为风流霸众芳扬州芍药中绝品，为诗人们所激赏。所谓千叶，即千瓣。从诗中描述，"千叶"为红色，花瓣千百，团团一尺有余，疑为楼子型。此种"千叶"，宋以后扬州绝少。直到雍正时《古今图书集成》博物编草木典中才见，"临晋县，物产芍药，有红白紫数色，千叶单叶楼子数种"，疑即为扬州"千叶"之遗存。

"金带围"，为"楼子型，迟花品种。粉水红色，圆桃，花大，花径约十二至十三厘米，起楼。大瓣倒卵圆形，中间围一圈退化黄蕊，为其主要特征，故名金带围"（韦金笙《芍药》）。

因其一圈黄蕊，似在花朵"腰"部，又称为"金缠腰"。

关于"金带围"，曾经做过扬州司理参军北宋科学家沈括，在他的《梦溪笔谈·补笔谈》中还记述过一则"四相簪花"故事：韩琦于庆历五年（1045）为扬州太守时，府署后园中有芍药一干分四歧，歧各一花。每朵花瓣上下红色，中间围一圈黄色花蕊，是一种叫"金缠腰"新品种，韩琦十分奇异，拟再邀约三人，同来观赏，以应四花之瑞。其时，大理寺评事通判王珪、大理寺评事金判王安石两人适在扬州，均应约。尚缺一人则以州钤辖诸司使某公充数。翌日，某公染小恙，暴泄不断，未能应约。临时邀约正好路过扬州大理寺丞陈升之参加。酒至中筵，剪四花，四人各簪一朵。后三十年间，传为佳话，正巧四人皆为宰相。

韩琦于仁宗庆历年间来守扬州，沈括为仁宗嘉祐进士，神宗时曾参与王安石变法活动。笔谈中所记簪花、拜相之事，当不至于虚诞。但就在这出之偶然、事有巧合记叙中，却道出了当时扬州芍药生长茂盛。

孔武仲《芍药谱》："扬州芍药，名于天下，非特以多为夸也。其敷腴盛大而纤丽巧密，皆他州所不及。""千叶"的"团团一尺余"，"金带围"的一枝四蒂并开，都是明证。

诗人苏轼曾多次来往于扬州。宋哲宗元祐七年（1092），苏轼曾为扬州知府。他对扬州芍药情况该是十分熟悉。《东坡志林》："扬州芍药天下冠"，是对扬州芍药生长繁盛和品类佳好的概括和赞誉。《东坡志林》中还记叙了蔡京守扬州时，仿洛阳牡丹万花会而作芍药万花会，搜聚绝品十余万本，"于厅宴赏，旬日既残归各园"。加上胥吏又从中行事，敲诈打劫，扬人不堪其苦。东坡到任时，正是芍药盛开时节，得知花会旧例，决定废止。在给友人王定国的信中曾提及此事。"花会检旧案，用花千万朵，吏缘为奸，乃扬州大害，已罢之矣。虽杀风景，免造业也。"（张邦基《墨庄漫录》）

南宋绍兴三十一年（1161），金主完颜亮率兵攻占洗劫扬州。十五年后淳熙三年（1176），词人姜夔经过扬州时，虽然"二十四桥仍在"，而"桥边红药"已是劫后余花了。

明代扬州芍药，规模已大不如宋时，但也偶有佳品。如出现过一种极为罕见黑芍药，其色深紫近黑，人赠徐渭两枝，清水供于瓶中。徐渭诗曰："花是扬州种，瓶是汝州窑；注以东吴水，春风锁二乔。"诗以二乔喻花，其美艳风姿尽在其中。

清初扬州，园林渐盛，各园皆辟花圃，为四季莳花之地。康熙年间，从茱萸湾到瘦西湖城北一带皆种芍药，而以茱萸湾和湖畔小园最为著名。孙豹人《扬州竹枝词》："芍药花开罗绮新，茱萸湾棹木兰频。"描述城中士女纷纷打桨驾船前去茱萸湾观赏芍药。小园在二十四桥旁，园方四十亩，中有十余亩尽为芍田。花开时节，亦士女如云。孙豹人《小园芍药诗》，陈淏子《花镜》说"芍药惟广陵者为天下最"，并记载了扬州芍药八十八个品种。乾隆年间，北郊自茱萸湾至蜀冈、瘦西湖，广种芍药。禅智寺有芍药圃，白塔晴云有芍田、芍厅。《扬州画舫录》记载，白塔晴云"园中芍药十余亩，花时植木为棚，织苇为帘，编竹为篱，倚树为关。游人步畦町，路窄如线，纵横屈曲，时或迷失不知来去。行久足疲，有茶屋于其中。看花者皆得契而饮焉，名曰芍厅。"小园后改为三贤祠，中有瑞芍亭。卢见曾转运扬州时，祠中芍药花开三蒂，时以为瑞。乾隆六十年（1795），园中又开金带围一枝、大红三蒂一枝、玉楼子并蒂一枝。可见园中芍药花事之胜。那时，平山堂园内亦多植芍药，且多名品。沈初在《平山堂僧房看芍药》:"小红大白寻常有,珍重称名金带围"。

乾隆时,芍药花不但春末夏园中到处可见,隆冬天气,诸园花房之内亦可观赏芍药。《扬州画舫录》记载"冬于暖室烘出芍药牡丹,以备正月园亭之用"。

清末民初,扬州东郊、南郊沙河及徐凝门外,尚有芍药种植。倪登瀛《再续扬州竹枝词劫余稿》,有一首专写徐凝门外芍药的诗句:"万紫千红芍药田,徐凝门外暮春天。担头挑向城中卖,一握花枝值百钱。"新中国成立前夕,扬州芍田不足三亩,花户仅寥寥五户。

建国后,扬州芍药又重沐春雨,各园皆有种植。近年来,更精心培育,并外引名种。扬州芍药正处于一个恢复、发展阶段。湖上玲珑花界及茱萸湾等处都有芍药花圃、生产园地。玲珑花界还建有长廊和观芍亭,供游人观赏芍圃中娇艳花朵。园林局总工程师韦金笙编著的《芍药》一书中,所列扬州芍药主要品种,已有海棠红、荷花红、小桃红、粉面桃腮、胭脂点玉、平头紫、观音面、大富贵、大元红、紫金冠、绯紫红、粉金带、黄芍药、紫妃、六角重台、六郎面、元白、冰芙、人面桃花、金玉交辉、白玉楼台、桃花坞、铁线紫、金带围、花八宝等二十七个。

琼 花

在扬州名花嘉树之中,最具有地方色彩、流传最广、最珍稀而又神奇的,当属琼花了。

说它声名藉藉广为流传,是因为隋炀帝下扬州看琼花传说,将一个王朝覆灭与一株三百多年后才出现的冰清玉洁琼花,硬扯上了关系,在表述杨广荒淫失国同时,也玷污了琼花清蕾;揭露了"丑",同时也伤害了"美"。

琼花最珍稀而又神奇,是因为它乃"维扬一枝花,四海无同类",还因为其两次被宋代皇帝移植于御苑,但花时无花,返植旧址又树茂花繁;被金兵连根拔起抢走,但残留次根又萌发新枝,长成大树……再加上一些天上人间神仙故事,为它蒙上了一层缥缈面纱,数百年来文人学者为它在扬州的始植年代、种属姓氏等,争讼不息。直到最近,扬州大学两位教授才认为琼花是忍冬科荚蒾属一种植物,扬州古代琼花即是今日"聚八仙"或者是"聚八仙"优良变种。为了一株树,考据争论了数百年,一方面显示了人们科学精神,而另一方面则又说明了琼花"深藏不露"和神秘了。

琼花,即聚八仙花,株高四至五米,枝干纷披,姿态优美。花型十分奇异,如冰盘,如圆月。中间花蕊拥簇,聚如联珠,为可孕花。四周八九朵五瓣小花,疏松潇洒,散如飞蝶,为不孕花。颜色初开时青中泛白,盛开后越发白洁,枝头如冰覆,如雪压,每朵皆有白玉之温润,明月之皎洁。其香味比较远淡。所以宋代张问在《琼花赋》中赞咏它"俪靓容于茉莉,抗素馨于蒼葡,笑玫瑰于凡尘,鄙荼蘼于浅俗。惟水仙可并其幽闲,而江梅似同其清淑"。在张问眼里茉莉、蒼葡、玫瑰、荼蘼这几种白色花,都不及琼花优美、素雅,都显得凡俗不堪,只有水仙幽闲、江梅清淑才可与之并同。这其中虽然多了几分夸饰,但琼花淡雅风韵和高洁品格,在花木之中也确实难得,令人赞赏流连。

"琼华(花)"一词,最早见于《诗经·齐风·著》,同篇中还有"琼英"、"琼莹"。《辞海》中皆释为"似玉的美石",即说是美石而非花木。到了唐代,李白、吴融等诗中,以"琼花"与"玉树"对应,比喻似玉花朵,是以"琼"为"花"的修饰之词。

琼花作为一种珍异花木，始见于北宋王禹偁《后土庙琼花》。其诗前小序说："扬州后土庙有花一株，洁白可爱，其树大而花繁，不知实何木也。俗谓之琼花，因赋诗以状其态云。"其"树大而花繁"，可见在庙中已生长有年。"俗谓之琼花"，说明扬州人早已称它为"琼花"了。但王禹偁是"赋诗以状其态"，第一位以诗为它"注册"的人。

王禹偁（954—1001）是北宋文学家，也是一位有名正直官员。他为官清正，主张改革，而又秉性刚直，不畏权势，一生三遭贬谪，但均能守正直，佩仁义，屈于身而不屈于道，颇有点屈大夫风骨。至道三年（996）冬，他被贬来知扬州，翌年九月调离他去。这首诗应作于997年春暮夏初，琼花盛开之时，或其后不久。推算至今，已是千载有余了。诗为二首，其一："春冰薄薄压枝柯，分与清香是月娥。忽似暑天深涧底，老松擎雪白婆娑。"诗中用春冰压枝、月娥分香、暑天深涧、老松擎雪，来描摹琼花形之美丽，色之素雅，香之清淡，品之高洁，形象生动而又深刻，既是咏花，又是自况；明为赋花，暗以申志。可见琼花出现初始，枝上花上就凝聚、寄寓着一种高洁不俗气节，刚正不阿品性。

到了庆历五年（1045）、八年（1048），韩琦、欧阳修先后来守扬州。这两位护花使者，在扬州为官时日虽然不长，但都目睹了琼花盛发时芳姿仙容，都有诗词咏赞。韩琦《望江南》词曰："维扬好，灵宇有琼花。千点真珠擎素蕊，一环明月破仙葩。芳艳信难加。如雪貌，绰约最堪怜。疑是八仙乘皓月，羽衣摇曳上云车。来到列仙家。"欧阳修《答许运发见寄》诗曰："琼花芍药世无伦，偶不题诗便怨人。曾向无双亭下醉，自知不负广陵春。"如果说王禹偁诗句"春冰薄薄压枝柯"、"老松擎雪白婆娑"，是对琼花全景式描绘，那么韩琦词"千点真珠擎素蕊，一环明月破仙葩"，则是对琼花传神细部特写了。而词中"疑是八仙乘皓月，羽衣摇曳上云车"，则更将花朵四周的八九朵小花，喻之为"羽衣摇曳"乘皓月、上云车八位仙人，极力描摹琼花仙姿玉貌。韩琦作《望江南》，犹感意之未竟，又作《后土庙琼花》加以赞咏："维扬一枝花，四海无同类。年年后土祠，独比琼瑶贵。中舍散水芳，外围蝴蝶戏。荼蘼不见香，芍药暂多媚。扶疏翠盖圆，散乱真珠缀。不从众格繁，自守幽姿粹。尝闻好事家，欲移京毂地。既违孤洁情，终误栽培意。洛阳红牡丹，适时名转异。新荣托旧枝，万状呈妖丽。天工借颜色，深浅随人智。三春爱赏时，车马喧如市。草木禀赋殊，得失岂轻议。我来首见花，对花聊自醉。"

这首诗里，韩琦表达意思很多。当然，首先是赋物，唱出了"维扬一枝花，四海无同类"赞誉之词。而后是描写，一连串形容、比喻，以荼蘼、芍药反衬。"不从众格繁，自守幽姿粹"，就明写琼花，暗喻因范仲淹以"朋党"罢参知政事，自己被牵涉而被贬谪出知扬州的事。又以牡丹与琼花相比，说琼花不像其他花，不愿翻新花样，自守幽姿。而红牡丹"适时名转异"，"深浅随人智"，三春之时，"车马喧如市"，则是以花为喻，借花而言其他了。

欧阳修来扬州之前，在滁州就喜欢做亭子文章，写过《醉翁亭记》《丰乐亭记》。到了扬州，则于后土祠琼花侧畔建起了一座无双亭，以示琼花珍贵，又便于对花而饮。在他眼里，扬州琼花、芍药都是有情有义可以诗酒相对的知己。所以，他在前引那首诗中一面说扬州这对名花绝世无伦，一面则说偶不题诗便会被怨，"曾向无双亭下醉"，又可见醉翁之态依旧。

从王禹偁到韩琦、欧阳修，五十年间，由于三位太守的呵护、赞誉，这"维扬一枝花"，很快就名动朝野了。

其实,在盛名之下,琼花劫难早就来临了。曾敏行《独醒杂志》和周密《齐东野语》记载,琼花曾两度被移至宫中。第一次在北宋仁宗庆历之初,被移至汴京御苑,花时无花,渐渐憔悴;发还故土,又神奇般地茂盛如初。这在前引韩琦诗中已有反映。"尝闻好事家,欲移京毂地。既违孤洁情,终误栽培意。"即隐指此事。第二次见于《齐东野语》,其中说南宋孝宗淳熙年间,扬州琼花又被移栽于临安禁苑,亦因憔悴衰萎,还栽故址之后,又叶茂而花繁。这其中当然有土壤、气候、运输、移植等等因素,人或谓琼花眷恋故乡旧祠、不屑承沐人主恩泽,是其"贫贱不能移"、"富贵不能淫"了,还是一副"自守幽姿"形态。就在这两度"入宫",被移植禁苑之间,据宋杜斿《琼花记》(《广群芳谱》)记载,南宋高宗绍兴年间,金兵铁蹄南下,在扬州杀伐掳掠一番,将琼花揭本而去。后土祠道士唐大宁对残留旁根,辛勤浇灌培护,根旁又生新枝,劫后琼花不数年又逐渐长成。这一方面有道士培护之功,另一方面也表现出琼花"威武不能屈"了。

美,成了罪过,招来一次次是非劫难。然而,正是在这些流离、生死劫难之中,扬州琼花显示了它抗争的非凡生命力,及其品格。

历来赞咏琼花的人,可谓络绎不绝。刘敞、王令、秦观、贺铸、晁补之、刘克庄、谢翱、萨都剌、成廷珪、张三丰、于谦、孔尚任、赵翼、毛奇龄、俞樾、谢觉哉等皆有诗。然而诗如其人,谢翱咏琼花寄寓了对忠烈之士李庭芝、姜才悼念,张三丰抒发多为道士缥缈愿望,俞曲园咏唱中表露出学者严谨态度,谢觉哉老人诗中则赞美扬州"琼花繁若锦"气象。除了数不尽咏唱、考辨编集之外,对于扬州古琼花,阮元有"琼花真本"图,俞樾《春在堂全书》有古今琼花图。当代扬州女书画家李圣和曾作琼花图多幅,其一,今藏于大明寺平远楼下厅堂中。

至二十世纪五六十年代,扬州琼花只有在极少数园林、学校、寺庙中可见。而以大明寺平远楼庭院中一株三百多年琼花最为名贵。四月中旬花开,枝头繁花如雪,高出南墙之外。前数年,此树主干枯朽,旁枝虽已长成,但已不如往日叶茂花繁。

瓜洲古渡园圃内有几株琼花,是"文革"后期从扬州某园中以贱价移得,当大明寺内琼花主干枯朽之后,这几株正树壮花繁,中外游赏者不绝。

在扬州园林部门和扬州高校专家、教授辛勤努力之下,以压条、嫁接、播种等方法,已培育出一批批琼花苗木,经过十几个春秋,城区园林、大街两旁、路中绿岛处处栽植,湖上、蜀冈已到处可见琼花的芳姿。现在扬州已成为全国琼花最多最盛之处,已成为琼花培育、观赏和研究中心。

天宁寺大殿前平台东西两侧数株琼花,来自茱萸湾园圃。二十世纪九十年代初,平台西侧一株十多年树龄的琼花,开得特别旺盛,枝头花型特大,有些花朵四周五瓣小花都在二十朵之上,最盛一朵,花朵呈椭圆形,周边小花重叠密集,细数一圈竟达二十六朵之多。目前仍生长茂盛,但最密的四周小花,每朵已降至十二三朵。而西圆曲水浣香榭东长廊北侧一排琼花又呈特别旺盛的形态,其中最茂盛一株花,不少枝头每朵四周小花,亦在二十朵之上。看来,花木亦有常数、变数差异,一株之上花朵也年年变异不一。有人说周边八花者为聚八仙，九花者为琼花，而不顾树龄、地势、气候等等因素，泥古执一，颇为不宜。再说有些琼花枝头，常常见有周边小花三五朵、六七朵，甚至有半边发育不佳，形如半圆之月花朵，谁又能说它们不是琼花呢？

今湖上诸园都已栽植，而以水云胜概一带最多。琼花树林绵延约百米之长，有些地段还长得层层叠叠，树多林密，人不可入。此处琼花，枝叶浓密，而花开得一般，每朵周边小花，八九之数者不多，五六之数者不少。但每至秋季，气候适宜，枝头常再现琼花，星星点点，如白蝶隐现于枝叶间，游人也多呼朋唤友，喜看梢头二度花开。

琼花每年春天枝头现蕾，小花盘，淡青色。渐渐花盘增大，青色越来越淡，至四月中旬开出白花。一种，中舍花蕊与四周小花相平；一种，中庭较为突起。花期半月上下，五月上旬花尽。秋日结果，红色。绿色枝叶间，朱实累累，亦颇为可赏。

数年前，已在原后土祠（蕃釐观，俗称琼花观）旧址，重建了琼花观。2000年又于观之北建成了琼花园。园内有古琼花台、无双亭，有琼花多株，并有花厅、曲廊、假山、水池，景色清幽。花开之日，游人可登临无双亭上，体验昔日欧阳修等文人于亭内赏花之乐。

扬派盆景　自成一格

"盆景"之名，始见于明人屠隆《考槃余事》，其中有"盆景以几案可置者为佳"之语。文震亨《长物志》也有相似说法："盆玩，时尚以列几案间者为第一，列庭榭中者次之。"而扬州盆景实景，最初则见于北宋，比屠隆要早得多。

苏轼是一位诗书画兼擅的大家，他在《取弹子石养石》、《和人假山》、《壶中九华诗（并引）》等诗中，表现出对盆景艺术浓厚兴趣。《壶中九华诗》，其"引"中称："湖口人李正臣蓄异石'九峰'，玲珑宛转，若窗棂然。予欲以百金买之，与'仇池石'为偶，方南迁未暇也。名之曰壶中九华，且以诗纪之。"湖口（今江西九江）是有名湖口石产地。其时，东坡被谪南迁惠州安置，幼子苏过随行。至湖口见李之异石。苏在其《斜川集》述及此事，其序云："湖口李正臣蓄异石，广袤尺余而九峰玲珑，老人名之曰湖（壶）中九华，以诗纪之，命过继作。"可见，令坡公着迷的"玲珑宛转"的"九峰"，是一尊"广袤尺余"可作案头清供的异石。这是绍圣元年（1094）的事。

元祐年（1092），苏轼在扬州知府任上，曾有《双石》曰："至扬州获二石，其一绿石，冈峦逶迤，有穴止于背。其一玉白可鉴，渍以盆水置几案间，忽忆在颍州日，梦人请往一官府，榜曰仇池。觉而诵杜子美诗曰：'万古仇池穴，潜通小有天。'乃戏作小诗，为僚友一笑。"这就是他在扬州获得仇池石由来。这一仇池石是他心爱宝贝，他称之为"希代之宝"。这首诗中有"梦时良是觉时非，汲水理盆故自痴。但见玉峰横太白，便从鸟道绝峨嵋"之咏。太守对盆景有如此痴迷之雅趣，想必对周围文人、士绅商贾以及莳花弄草者产生影响。

到了清代，扬州盆景已有了很大的发展。湖上诸园皆有花圃、花房，多有花匠莳养盆景。盆以景德镇瓷盆、宜兴紫砂盆、高资石盆为上等。《扬州画舫录》卷二记载，乾隆时扬州盆景有两种类型：一种以松、柏、梅、黄杨、虎刺等等入盆，剪丫除肆，使根枝盘曲作环抱之势，树下养苔点石，称花树盆景。一种用高资石盆，选黄石、宣石、湖石或灵璧石，叠作数寸小山，具峰、壑、涧、桥自然之态，蓄水作细流，如小瀑布下注池沼，池中有小鱼游动，观赏之中，如临濠濮之上。这种盆景稍大，称为山水盆景。

《扬州画舫录》记载："天福居在牌楼口，有花市。……近年梅花岭、傍花村、堡城、小茅山、雷塘皆有花院。每旦入城聚卖于市，每花朝于对门张秀才家作百花会，四乡名花集焉。秀才名缢，字饮源，精刀式，谓之张刀。善莳花，梅树盆景与姚志同秀才、耿天保刺史齐名，谓之三股梅花剪。其后张其仁、刘式三胡子、吴松山道士效其法。"说明每天早上都有花市，每至花朝有民间花会，还出现了从秀才到刺史、道士等一批善育梅桩盆景人物。

乾隆初，种花人汪希文卖茶枝上村时，与李复堂、郑板桥往来友善。汪后购得勺园为种花之地，离郑板桥寓居李氏小园较近。李复堂为之题"勺园"，刻石嵌于小园临河水门之上，板桥则为之书"移花得蝶，买石饶云"一联。园中暮春以芍药为胜以外，则多盆景。一层层放置于三脚几长板之上。

"八怪"之一、嗜茶如命汪巢林，他制作盆景除自赏外，还以盆景赠人。他居住七峰草堂院中，除有青杉、黄菊、紫藤之外，还有他自植盆莲。《斋中盆莲花放》："瓦盆种藕玉苗新，青钱贴水无纤尘。……叶底忽见菡萏起，老怀不觉生欢喜。"自赏自乐，并以盆莲赠友（《盆莲为幼孚作》），友人则报之以盆竹。他在《幼孚惠盆竹》诗中有"尺许琅玕韵致幽"，"雅怀为我陈清供"之语。在另一首《盆竹》中，他写道："森森盆中竹，漪漪似淇澳。对之烟雨生，看去浓阴覆，梳翎青凤小，摄鬣筇龙缩……"诗中除具体描述盆中竹景，还依托盆竹，自况抒怀："有志不干云，虚心抱幽独。"可见盆景已成为文士的案头清供。

清末民初，扬州诸园也多有盆景。《扬州览胜录》曾记载绿杨村"主人莳花为业，村之中心编竹为篱，中植四时盆景花木"。

在长期的实践中，扬州盆景逐渐形成了自己的特色，特别在树桩类盆景中，佳品迭现，声誉日隆，成为国内五大派系之一。

扬派盆景，多用松、柏、榆、杨（瓜子黄杨）等观叶植物，自幼培育，不断加工整饰，剪扎成型。其技法，其一曰扎片，将细嫩枝条一一用棕丝扎缚拿平，使叶叶平仰，诸小枝相聚则成平整云片。其二，根据"枝无寸直"画理，用棕丝将寸长之枝，扎缚为"一寸三弯"姿态。最上之云片，即顶片，多为圆形、椭圆形，中、下云片向两侧伸展，多呈掌形。棕丝粗细多种，棕法运用变化，都要随材料、季节等因素而制宜，其技艺代代承传，扬州因此出现过许多园艺大师，也留下了一些青苍古茂、精美无比盆景作品。至今，明清时期盆景，扬州还有五十多盆。其中一盆桧柏盆景，已经历三百多年风雨，相传为崇祯皇帝驸马季某之物。桧柏干高仅二尺，虬曲翻卷如苍龙，顶着一个繁茂青碧如绿伞的扎片，似擎起一座苍山。生机之旺，剪扎之精，令人叹为观止。还有几盆"巧云"、"腾云"、"岫云"、"凌云"黄杨盆景，都曾在园内外盆展或花博会上获得殊荣。

扬州观花类盆景，材料与造型，姿采纷呈，迎春多提根老桩，碧桃多三弯五层，紫藤多根拙而枝柔，春梅则有单干、双干、三干诸种，有如意、提篮、疙瘩等式。而以疙瘩式梅最为著名。疙瘩式者，即将盆梅于苗期从根部圈绕，纠结如疙瘩，有单疙瘩、双疙瘩，最多为三疙瘩。另有顺风梅，也很著名，即蟠扎梅枝向一方朝下倾斜，好似梅枝被风吹向一边，造型十分独特、雅致。

米竹、虎刺等则一盆多株,疏密有致,高下参差,点苔植峰,俨然有林野风貌。银杏、杜鹃、六月雪、金雀、蒲草等等都是扬派盆景的制作材料。陈从周说:"扬州盆景刚劲坚挺,能耐风霜,与苏杭不同。园艺家的剪扎功夫甚深,称之为'疙瘩'、'云片'及'弯'等,都是说明剪扎所成的各种姿态特征的。这些都非短期内可以培养成。……又有山水盆景,分旱盆、水盆两种,咫尺山林,亦多别出心裁。棕碗菖蒲,根不着土,以水滋养,终年青葱。为他处所不及。"(《园韵》)

现今,扬州盆景的发展已日胜一日,除各县市花木生产场圃、城内外诸园林着意培育外,市园林部门还辟盆景园于冶春、绿杨村、西园曲水,虹桥修禊园内则专放置扬州盆景精品,五针松、罗汉松、桧柏、黄杨、雀梅、春梅、迎夏等盆景,林林总总,各呈姿态。郊县诸园诸圃亦多盆景精品。每年盆展,佳作迭出。西园曲水园内,还有盆景爱好者汇展佳作,多有上品。

多年来,扬州每年都有大量盆景远销外地及海外,在国际花展和香港花展上,也不断获得殊荣。目前,扬派盆景除保留传统技艺的精华外,也不断吸收国内外盆景技艺之长,为丰富和创新扬派盆景而努力。

三、扬州名园

扬州园林自南朝徐湛之"营构亭馆"开始到现在,1500多年历史里,建设园林先后有数百个。根据建设的地理位置可以分为城市园林、湖上园林和郊区园林。

城市园林有:容园、别圃、康山草堂、万石园、鄂不诗馆,易园、退园、休园、寄啸山庄、庚园、棣园、平园、石片山房、卢氏意园、魏氏逸园、八咏园、补园、濠梁小筑、刘庄、二分明月楼、丘园、贾氏庭院、小盘谷、田氏小筑、容膝园、洁园、梅氏逸园、祇陀精园、蔚园、杨氏小筑、小圃、魏园、绂秋阁、黄氏园、徐氏园、毛氏园、丁氏园、双桐书屋、江园、静修俭养之轩、吴氏园、谐乐园、樗园、樊家园、王家园、爱园、安氏园、约园、半园、双桥一石一梅花书屋、街南书屋、个园、小倦游阁、梦园、沧州别墅、小苑、李氏园、壶园、华氏园、逸园、峨园、冬荣园、芸圃、蛰园、沈氏园、朱草诗园、震氏朱草诗园、瓢隐园、芸园、黄家园、亢园、合欣园、小秦淮茶肆、小东园、大涤草堂、城南草堂、小园、思园、半吟草堂、樊圃、桥西花墅、苜蓿园、楼西草堂、秋集好声寮、徐氏园、萃园、息园、怡庐、辛园、珍园、倦巢、赵氏园、秦氏意园、半亩园、刘氏小筑、李氏小筑、刘氏庭院、匏庐、孙氏园、学圃、荣园等。

湖上园林有:竹西芳径、华祝迎恩、邗上农桑、杏花村舍、平冈艳雪、毕园、梅花书院、天宁寺西园、江氏东园、平冈秋望、高庄、香影廊、冶春花社、餐英别墅、城闉清梵、罗园、闵园、绿杨村、勺园、李氏小园、傍花村、红叶山庄、蝶云春暖、倦石洞天、丁溪、西园曲水、倚虹园、西庄、净香园、趣园、临水红霞、水钥、双树庵林园、白塔晴云、水竹居、锦泉花屿、跨虹阁、冶春诗社、长堤春柳、韩园、桃花坞、徐园、梅岭春深、莲性寺林园、贺氏东园、春台祝寿、平流涌泉、筱园、听箫园、蜀冈朝旭、万松蝶翠、尺五楼、九曲池、山亭野眺、双峰云栈、小香雪、松岭长风、平山堂、大明寺西园、平远楼、紫霞居、九峰园、影园、静慧园、主园、慈云园、秋雨庵亭园等。

郊区园林有:福缘寺亭园、秦园、隐园、高旻寺亭园、锦春园、南溪、南庄、水南花墅、淑芳园、乔氏东园、双槐堂、幽讨园、深庄、宜庄、华虫别馆、愉园、东原草堂、万寿园、依绿园、木樨园、半九书塾、芳畜诗社、阮公楼、万柳堂、莘乐草堂、红雪楼、花月墅、北墅、西畴、养志园、遂初园、嘉树堂、春草堂、菽园、念莪草堂、玉树园、耕隐草堂、存园、因圃、灌木山庄、秘园等。

扬州名园按照其分布的地理位置主要集中在两个区域,既扬州东南面和西北面的蜀岗瘦西湖。

1. 扬州西北部的蜀岗瘦西湖区域名园

竹西芳径

该园在城北五里蜀冈上,面临邗沟。

《扬州名胜图记》:"上方寺也。一名禅智寺,又名竹西寺。旧藏石刻吴道子画宝志像,李白赞,颜真卿书,亦'三绝碑',岁久石泐。今存者,明僧本初所重刻也。又有苏轼送李孝博诗石刻,在壁间。寺旁为'竹西亭',唐杜牧诗'谁知竹西路,歌吹是扬州'亭之名以此。宋郡守向子固,改'歌吹亭'。每天日晴朗,遥眺江南诸山,如在襟带间。亭西有昆邱台,相传宋欧阳修游观之所。候选直隶州知州尉涵,历年屡加修建。竹西亭后,多隙地。乔木森立,皆数百年旧物。今复即其地为别院,穿池垒石,丘壑天然。门庑堂室毕具,其北则峙以高楼。楼右有泉,亦称'第一泉'。泉在石间,建方厅对之,寺中名胜之一也。"

"竹西"本为寺名,竹西寺即禅智寺,亦称上方寺。日本僧人圆仁《入唐求法巡礼行记》记载,禅智寺在扬州使节衙门东三里。史载寺在蜀冈之尾,原是隋炀帝北宫,居高临下,风景绝佳。唐人张祜《禅智寺》诗云:"宝殿依山险,临虚势若吞。画檐齐木末,香砌压去根。"可见其气势雄伟。寺中有蜀井,宋人苏轼题为"第一泉",今犹存。

"竹西"之名,源自杜牧诗句。杜牧《题扬州禅智寺》诗:"谁知竹西路,歌吹是扬州。"后宋人姜夔《扬州慢》词:"淮左名都,竹西佳处。""竹西"遂成扬州之美称。乾隆帝曾题"竹西精舍"匾,并作《竹西精舍》诗:"上方寺侧构精舍,杜牧诗情绘竹西。筇径宜吟犹在曲,梅庭入画欲开齐。可怜春事将昌矣,为嘱江南且慢兮。歌吹扬州唐已是,借他空色偈全提。"此地遂称"竹西芳径"。

《扬州画舫录》:"竹西芳径在蜀冈上,冈势至此渐平。《嘉靖志》所谓蜀冈迤逦。正东北四十余里,至湾头官河水际而微之处也。上方禅智寺在其上。"并记此处胜迹有"八景":寺内有月明桥、竹西亭、昆丘台;寺外三绝碑、苏轼诗石刻、吕祖照面池、蜀井、芍药圃。

马曰琯《竹西亭寒眺》:"瘦竹已娟娟,虚亭有数椽。岚光出远树,帆影落平田。斜日怜新构,高吟入暮天。樊川魂在否,可得起寒烟。"

江昱《竹西方亭落成,陪雅雨使君宴集》:"小杜传佳句,千秋复此亭。迹依萧寺旧,檐揖远山青。歌吹人何处?风流地有灵。桥头明月好,肯放酒杯停?"

竹西方寺于咸丰三年(1853)毁于兵火。后僧人重新募建,抗日战争时又毁。今扬州城北有竹西方路,竹西寺遗址南有竹西公园。

地方志有记："本隋炀帝之离宫。帝常于夜间梦游兜率宫,听阿弥陀佛说法,遂舍为佛寺。"寺枕蜀冈,面临运河,千百年来,"花开花谢还如此,人去人来自不同"。

唐·张祜《游淮南》诗："十里长街市井连,月明桥上望神仙;人生只合扬州死,禅智山光好墓田。"

桥上"月明桥"为西域僧人禅山书。唐代日本请益僧圆仁东来时节,船过禅智寺前桥有记。寺中曾为日本遣唐副使石川道益忌辰,悼念法会。乾隆帝赐"竹西精舍"额。园有八景:月明桥、竹西亭、昆邱台、三绝碑、苏诗帖、照面池、蜀井和芍药圃,故称"竹西佳处"。

华祝迎恩

该园在城东北高桥至迎恩桥亭近处,为迎乾隆帝南巡时所建。

《扬州名胜全图》："由香阜寺,渡运河而西,至高桥内,迎恩河。桥外有坝,所以蓄迎恩河之水也。乘舟而西,约二里许,抵迎恩桥。春风两岸,水木清华,百伎杂陈,千声竞奏。商民于此,仰万乘之龙鸾,沐九天之雨露。自此曲折溯流,纷纶引胜。"

当时河(草河)两岸,列档子,背后板墙蒲包,山墙用花瓦,手卷山用堆砌包托法建筑。曲折层叠青绿太湖石,杂以松柳、梧桐、木日红、绣球、绿竹等花木。构彩楼、香亭,作三间五座。三面飞檐,铺各色琉璃竹瓦,加龙沟风滴。顶中一层,用黄琉璃。其"档子法",后多为园林所采用。

邗上农桑·杏花村舍

该园在漕河北岸,乾隆时为奉宸苑卿衔王勋所建。

《扬州画舫录》："在迎恩河西。仿康熙《耕织图》做法。封隈为岸,以建仓房、鎓饷桥、报丰祠。祠前有"击鼓吹豳台",左有砻房,右有浴蚕房、分泊房、绿叶亭。亭外桑阴郁郁。时闻斧声。树间建"大起楼",楼下长廊接染色房、练丝房。房外有练池,池外有"春及堂"。堂右嫘祖祠、经丝房、听机楼。楼后东织房、纺丝房。房外板桥二三折,至西织房、成衣房。接献功楼。自此以南,一片丹碧。"

《扬州名胜全图》记:"艺长亩,树条桑,香稻秋成,懿筐春早,豳风七月八章,仿佛在目,足见圣世民力之勤焉。"

乾隆帝南巡时,有诗:"却从耕织图前过,衣食攸关为喜看。"墅趣为胜园林,有别于琼楼仙阁为旨园林,且专以桑林、养蚕、染色、练丝、纺丝等劳动内涵为主设计,园名"农桑"二字,特别显目,为中国造园史上别树一帜。

杏花村舍

在"邗上农桑"浴蚕房右,王勋所建。

《扬州名胜全图》："王勋构竹篱茅舍,于杏花深处。当春深时节,繁英著雨,小阁临风。屋角鸣鸠,帘前燕语,殊有端居乐趣。"

漕河至此,愈曲愈幽。小河口上覆板桥,过桥至"邗上农桑""绿桑"亭。堤随河转,屋亦西斜,楼台疏处,野趣甚饶。

平冈艳雪

该园在漕河南岸,与"邗上农桑"相对。平冈数里,蜿蜒逶迤。乾隆时,河南候选州同周梺置亭其上，遍植红梅，有"雪晴花发，香艳袭人"赞誉。

《广陵名胜全图》："今尉涵重修，增置廊槛数重。风亭丹榭与修竹垂杨，鳞次栉比。近水则护以长堤，遍种菱藕，触处延赏不尽。"

"清韵轩"后，梁空磴险，山径峭拔，有"艳雪亭"。亭侧水际，有"水心亭"，周以平台，树以栏杆，杨柳临水。

《扬州画舫录》："湖上梅花，以此地为胜。盖其枝枝临水，得疏影横斜之态。集杜联云：水浮鱼极乐，云在意俱迟。再南为临水红霞。"

<h2 style="text-align:center">临水红霞</h2>

该园在漕河南岸，平冈艳雪西偏。

《扬州览胜录》："临水红霞即桃花庵，在迎恩河东岸，南接长春桥。清乾隆间为州同周楠别业，旧为北郊二十四景之一。野树成林，溪毛碣桨，茅屋三四间在松楸中。其旁厝屋鳞次，植桃树数百株，半藏于丹楼翠阁，倏隐倏现。前有屿，上结茅亭，额曰"螺亭"，亭南有板桥，接人穆哪亭。亭北砌石为阶，坊表插天，额曰'临水红霞'。"

麟庆《鸿雪因缘图记》："桃花庵在迎恩河东，长春桥北，旧名'临水红霞'。乾隆间，邑人周楠建溪水到门，门前有屿，上结螺亭。南有板桥，接入穆如亭。屿竟，琢石为阶。庵额为朱子颖都转书。入庵，殿供大悲佛，后为飞霞楼，左为见悟堂。楼右小廊开圆门，门外穿太湖石，厅事三楹，曰'红霞'。迤东曲廊数折，两亭浮水，小桥通之。再东，曰'桐轩'。因曾迎筱园三贤栗主于此，改称'三贤祠'。丙申（1836）六月，刘鉴泉、钟挹云相邀雅集于此，乃坐红霞厅，洞启东西牖。时荷花盛开，香气袭人。见有园丁踏藕，即命自牖中送人，雪而食之，甘冽异常，相与解衣纵谈。挹云因言三贤之祀，创于平山堂之真赏楼，后卢雅雨都转始定以我朝王文简公，配宋欧、苏两文忠公，而诸贤从祧。余按，平山堂辟自欧公，盛于苏公，迨南渡以后，四郊多垒，自元及明，余风未振。我大清定鼎，治平无事，长吏始得以休沐余闲，歌咏太平之盛。文简公司李扬州，登山开堂，挹二公而宴诸生，直不啻折荷于邵伯，赋雪于聚星。盖其精神注响二公，而结缘尤在平山，允宜同祀。且扬州利擅盐筴，俗竟刀锥，若任其流荡，将尽成豪侈淫靡之习，而为害人心；倘过事裁抑，又难期货财技艺之通，而有伤生计。维兹，三贤寓政事于文学，实有以化驵侩之风，敦文章之雅，又岂俗吏所知哉！"

《广陵名胜图记》："临水红霞，在平冈艳雪之右。周梺于此遍植桃花，与高柳相间。每春深花发，烂若锦绮，故名。建桃花庵，延古德梵修其内。今尉涵增植桃柳，广庵赴，参学有室，饭僧有堂。清馨疏钟，声出林酥，居然古刹矣。"

庵外野树成林，溪毛碣桨。冈上有亭，题名"螺亭"，度桥登山，山上有亭，名"穆如亭"。河曲右折，有精舍在，即桃花庵，内为佛堂，名"见悟堂"。有亭临水，名"红霞亭"，右"飞霞楼"。曲廊数折，两亭浮水，小桥可通。缘堤而左，名为"桐轩"，轩右舫屋，其下板桥。度桥缘山，名"枕流亭"。其右数步，穿廊至水厅，名"临流映壑"。自长春桥至此，水边山际，桃花成林。春时红雨缤纷，烂若锦绮，碧波潋滟，落照绯花，如霞初出。

城闉清梵

该寺在北门城外对河，又名舍利禅院。乾隆帝赐名"慧因寺"。

《扬州名胜全图》："寺旁有花圃，修篁丛桂，境地清幽。候补道毕本恕作'香悟亭'、'风篁精舍'。寺钟初动，梵唱同声，抑亦静中之缘。今归候选盐课提举闵世俨修葺。"

大士堂小门，西至香悟亭，四面种木樨，前开八方门。临河罗园，曲廊水榭，低徊映带。斗姥宫在文武帝君殿右，康熙帝赐"大智光"三字额。宫右平屋六楹，可入闵园，南有小室，门通"芍园"。

绿杨城郭·绿杨村

该处在城闉清梵内，北郊二十四景之一。绿杨村位于扬州冶春园西、北门桥下，近代为著名茶肆。

朱自清《扬州的夏日》云："茶馆的地方大致总好，名字也颇有好的。如香影廊，绿杨村，红叶山庄，都是到现在还记得的。绿杨村的幌子，挂在绿杨树上，随风飘展，使人想起'绿杨城郭是扬州'的名句。里面还有小池，丛竹，茅亭，景物最幽。这一带的茶馆布置都历落有致，迥非上海，北平方方正正的茶楼可比。"

唐人韦庄《和同年韦学士华下途中见寄》云："绿杨城郭雨凄凄。"清人王士禛《浣溪沙·红桥怀古》云："北郭清溪一带流，红桥风物眼中秋，绿杨城郭是扬州。"绿杨城郭遂成为扬州代称。

《扬州画舫录》："栖鹤亭西构厅事三楹。池沼树石，点缀生动。额曰'绿杨城郭'。联云：'城边柳色向桥晚（温庭筠）；楼上花枝拂座红（赵嘏）。'"

《浮生六记》："癸卯（1783）春，余从思斋先生就维扬之聘……渡江而北，渔洋所谓'绿杨城郭是扬州'一语已活现矣！平山堂离城约三四里，行其途有八九里，虽全是人工，而奇思幻想，点缀天然，即阆苑瑶池、琼楼玉宇，谅不过此。其妙处在十余家之园亭合而为一，联络至山，气势俱贯。其最难位置处，出城入景，有一里许紧沿城郭。夫城缀于旷远重山间，方可入画，园林有此，蠢笨绝伦。而观其或亭或台、或墙或石、或竹或树，半隐半露间，使游人不觉其触目，此非胸有丘壑者断难下手。"

《扬州览胜录》："绿杨城郭在清乾隆间为北郊二十四景之一，在城闉清梵一段内。其景旧属闵园，故有厅事三楹，额曰'绿杨城郭'，为闵园风景最佳处。联云：'城边柳色向桥晚；楼上花枝拂座红。'按：其地即为今之绿杨村。"

绿杨村

在闵园绿杨城郭旧址兴建，为晚清时北郊临河茶肆。沿堤花木，境极深邃，画船群集，绿杨林中，每于树杪，远见长竿，高悬白旗，书"绿杨村"，以红显目。当时故称"白旗红字绿杨村"。

初入村时，板桥跨河，精舍数间，内设雅洁。编竹为篱，循篱而东，修竹千竿。丛竹林间，有一茅亭，曰"冷香亭"。亭东有池，莲荷花香，四周杨柳。绿阴深处，茅屋三五，品茗雅座。夏日小集，凭栏赏荷，消暑胜境。

《扬州览胜录》："绿杨村，在慧因寺西，旧景为绿杨城郭，今设茶肆，为夏日招凉之所。

其地介'城闉清梵'、'卷石洞天'二故迹间,村前署'绿杨村'三字额。初入村,跨以板桥,沿堤花木成行,境极深邃。画船群集,多在绿杨荫中。树梢远见长竿高悬白旗,大书'绿杨村'三红字,故时人有'白旗红字绿杨村'之说。"

陈重庆《默斋诗稿》中《泊绿杨村小钦舟中》:"疑是仙源路,花迷客亦迷;兰桡新涨活,茅屋小桥低。人面风吹影,春心雪化泥;刘郎前度远,遮莫自成溪。露宿如相识,流莺解唤人;霏红冒巾角,摇碧上船唇。画舫三篙水,珠帘十里春;迷楼何处是,杯酒绿杨津。"

吴组缃《扬州杂记》云:"穿过几处茅舍,远无一片翠绿的树林,一望无涯。不数步就到绿杨村。一湾清澈的碧水,静静地躺在城垣下。浓绿的草木簇拥着两岸。城垣上颤动着繁密的藤萝薜荔,如一堵玲珑的篱藩。岸级下几只小舫停在那里,上面都张着白布蓬,蓬下摆着三两张藤椅。我们随便拣了一只坐上去。那撑船的是个乡下人,蓬头披发,穿一件敝旧的裤子,赤着一双大脚。她替我们买来几包瓜子之类的小食,沏来一壶茶,立即开船。"

据《董小宛别传》载,明末秦淮八艳之一的董小宛,曾与冒辟疆公子隐居于绿杨村。时明朝降臣洪承畴新任两江总督,闻听董小宛艳名,垂涎久之。书中有小人向洪承畴告密语云:"小人闻冒某挈妾居邗沟之西郭地,名'绿杨村',虽垌野而境幽胜,附近多茶寮酒馆,亦颇繁华。"

罗园·闵园

该园在"城闉清梵"内,清时罗于饶所居。有"涵光亭"、"双清阁"诸景。后与闵园合并,更为扩大。

《扬州画舫录》:"涵光亭面城抱寺,亭右筑小垣。断岸不通往来。寺外游人至此,废然返矣。亭中水气如雨,人烟结云。仅此一亭,湖水之气已足。联云:'临眺自兹始(高适);烟霞此地多(朱放)'。亭右通'双清阁'。"

园西药圃,实已连片,增添亭馆,蔚然大观。

闵园

该园在城闉清梵城内,乾隆时闵氏所建。

由斗姥宫小门入,循廊进河边船房。房后檐横窗,在白皮松间。树下土成阜,上有"栖鹤亭"。西厅三楹,池沼树石,点缀生动,额有"绿杨城郭"。

堞云春暖

该园在北水关外河南,与"城闉清梵"隔水相望。

《广陵名胜图记》:"太仆寺正卿衔江兰建,傍城临水为园,屋宇参差,竹树蓊郁,大有濠濮间想。"

《扬州览胜录》:"'堞云春暖'旧景在北门外西城阴,清乾隆间,为江中丞兰与其弟潘之别墅也。其别墅就北门外西城阴,沿护城河岸上,为屋十余间,长与对岸慧因寺至丁溪相起止。旧有'韵协琅璇,歌台与慧因寺对,联云:'三花秀色通书幌;一曲笙歌饶画梁。'并有荣春居、水石林诸胜,久毁。今绿杨村对岸所植女桑一带,即其故址。"

勺园

该园在城闉清梵西,乾隆时吴人汪希文所寓,种花之所。汪工于歌,转喉拍板,和以洞萧,清歌嘹呖，迥异谷韵。

《扬州画舫录》："乾隆丙辰（1736年）来扬州，卖茶枝上村，与李复堂、郑板桥、咏堂僧友善。后购是地种花，复堂为题'勺园'额，刻石嵌水门上。中有板桥所书联云：'移花得蝶；买石饶云。'是园水廊十余间，湖光潋滟，映带几席。廊内芍药十数畦。廊西一间，悬'栖云'旧额，为朱晦翁书。廊后构屋三间，中间不置窗棂，随地皆使风月透明。外以三脚几安长板，上置盆景，高下浅深，层折无算。下多大瓮，分波养鱼，分雨养花。后楼二十余间。由层级而上，是为旱门。"

《扬州画舫录》名"勺园"，即"城闉清梵"条末"芍园"，亦《名胜全图》之"芍圃"。一园数名，其实一家。"芍园"与"芍圃"，皆取花名园。惟李斗名"勺园"，或以其体量小；或是"芍""勺"通假，较之直书"芍"字，似更具园林韵味。

三贤祠

该祠在保障河西岸，"春台明月"北侧。

《平山堂图志》："三贤祠，故编修程梦星筱园旧基。运使卢见曾购得之，奉宸苑卿汪廷璋改建为祠。见曾自为记，刻之于石。是祠门东向，门外为'苏亭'，又称'三过亭'。因苏词有'三过平山堂下'之句，故以名之。入门道左有亭，在梅花深处。道右有门南向，颜曰'筱园'，以存其旧焉。门右为堂，祀三贤木主。堂左穿深竹，以北'仰止楼'。楼左由曲廊以东，为'旧雨亭'。亭前迤左，为牡丹亭，亭后为曲室。楼右由长廊北折，西向为"瑞芍亭"，是为'筱园花瑞'。"

扬州人为纪念北宋扬州文章太守欧阳修、苏东坡和清初扬州府推官文学家王士祯三贤祠堂。清时程名世曾绘《三贤祠图》。

卷石洞天

该园为古郧园一景，在勺园西，清时奉宸苑卿衔洪徵治家园，又称"小洪园"，以怪石老树，称胜湖上。

《平山堂图志》："卷石洞天，本员氏园址，奉宸苑卿洪徵治别业。北倚崇冈，陟级而下，右转为正厅。前为曲廊，廊左迤南为玉山堂，廊右为薜萝水榭，后临石壁。缘石壁以西一带，小亭高阁，悉依山为势，藤花修竹，披拂萦绕。对岸为夕阳工半楼，楼右皆奇石森列。楼西度石桥，有巨石兀峙，镌'卷石洞天'四字于上，与北岸一水相望，非舟不能渡。"

《扬州画舫录》："城闉清梵，在北门北岸。北岸自慧因寺至虹桥，凡三段：'城闉清梵'一，'卷石洞天'二，'西园曲水'三也。""'卷石洞天'在'城闉清梵'之后，即古郧园地。郧园以怪石老木为胜，今归洪氏。以旧制临水太湖石山，搜岩剔穴为九狮形，置之水中。上点桥亭，题之曰'卷石洞天'，人呼之为小洪园。园自芍园便门过群玉山房长廊，入薜萝水榭。榭西循山路曲折入竹柏中，嵌黄石壁，高十余丈。中置屋数十间，斜折川风，碎摇溪月。东为契秋阁，西为委宛山房。房竟多竹，竹砌石岸，设小栏点太湖石。石隙老杏一株，横卧水上，夭矫屈曲，莫可名状，人谓北郊杏树，惟法净寺方丈内一株与此一株为两绝。其右建修竹丛桂之堂，堂后红楼抱山，气极苍莽。其下临水小屋三楹，额曰'丁溪'，旁设水马头。其后土逶迤，庭宇萧疏，剪毛栽树，人家渐幽，额曰'射圃'，圃后即门。"

《扬州名胜全图》:"奉宸苑卿衔洪徵治,叠为山,玲珑窈窕,丘壑天然。有'夕阳红半楼,为旧人结构。次则为桥,为溪,导河水潆潆,循徐鸣。'"

《扬州览胜录》:"卷石洞天在今绿杨村西。清乾隆间为北郊二十四景之一,即古郧园地。郧园以怪石老木为胜,后归洪氏。以旧制临水,用太湖石选为九狮形,置之水中,上点桥亭,题之曰'卷石洞天',人呼之为小洪园。"

西园曲水·可园

该园在小洪园西,湖水转折处,西园茶肆故址。原为张氏园林,后为黄履晟别业。

依水曲折,以置亭馆,有"新月楼"、"濯清堂"、"觞咏楼"、"水明楼"与"拂柳亭"。

《平山堂图志》:"西园曲水,本张氏故园,副使道黄晟购得之,加修葺焉。其地当保障湖一曲,对岸上又昔贤修禊之所,因取禊序'流觞曲水'之义以名之。"

《扬州画舫录》:"城闉清梵,在北门北岸。北岸自慧因寺至虹桥,凡三段:'城闉清梵'一,'卷石洞天'二,'西园曲水'三也。"又云:"西园曲水,即古之西园茶肆。张氏、黄氏先后为园,继归汪氏。中有濯清堂、觞咏楼、水明楼、新月楼、拂柳亭诸胜。水明楼后,即园之旱门,与江园旱门相对。清乾隆间归鲍氏,道咸后园圮。民国初年,邑人金德斋购其故址,复筑是园。今为邑人丁敬诚所有,署曰'可园'。园门在虹桥东岸桥爪下,门内以松木制成牌楼,高丈余,秋时络以牌楼松,色极苍翠。牌楼后,尤以松木制成花棚,曲折长数丈,棚上络以秋花,结实累累,小有景致。"

《扬州名胜全图》:"西园曲水,自北而之东折,若半壁焉。旧有张氏园,后为道员衔黄履晟别业。依水之曲,以治亭馆,不假藩篱。泛藻游鱼,近依几席。酒船歌舫,时到庭阶,旷如也。"

园图上见其东与"丁溪"毗连。园中有池,环池构景。有"觞咏"楼,楼后有"濯清堂",堂左曲室数重。堂后竹径,迤西水榭,堂右土山,山南歌台,台西曲廊。有"新月楼",耸峙东南,楼前码头,沿河栏杆,楼下园门,楼上是湖上得月最早处。右拂柳亭,其地多柳,树穿廊屋,长条短线,垂檐履脊。北郊杨柳,曲尽其态,西行循廊,北折临池,南向有楼,名"水明楼",仿西域制。楼前平台际水,方池十亩,尽种荷花。悬有李群玉、罗虬联句:"盈手水光寒不湿;入帘花气静难忘。"楼窗玻璃,上下相射,蔚为壮观。楼后旱门,与江氏静香门相对。"西园曲水"取自"流觞曲水之义,以名之园"。故园于水曲,复建"觞咏楼"。春燕秋雁,夕阳疏雨,诗文酒会,抱琴高歌,难得人生惬意。

可　园

在西园曲水旧址又重建。

《扬州览胜录》:"园门,在虹桥东岸桥爪下。门内以松木制成牌楼,高丈余。秋时络以牌楼松,色极仓翠。牌楼后,又以松木制成花棚,曲折长数丈。棚上络以秋花,结实累累,小有景致。园之中心,面南筑草堂四间。草堂外有高柳三五株,短线长条,垂檐拂槛,夕阳疏雨,晴晦皆宜,柳外苍松五六株,形如矮塔,松下有花圃一区,以乱石围四周,中植芍药牡丹之属。草堂东南隅有土墩一,高约丈余,登其上,可远眺蜀冈诸胜。墩上有'西园曲水'石额一,嵌置短墙中,字为吴门毕贻策书,墩之四周,多植红梅、桃李、海棠。春时着花,芳菲四溢（案：墩上金氏原筑有茅亭一，四面均玻璃窗，极轩敞，于赏梅尤宜。归丁氏后拆去，颇可惜）。园之西有荷池一，夹岸多栽柳，柳下间以木芙蓉，水木明瑟，异趣横生。丁氏于水曲处新构小亭一座，额曰'柳荫路曲'，以复拂柳亭旧观洵为有识。或亦暗仿山阴兰亭'流觞曲水'之意。"

丁　溪

该溪在小洪园故址西。

《扬州画舫录》："扬州城郭，其形似鹤。城西北隅，雉埤突出者，名'仙鹤膝'，鹤膝之对岸，临水筑室三楹，颜曰'丁溪'。盖室前之水，其源有二：一自保障湖来，一自南湖来，至此合为一水。而古市河水经鹤膝北岸来会，形如'丁'字，故名'丁溪'。"

室有唐代皇甫冉、许浑联句："人烟隔水见，香径小船通。"

倚虹园

该园在渡春桥两岸，元代崔伯亭家花园故址。清乾隆时，为洪徵治家别业。园与小洪园隔河斜对，又称'大洪园'。

《广陵名胜图记》："倚虹园，在虹桥东南，一称'虹桥修禊'，奉宸苑卿衔洪徵治建，其子候选道肇根重修。园傍城西濠，三面临河。南向北面，即'虹桥修禊'。"

《虹桥修禊》题诗云："十年一觉梦迢迢，园废台荒景渐凋。胜地重过刚上巳，群贤毕至近虹桥。且将美酒酬佳节，莫把亲情系柳条。补写新图留古迹，竹西亭外暂停桡。""虹桥修禊"位于虹桥之南，为倚虹园旧址，现为扬派盆景展区。

《扬州画舫录》："虹桥修禊，元崔伯亨花园，今洪氏别墅也。洪氏有二园，'虹桥修禊'为大洪园，'卷石洞天'为小洪园。大洪园有二景，一为'虹桥修禊'，一为'柳湖春泛'。是园为王文简赋冶春诗处，后卢转运修禊亦于此，因以'虹桥修禊'名其景，列于牙牌二十四景中，恭邀赐名'倚虹园'。"《扬州画舫录》："厅事临水，窗牖洞开，使花山涧湖光石壁，褰裳而来。夜不列罗帏，昼不空画屏。清交素友，往来如织。晨餐夕膳，芳气竟如凉苑疏寮，云阶月地，真上党熨斗台也！"

《扬州名胜全图》："'冶春'赋后'修禊'，遂为广陵故事。扬人及四方知名之士，相逢令节，被水采兰，进觞咏之幽情，为风流之高会。奉宸苑卿衔洪徵治，为园于桥之东南。高楼连苑，华屋生春。跪地垂杨，明潮若镜。其中有峰有屿，突兀巉岏，若大江之望小姑采石。又有领芳轩，轩前牡丹最盛。谷雨佳辰，锦帏初捲，香浓艳异，自具富丽之观。乾隆二十七年（1762），皇上赐'倚虹园'御书匾额，并'柳拖弱缕学垂手；梅展芳姿初试啼'对一联。三十年（1765），蒙赐御书'致佳楼'匾额，并'花木正佳二月景；人家疑近武陵溪'对一联。"

《扬州览胜录》："虹桥，为北交际二十四景第一丽观，原名红桥，建于明崇祯间，跨保障湖水口，围以红栏，故名曰'红桥'。……先是康熙间王渔洋司理扬州，修禊红桥，与诸名士赋冶春诗于此。乾隆间卢雅雨转动两淮，提倡风雅，修禊虹桥，作七言诗四首。其时和者七千余人，编次得三百余卷，并绘《虹桥览胜图》，以纪其胜。自是虹桥之名大著于海内。故当时四方贤士大夫来扬者，每以虹桥为文酒聚会之地。"

东西二景，一名"虹桥修禊"，一名"柳湖春泛"，以渡春桥相接。"虹桥修禊"在渡春桥东岸，内有"妙远堂"。堂右"饯春堂",临水"饮虹阁",方壶汀屿,湿翠浮岚。堂后有竹径,透迤入"涵碧楼"。楼后宣石房,旁建有层屋,御赐"致佳楼"。南有"桂花书屋",右为水厅面西。一片石壁,用水穿透,杳不可测。厅后牡丹最胜,西向至"领芳轩"。轩后歌台十余楹,台旁多松柏杉楮,郁然阴浓。近水层楼二十余楹,抱湾而转。有"修禊亭",临水大门,有厅三楹,上题"虹桥修禊",乃北郊二十四景之一。

渡春桥西岸,有"柳湖春泛",土阜翁郁,柳林成荫。其间草阁,题名"辋川图画"。阁后山径蜿蜒,入于草亭,额有"流波华馆"。西有平桥,步湖心亭。东作碑廊,折入舫屋,名"小江潭"。园皆用档子法,一如"邗上农桑"、"杏花村舍"等处。

清代虹桥修禊,著名者有康熙元年(1662)和康熙三年(1664)王士禛两次,乾隆二十二年(1757)卢见曾一次。康熙间,王士禛邀当时名流诗人在虹桥作文酒会,王士于席间赋《冶春绝句》十二首,其中:"红桥飞跨水当中,一字阑干九曲红。日午画船桥下过,衣香人影太匆匆。"与会者多有和作,编集问世,传为美谈。乾隆间,卢见曾作《修禊红桥》七律四首以倡,其中:"绿油春水木兰舟,步步亭台邀逗留。十里画图新闾苑,二分明月旧扬州。空怜强酒还斟酌,莫倚能诗漫唱酬。昨日宸游新侍从,天章捧出殿东头。"和者达七千余人,并编为三百余卷,可谓盛事。

1915年建徐园时,曾于湖边水际,掘得乾隆所书"倚虹园"刻石。

净香园·熊园·西庄

该园为乾隆时布政使衔江春所建,故又名"江园"。1757年,改为官有,1762年赐名"净香园"。园由"青琅玕馆"、"荷浦熏风"、"香海慈云"三景区组成。尤以"荷浦熏风",最名于世,净香园一名,几为所掩。"春波桥"跨夹河,西是"荷浦熏风",东为"香海慈云",南即"青琅玕馆",乃园大门所在。大门与"西园曲水",衡宇相望,长廊曲室,修竹四围,秋风响籁,亭亭玉立。

《广陵名胜全图》:"净香园,即江春'青琅玕馆'。"竹中开径,临水曲屋,额曰"银塘春晓",供茶水亭。亭北"清华堂",亦临水而建,荇藻生于足下。堂后长廊透迤,修竹映带,曲廊下门,步入竹径,中藏矮屋,即"青琅玕馆"。乾隆于1780年,临幸于此。制有诗:"万玉丛中一径分,细飘天籁回干云;忽听墙外管弦沸,却恐无端笑此君。"馆接小廊十数楹,题名"春水廊",廊尽,为"杏花春雨堂";廊外,水中有乱石漂泊,名"浮梅屿"。屿上一亭,供奉御书"净香园"刻石,及"雨过净猗竹,夏先香想莲"一联。《扬州画舫录》:"是屿丹崖青壁,眠沙卧水,宛然小瞩。"

《广陵名胜全图》:"近水人家,往往种荷。江春于兹地,除葑草,排淤泥,植荷无数。奇葩异色,如和众香。"自竹舫北,为"春雨廊",廊半为"绿杨湾"。前有石矼蜿蜒,水中为"春禊亭"。旁肆射之所,左竹而右杏。历阶而上,乃"怡性堂",御题其额。堂左舍五重,仿西洋建筑。由东直视,一览可尽,及身在其中,左右数十折,而不能竟。左出小廊,有屋如半距,名"翠玲珑馆"。右折而北,小池蓄文鱼,过此入船屋。步出曲廊,小亭面南,曲水流觞,绕其阶下。亭后右出为半阁,阁下为堂,前列假山,莳梅玉兰。以其后楹,为"蓬壶影"。堂之侧,即"天光云影楼"。楼后,朱藤延曼,如擒蒲锦。楼西,波光潋滟,芙蕖满湖,是为"荷浦熏风"。自楼左折而东,为"秋晖书屋"。由其北拾级而登,上"涵虚阁",下临石径,与春波桥接,桥西"来熏堂",前后皆水,翼以平台,周以石栏,宜于观荷,宜于赏月。堂右,即"银塘春晓"所在。

《广陵名胜全图》:"江春于河浦之北,置水栅名'香海慈云'。内涵碧沼,潾潾浩瀚,有'海云龛',奉大士像。潮音涌幢,莲萼承跌,像普陀出海。""来熏堂"后,过"宛转桥",至"海云龛",龛在水中,四面白莲。龛前跨水建桥,颜其垣曰"香海慈云"。

《平山堂图志》:"龛后有曲杠越杠,沿堤憩'舣舟亭'。隔湖则为'珊瑚林'、'桃花池馆'、'勺泉亭',绯桃无际,绚烂若锦。过小桥并桃花岭,逶迤穿花而行,达于'依山亭'。倚亭而望,则为'迎翠楼',有复道可眺。其北则与趣园接矣。"

嘉庆后已荒废,1931 年于此兴建熊园。

熊　园

在净香园(原荷浦熏风)旧址兴建,民国年间为纪念辛亥革命烈士熊成基。

园约占地三亩,四周随地势高下,围以矮垣,并将湖中汀屿圈入。园中面南建享堂五楹,取旧城皇宫大殿材料,改制而成,飞甍反宇,五色填漆,照耀湖山,一片金碧。

荷浦熏风系北郊二十四景之一,位置约在今大虹桥东岸上。此处曾以荷花出名,一边是湖,一边是塘,一边种红荷花,一边种白荷花,暖风吹来,香气袭人。荷浦熏风本是清代扬州盐商江春家园里的一景。江春的家园,人称"江园",乾隆南巡时赐名"净香园"。"净香"之名也与荷花有关。

《扬州画舫录》:"荷浦熏风,在虹桥东岸,一名'江园'。乾隆二十七年(1762),皇上赐名'净香园'。御制诗二首,一云:'满浦红荷六月芳,慈云大小水中央。无边愿力超尘海,有喜题名曰净香。结念底须怀烂漫,洗心雅足契清凉。片时小憩移舟去,得句高斋兴已偿。'一云:'雨过净猗竹,夏先香想莲。不期教步缓,率得以神传。几洁待题研,窗含活画船。笙歌题那畔,可入牧之篇?'……涵虚阁外构小亭,置四屏风,嵌'荷浦熏风'四字。过此即珊瑚林、桃花馆。对岸即来熏堂、海云龛,而春波桥跨园中内夹河。桥西为'荷浦熏风',桥东为'香海慈云'。是地前湖后浦,湖种红荷花,植木为标以护之;浦种白荷花,筑土为堤以护之。"

江春原籍徽州,因业盐居扬州。

《扬州画舫录》:"仿泰西营造法"而建的。泰西,即西欧。据说,这种房舍"仿效西洋人制法,前设栏楯,构深屋,望之如数十百千层,一旋一折,目眩足惧"。还安置自鸣钟、玻璃镜等西方舶来品。

西　庄

在大虹桥东岸唐村,为唐氏北郊别业。又名"西村",一名"西斋",所在乃保障湖旧埂,俗称"唐家湖"。园以雪石万计掇山,废后归乡人种菊,又称"唐村"。

《扬州画舫录》:"江氏买唐村,掘地得宣石数万,石盖古西村假山之埋没土中者。江氏因堆成小山,构室于上额曰'水佩风裳'。联云:'美花多映竹(杜甫句);无处不生莲(杜荀鹤句)。'"

乾隆时西庄旧址,归江氏净香园。

趣园·水钥

该园位于长春桥两岸，为清奉宸苑卿衔黄履暹别业。1762 年乾隆帝临幸，赐名"趣园"，御书"目属高底石；步延曲折廊"一联。

《平山堂图志》："园分二景，曰'四桥烟雨'，曰'水云胜概'。四桥烟雨，在长春桥东。四桥者，右长春桥，左春波桥，其前则莲花、玉版二桥也。园门西向，与长春岭对。入门右折，由长廊以东，又北行深竹中。折而西，有大楼临水。南向水中，荷叶田田，一望无际。其右与长春桥接。门左穿竹廊而南，又东为面水层轩。轩后为歌台，轩以西为堂。堂内西向，供御书'趣园'额。堂之为间者五，堂后复为堂，为间者七。高明宏敞，据一园之胜。其右为曲室，盘旋往复，应接不暇。其左为曲廊，为厅为阁。阁前叠石为坪，种牡丹、绣球最盛。阁左由长廊而北，面西为'涟漪阁'，又北为'金粟庵'。庵北向，与阁对。庵以内，南向为小亭。亭右为'四照轩'，轩前后，皆小山。山上有亭，曰'丛桂亭'。轩右为长廊，西折为厅，厅后与'香海慈云'接。厅左为楼，楼左为'锦镜阁'。阁跨水架楹，其下可通舟楫。阁上绮疏洞达，缀山丹碧，望之如蜃楼。阁西接水中高阜，阜上建御碑亭，内供御书石刻。阜自南而北，遍植梅花、桃柳，叠湖石为假山，重复掩映，不令人一览而尽也。

水云胜概一景，在长春桥西，门东向，其右为长春岭，门内左右修竹。其西为'吹香草堂'，堂后临河。南向为'随善庵'，庵内为楼，供大士像。庵右由曲廊以西，为'春水廊'。廊后为歌台，台前种玉兰。花时明艳如雪。廊右北折，西向为竹厅。厅右由长廊数折，南向为'胜概楼'。楼右缘小山，行梅花下。以西为'小南屏'，右与莲花桥接。"

趣园二景，自嘉庆后，日渐荒毁。1877 年课桑局于四桥烟雨故址，重建"三贤祠"，祀欧阳修、苏东坡及王士祯诸大家，并附设冶春后社于内。遍植女桑，绿阴漫野。于水边曾获元代义兵都元帅府残碑，当地宋元尚属大桥西垣，明清始为园林。

水 钥

在趣园以西，莲花桥北岸，康熙时为乡人火氏所居。亭林极幽，时人比之杭州净慈寺山路，称"小南屏"。

《扬州画舫录》："厉樊榭与闵廉夫、江宾谷、楼于湘诸人游序谓：'小泊虹桥，延缘至法海寺，极芦湾尽处而止。'即此地也。"

乾隆初年，鬻于黄氏趣园。增构方亭，即以"小南屏"额之。悬截李中、温庭筠句联："林外钟来知寺远；柳边人歇待船归。"《扬州览胜录》："小南屏，即在今徐苍水墓一带地。"

白塔晴云

该园为乾隆时按察使程扬宗、州同吴辅椿先后营造，后归候选道张霞重修，继归运副巴树保葺居。

《广陵名胜图记》："对岸，与莲性白塔对，故名。"于临河处，一亭面南；是亭左右，黄石崒嵂，摩崖刻有"白塔晴云"。亭后有堂，额名"桂屿"。堂后又堂，名"花南水北之堂"。堂西有轩，题为"积翠"。轩前半阁，名作"半青"。由阁右，穿竹径，度平桥，步长堤，沿山麓而西。山上梅花如雪，水际朱竹为篱，掩映特有殊姿。堤右有厅，前后相向。厅左"芍厅"，又左小阁。厅右小廊，折而西行，乃达一厅，形如"之"字，南向临湖。由厅右循堤行，穿梅径至水亭。亭后曲廊，西折为"林香草堂"。堂后别室，西转抵"种纸山房"。房右滨水，旁有"归云别馆"。其外高矗，有"望春楼"。楼前，琢石为池，左右曲桥，湾环如月。西筑石台，上建一厅。厅后楼对，前当河曲。厅西向额名"小李将军画本"，盖其对岸，即熙春台。楼右，露台，数折而后，达"西爽阁"，园竟于此。

《扬州画舫录》："园中芍药十余亩。花时植木为棚，织苇为帘，编竹为篱，倚树为关。游人步畦町，路窄如线，纵横屈曲，时或迷失，不知来去。行久足疲，有茶屋于其中，看花者皆得契而饮焉，名曰'芍厅'。"

清时有截唐杜甫、怀素句联赞誉："名园依绿水；仙塔俪云庄。"

水竹居

该园在白塔晴云之北，瘦西湖畔。又名"徐工"或称"石壁流淙。"

《广陵名胜图记》："旧称'石壁流淙'，奉宸苑卿衔徐士业园。其侄候选道徐骐孙，候选运同徐宥，先后修葺。园前面河，后依石壁。水中沙屿可通者，曰'小方壶'。并石而起者，为'花潭竹屿'也。乾隆三十年，皇上赐名'水竹居'。"

《扬州画舫录》："石壁流淙，一名'徐工'，徐氏别墅也。乾隆乙酉（1765），赐名'水竹居'。御制诗云：'柳堤系桂舠，散步俗尘降。水色清依榻，竹声凉入窗。幽偏诚独擅，揽结喜无双。凭底静诸虑，试听石壁淙。'是园由西爽阁前池内夹河入小方壶，中筑厅事，额曰"花潭竹屿"。厅后为静香书屋，屋在两山间，梅花极多。过此上半山亭，山下牡丹成畦，围以矮垣，垣门临水，上雕文砖为如意，为是园之水码头，呼为'如意门'。门内构清妍室，室后壁中有瀑入内夹河。过天然桥，出湖口，壁中有观音洞，小廊嵌石隙，如草蛇云龙，忽现忽隐，莳玉居藏其中。壁将竟，至阆风堂，壁复起折入丛碧山房，与霞外亭相上下；其下山路，尽为藤花占断矣。盖石壁之垫，驰奔云矗，诡状变化，山榴海柏，以助其势，令游人樊跻弗知何从。如是里许，乃渐平易，因建碧云楼于壁之尽处，园内夹河亦于此出口。楼右筑小室四五间，赐名'静照轩'。轩后复构套房，诡制不可思拟，所谓'水竹居'也。园后土坡上为鬼神坛，坛左竹屋五六间，自为院落，园中花匠居之。"又云："石壁流淙，以水石胜也。是园辇巧石、磊奇峰、潴泉水，飞出巅厓峻壁，而成碧淀红涔，此石壁流淙之胜也。先是，土山蜿蜒，由半山亭曲径逶迤至此，忽森然突怒而出，平如刀削，峭如剑利。襞积缝纫，淙嵌㳲岨，如新篁出箨，匹练悬空，挂岸盘溪，披苔裂石，激射柔滑，令湖水全活，故名曰'淙'。淙者，众水攒冲，鸣湍叠濑，喷若雷风，四面丛流也。"

园景最为突出有两处：一"小方壶"，一"石壁流淙"。临河西向，是为水厅。其厅左右，建有曲廊，右通水中"小方壶"。左转廊桥，北折为厅，即"花潭竹屿"厅。厅后有楼，右小廊西出，穿行梅径，至"静香书屋"。左小山临水，栽有丛桂。缘山而北，达半山亭。由亭而北，行桃花下，达御碑亭。亭前石台际水，其后玉兰数十。亭左回廊，入于"石壁流淙"。

石壁流淙一景，由回廊而西。廊前巨石临水，刻有"石壁流淙"。廊右"妍清室"，前种牡丹，后临石壁。水由山后，飞挂石间，俨同匹练。循除潏潏，冬夏不竭。室右小桥，卧老树枝，如行深山绝谷，茂林溪水之间。度桥而行，石壁迤北，有"观音洞"，供宋代白瓷观音像。洞前船屋，右倚石壁，而为长廊，达"阆风堂"。堂前石台滨水，回廊四面，周以石栏。堂后数峰突起，乃石壁最高处。堂右廊而北，达"丛碧山房"。循此北行，步藤花下，行百余步，水中小山，桃花最盛。上结草亭，东岸藤花，占断山路。藤花尽处，复缘山行，又有山亭，题曰"霞外"。石壁止处，大楼临水，名"碧云楼"，楼右"静照轩"，轩后为箭圃。左为曲室，窈窕数重，如往而复，园之最后，是"水竹居"。居前有水，水中石隙，瀑突泉涌，喷为九穗，如同溅珠，高可逾屋。溪曲引流，随云飞逝。居内乾隆御书："水色清依榻；竹声凉入窗"。

周汝昌认为，《红楼梦》中之怡红院风光，或许是以扬州水竹居为蓝本。他在《曹雪芹和江苏》一文："似乎只有曹雪芹到过扬州，受到'水竹居'实景的启发，这一可能性好像更大些。"

锦泉花屿

该园在保障湖东岸，水竹居之北。先后相继为吴氏、张氏所建。

《广陵名胜图记》："前员外郎吴玉山旧业，知府衔张正治重修，今张大兴又修。门前，古藤繆轕，蒙络披离。稍进而左，则'锦云轩'。牡丹开时，灿若叠锦。涧西有'微波馆'，源泉出涧中，盈而不竭。"

《扬州画舫录》："锦泉花屿，张氏别墅也。徐工之下，渐近蜀冈，地多水石茶树，有二泉：一在九曲池东南角，一在微波峡，遂题曰'锦泉花屿'。由菉竹轩、清华阁，一路浓阴淡冶，曲折深邃，入笼烟筛月之轩。至是，亭沼既适，梅花缤纷。山上构香雪亭、藤花书屋、清远堂、锦云轩诸胜，旁构梅亭。山下近水，构水厅，此皆背山一面林亭也。山下过内夹河入微波馆，馆在微波峡之东岸。馆后构绮霞、迟月二楼，复道潜通，山树郁兴。中构方亭，题曰'幽岑春色'。馆前小屿上，有种春轩。"又云："九曲池西南角有二泉，水极清冽，谓之'双泉'，即锦泉也。张氏于此筑水口，引入园中夹河，即东岸观音山尾。"

《扬州览胜录》："锦泉花屿故址，清乾隆间为知府张正治园。其景分东西两岸，一水间之。水中双泉浮动，波纹粼粼，即'锦泉花屿'之所由名。北郊二十四景中之'花屿双泉'指此。其东岸一段在水竹居右，旧有菉竹轩、清华阁、笼烟筛月之轩、香雪亭、藤花榭、清远堂、锦云轩、梅亭、水厅诸胜。墙外即观音山，其西岸一段为微波馆。馆后与东岸之藤花榭相对，馆前为台。台右为长桥，直南至种春轩，桥北为迟月楼，楼右为小阁，题曰'幽岭春色'，此景亦久废。"

《平山堂图志》："园分东西两岸，一水间之。水中双泉浮动，波纹粼粼，即'锦泉花屿'之所由名也。"

园之东岸，由菉竹轩、经清华阁行来，一路浓阴淡冶，曲折深邃，入"笼烟筛月之轩"。亭沼既适，梅花缤纷。轩右北转，登山步径，至"香雪亭"。北折而下，达"藤花榭"。榭右自南至北，尽皆长廊。廊北为清远堂，为曲室，为锦云轩。清远堂前，有松柏、梅花、玉兰、假山相间，如旷如奥，各兼其胜。由廊西出，北有古杉丛，又北为梅亭、水厅。

园之西岸，由微波馆，步至石台。台右长桥，至"种春轩"。轩背南岸，即"清华阁"。桥之北向，乃"迟月楼"。楼面东向，后倚小山，木樨环列。楼右有小阁，名"幽岑春色"，如杭州之水月楼，冯积渊之无波艇。

其地背山临水，宜于种竹。园主仿高观竹与王元之竹楼遗意，构菉竹轩。其门、联、窗、槛、床、灶，皆以竹成。"笼烟筛月之轩"为竹所，其间土无固志，竹有争心。游人至此，路塞而语隔，身在竹中，耳不闻竹之有声。《扬州画舫录》："湖上园亭，以此为第一竹所。"

双树庵

该庵在长春桥以西二里。清朝宗室、两江总督兼署两淮盐政麟庆，有《双树寻花》："有长墙逶迤，下砌石，作虎皮纹。入门万竹参天，绿云满地。沿篱西北行，舆入山门，见双树合抱，老干搓枒，干冲霄汉。循廊右转，琼蕊飞香。时有玉兰二株，开时亭亭，亦花之胜。"

跨虹阁

该阁在虹桥西爪，旧为酒铺。1757年，改作官园，仍以园丁卖酒为业。阁外日间挂帘，青白布帘。上贴一"酒"字，下载如燕尾，其上夹板灯。夜则悬灯代帘，俨然酒家气派。有唐代刘禹锡和李正封联句："地偏山水秀；酒绿河桥春。"

《扬州画舫录》记曰："铺中敛钱者为'掌柜'，烫酒者为'酒把持'。凡有沽者斤数，掌柜唱之，把持应之。遥遥赠答，自成作家，殆非局外人所能猝辩。《梦香词》云：'量酒唱筹通夜市'是也。酒铺例为人烫蒲包豆腐干，谓之'旱团鱼'。"

冶春诗社

该诗社在虹桥西岸，为虹桥茶肆。康熙时孔尚任题"冶春"额。

《广陵名胜全图》："王士禛赋《冶春词》，即此地也。冶春，本酒家楼。后为候选州同王士铭，今捐知府衔田毓瑞，购而新之，增置高亭画槛，与倚虹园诸胜，遥遥映带。"

《平山堂图志》："康熙间，新城王尚书士禛，集诸名士赋《冶春词》于此，遂传为故事，称'诗社'焉。"

该园在虹桥西，临桥而起，即"香影楼"。楼后曲廊，西折而南，是为小阁。阁后有厅，其向朝南，前为土山。上有"云构"、"欧谱"二亭，分列左右，高下相间。阁右长廊，南行东折，有楼"冶春"。楼后又楼，北折名"秋思山房"。房左石梁三折，东有水厅一事，厅右土山隆然。麓多古树，槐榆、椐柳、海桐、玉兰，皆百年物。其间垒石、古梅、修竹，又有牡丹、青桂之属。爰是蓝舆画舫，争集于是。由房右长廊曲折，缘土山南行，与"柳湖春泛"景区相接。

《扬州画舫录》："是园阁道之胜比东园，而有其规矩，无其沉重，或连或断，随处通达。"

《扬州画舫录》："忆余昔年，夏间暑甚。同人，出小东门，打桨而行。无何，风雨骤至，舣舟斗姥宫。雨小，舟子沿岸，牵至'冶春楼'。上岸入楼中，乃敞其室，而听雨焉。雨止，湖上浓阴，经雨如揩。竹湿烟浮，轻纱嫌薄。东望倚虹园一带，云归别峰，水抱斜城。北望江雨又动，寒色生于木末。因移入楼南临水方亭中待之，不觉秋思渐生也。"

长堤春柳

该处在虹桥西，清时为黄为蒲别业，1775年后，转归吴尊德所有。该园林亭区划位置，出自白描画家周叔球之手。

《扬州画舫录》："长堤春柳，在虹桥西岸，为吴氏别墅，大门与冶春诗社相对。"又云："扬州宜杨，在堤上者更大。冬月插之，至春即活，三四年即长二三丈。髡其枝，中空，雨余多产菌如碗。合抱成围，痴肥臃肿，不加修饰。或五步一株，十步双树，三三两两，跂立园中。构厅事，额曰'浓阴草堂'，联云：'秋水才添四五尺（杜甫）；绿阴相间两三家（司徒空）。'又过曲廊三四折，尽处有小屋如丁字，谓之'丁头屋'，额曰'浮春'，楹联云：'绿竹夹清水（江淹）；游鱼动圆波（潘安仁）。'"

《广陵名胜全图》："长堤春柳，由虹桥而北，沙岸如绳。遥看拂天高柳，列若排衙。弱絮飞时，娇莺恰恰，尤足供人清听。旧称广陵城北，至平山堂，有十里荷香之胜，景物不减西泠。后以河道葑淤，游人颇少。比年商人竞治园圃，疏涤水泉，增置景物其间。茶寮酒肆，红阁青帘，脆管繁弦，行云流水。于是佳辰良夜，简舆果马，帘舫灯船，复见游观之盛！"

扬州宜杨柳，冬月插枝，至春萌发，三四年间，高二三丈。沿堤插柳，尤为适宜，柳之大者，可以合抱，痴肥臃肿，不加修饰，老态横生，尤多拙意。沿河堤柳，五步一株，十步双树。三三两两，跂立长堤，垂丝拂波，含烟如雾。

《浮生六记》："城尽，以虹园为首折面向北，有石梁曰'虹桥'，不知园以桥名乎？桥以园名乎？荡舟过，曰'长堤春柳'，此景不缀城脚而缀于此，更见布置之妙。"

《扬州览胜录》："长堤春柳，为北郊二十四景之一。清初鹾商黄为蒲筑。长堤始于虹桥西岸桥爪下，逶迤至司徒庙上山路而止。沿堤有景五：一曰'长堤春柳'，二曰'桃花坞'三曰'春台祝寿'，四曰'筱苑花瑞'，五曰'蜀冈朝旭'。城外声技饮食，均集于是。"

《平山堂图志》："西接虹桥，为跨虹阁。阁后北折，东向为屋连楹，十有四。屋尽处，穿竹径，迤北是为长堤。沿堤高柳，绵亘百余步。为'浓阴草堂'，堂左由长廊至'浮春楹'。廊外遍植桃花，与绿阴相间。楹左兀起，为'晓烟亭'。亭左为'曙光楼'，楼左由曲廊穿小屋，行丛筱中。曲折以，至于韩园。"

临水岸边，间种杨柳，背冈绿堤，构筑楼台，围以长篱。篱外通途，联句所谓"问津窥彼岸"；篱内林园，即联句中"疑住武陵溪"。后陈重庆有联："飞絮一溪烟，凰眉南巡他日梦；新亭千古意，蝉嫣西蜀子云亭。"每逢烟花三月，堤上"香车宝马"，湖中"大小画舫"，往来桃丛柳荫，青山绿水，犹如天然图画，真乃湖山胜地。

韩 园

该园在长堤上，清初韩醉白别墅，又名"依园"，取意"名园依绿水"。

陈维崧《依园游记》："出扬州北郭门百余武为依园。依园者，韩家园也。斜带红桥，俯映绿水。人家园林，以百十数，依园尤胜，屡为诸名士宴游地。甲辰春暮，毕刺史载积先生，觞客于斯园。行有日矣，雨不止。平明，天色新霁，春光如黛，晴彩冒人。急买小舟，由小东门至北郭，一路皆碧溪红树，水阁临流，明帘夹岸。衣香人影，掩映生绡画縠间。不数武，舟次依园，先生则已从亭子上呼客矣！园不十亩，台榭六七处。先生与诸客，分踞一胜。雀炉茗椀，楸枰丝竹，任客各选一艺以自乐。少焉，宾杂至，少长咸集。梨园弟子演剧，音声圆脆，曲调济楚，林莺为之罢啼，文鱼于焉出听矣！是日也，风日鲜新，池台幽靓。主宾脱去苛礼，每度一曲，座上绝无人声。园门外，青帘白舫，往来如织。凌晨而出，薄暮而还，可谓胜游也。越一日复雨，先生笑曰：昨日之游，意其有天焉否耶？虽然岁月迁流，一往而逝，念良朋之难遘，而胜事不可常也，子可无一言以记之？并属崇川陈菊裳为之图，图成各系以诗。同集者，闽中林那子先生古度，楚黄杜于皇，秣陵龚半千，新安孙无言，山阴吕黍、字师濂，山左孔集大，成曲智仲动，吴门钱德远，真州王仲超，崇川陈菊裳、李瑶田、张麓述、徐春先，秦邮李次吉，舍弟天路暨崧共十有七人。"

《广陵名胜图志》："韩园，同知黄为蒲重修。建小山亭，在近河高阜上。园内草屋数椽，竹木森翳，山林之趣颇胜。"

并有李益、权德舆联句："茂竹临幽溆；晴云出翠微。"

桃花坞·徐园

徐园与韩园比邻，竹篱为界。

《广陵名胜图记》："桃花坞，道衔前嘉兴通判黄为荃，福建候选州同郑之汇重修。旧有'蒸霞堂'、'澄鲜阁'、'纵目亭'、'中川亭'诸胜。今增置长廊曲槛，间以水陆诸花，望如锦绣。复为高楼山半东向，以收远景。"

《扬州画舫录》："北郊白桃花，以东岸江园为胜，红桃花以西岸桃花坞为胜。是地为桃花坞比邻，桃花自此方起。""桃花坞在长堤上，堤上多桃树，郑氏于桃花丛中构园。""疏峰馆之西，山势蜿蜒，列峰如云。山半桃花，春时红白相间，映于水面。花中构'蒸霞堂'。""门内碧桃数十株，琢石为径，人伛偻行花下，须发皆香。"

临河架屋，屋右曲廊，荷池南行。池中"澄鲜阁"，阁右竹径西，又有"疏峰馆"，馆左山径，逶迤于桃花修竹间。山有"纵目亭"，悬"地胜林亭好；月圆松竹深"一联。北长春岭，西莲性寺，诸景在目。亭下隔墙水中，又有亭构八翼，中耸重屋，名"中川亭"。郑氏于蒸霞堂后山，法海桥南幽僻处，又造草堂三间。左椽为"茶屋"，再改为酒肆，取名"挹爽"。民国初，改建为"徐园"。

徐 园

军阀徐宝山于1915年集资建《徐园》，"徐园"二字为江都孝廉吉亮工手书。

吴恩棠撰有《徐园碑记》："扬州名胜，城西北称最。按《画舫录》：虹桥迤北，旧为'长堤春柳'。堤上有韩醉白之'韩园'，比邻则'桃花坞'。郑氏于桃花丛中构园，门在河曲处。沦落以后，风流歇绝。诗坛酒社，倏焉蔓草。吾侪好事，凭吊烟水，寻香冶春。春秋佳日，集饮村舍，买鱼烧笋，觞咏竟夕。我生也晚，流连图志，某丘某壑，尚能摭拾旧闻，粗述大概。后起髦俊，鲜有知其旧名者！地运盛衰，理由固然，无足深怪。至于亭沼爵位，林木名节，丹青炤人，湖山有光，地灵人杰，亦自有说。

吴君于徐公，以平原故人，作将军楣客。公长第二军时，官高等顾问，军事多所赞画。以为今兹建筑，着重择地。锦宫翠柏，依丞相祠而永春；岳庙灵旗，并西子湖雨千古。几经相度，而始于小金山对岸，得地九亩余，在旧日韩园桃花坞之间。其河曲处，有村曰'种庄'。养鱼种竹，食息于兹，以长养其子女者有年矣！称其屋之，直使迁之，而此九亩余之旷土，逐一空其障碍。鸠工庀材，缭以周垣，面东则朱门。临水门内，南向建草堂三楹，中设上将徐公位，附祀功宁死难诸将士。面南为圆形门，榜曰'徐园'。西北建厅事二，回廊蜿蜒，衔接一气，有花木、竹石、池沼之胜。

当其缔造伊始，工拙而惰，縻金旷时，经营及半，款绌不支。匠石辍斤，将亏一篑。公夫人孙阆仙女士，闻而叹曰：今日之事，凡我夫子袍泽同侪，车笠旧交，莫不崇德报功，输金负土。其家之人，第坐观厥成而已。在天之灵，其能无怨恫乎？乃易簪珥，得二千元为助。复由吴、方、许诸君，丐于淮盐各商，又共得万余元。杨君丙炎，躬任其劳，亲为监督。以周甲老翁，日徒步往来二次。清晨而出，戴星月而返。一花一石位置，不称意，往往画船箫鼓归暮，犹见翁指挥夕阳人影间。如是者阅一寒暑，暇乃捡其所遗木头竹屑为积。园中陈设器略备不足，又取诸其家所有以益之。沿岸筑高堤，种桃柳殆遍。湖桥烟雨，长堤柳色，顿复旧观。邦人游宴，咸集于是。"

梅岭春深

该园在保障河中，原名"长春岭"，今名"小金山"。

《广陵名胜图记》："梅岭春深，即长春岭。保障河自北而来，与迎恩河会。二水涟漪，回绕山麓。候补主事程志铨植梅岭上，高下各为亭馆。今候选大理寺丞余熙，辟而广之，为室，为曲槛，为水亭，益增其胜。"

原为关帝庙在岭南麓临水而建。庙前叠石为岸，岭左架竹为桥，取名"玉版桥"，上有方亭；柱栏、檐瓦，皆裹以竹，俗名"竹桥"。竹皆弃青就黄，用反黄显玉色。岭右有草堂，名"湖上草堂"，扬州知府伊秉绶题其额。堂后开路上岭，岭半有观音阁。岭西长堤，一亭际水，题为"钓渚"。岭东石骨露土，苔藓涩滞，游屐蹂躏，印窠齿齿。岭有山洞，垒石甃砖为门。紫泥涂墙，额石其上，上题"梅岭春深"。由此登山，小径而上，行在梅花丛中，蜿蜒而上，枝枝惹人。仰视岭上，路直而滑，不可着足，穿岩横穴，遍岭皆梅。其巅一亭如翼，额题"风亭"，乃阮元手书。于此南望京口，北眺蜀冈，微缕可辩。负岭面西，全湖景胜，尽收眼底。有唐·杜牧、韦庄联句："碧落青山飘古韵；绿波春浪满前陂。"

《水窗春呓》盛赞："如入汉宫图画。"清·默斋主人有《作小金山之游》一诗：

> "镜里湖光画里身，瓜皮容与两三人；
> 闲云一片谁相伴，独向渔矶理钓纶。
> 堤边杨柳柳边桥，湖上青山送六朝；
> 聒耳笙歌喧画舫，当筵可忆玉人箫。
> 桃潭曲曲柳珍珍，风景依稀退省庵；
> 梦里转疑身是客，扁舟烟雨过江南。
> 偷得闲身便是仙，风亭月观尽流连；
> 园林莫问乾嘉旧，屈指承平三十年。"

莲性寺

莲性寺，原名"法海寺"，该寺位于北郊五亭桥南侧。寺前为法海桥，寺后则莲花桥。莲性寺为康熙初歙人程有容，乾隆时有临汾贺君召等修建。其名为康熙所赐，乾隆南巡，赐额、赐诗。又赐《大悲陀罗经》一部。该寺四面环水，中有白塔，有"夕阳双寺楼"、"云山阁"等胜境。

曲水当门，石梁济度。有三世佛殿，庑屋十余楹，旁通"郝公祠"。后建白塔，仿北京万岁山塔式；塔左便门，通"得树厅"，厅角有门，通于贺氏东园。厅外为"银杏山房"，银杏两株，大可合抱，枝柯相交，唐时旧物。寺庑为"方丈"，旁屋为僧寮。左界为白塔，右界郝公祠，后界得树厅，皆寺僧所居。方丈门外，嵌二石于壁：一为张养重所书渔洋山人《红桥游记》;一为孙豹人所撰《法海寺怀旧》诗。寺多柏树,门殿廊舍,皆在树隙。树多穿廊拂檐,蔚为奇观。寺有"云山阁",阁背北临水,开窗可览湖,莲花桥如在几席。

《扬州览胜录》:"光绪中叶初建山门一进,复建云山阁五楹,并重饰白塔。光绪间,寺僧精烹饪之技,尤以蒸鼍首名于时。当时郡人泛舟湖上者,往往宴宾于云山阁,专啖僧厨鼍首,咸称别有风味,至今故老犹能言之。民国初,寺僧重修云山阁。阁中额云'妙因胜境'。近年寺僧募建大殿三楹,渐复旧观。"

图书目录学家刘梅先,诗赞:"莲花桥南莲性寺,门临曲水长菰蒲;岿然白塔临风立,好衬湖山入画图。"

贺氏东园

该园在莲性寺侧,建于清·雍正年间。

《扬州名胜录》:"东园即贺园旧址。贺园有'修然亭'、'春雨堂'、'品外第一泉'、'吕仙阁'、'青川精舍'、'醉烟亭'、'凝翠轩'、'梓潼殿'、'驾鹤楼'、'杏轩'、'蓉沜'、'目瞩台'、'偶寄山房'、'踏叶廊'、'子云亭'、'春山草外山亭'、'嘉莲亭'。今截贺园之半,改筑'得树厅'、'春雨堂'、'夕阳双寺楼'、'云山阁'、'菱花亭'诸胜。其园之东面'子云亭'改为歌台,西南角之'嘉莲台'改为新河,'春山草外山亭'改为'银杏山房',均在园外。另建东园大门于莲花桥南岸。"

画名家袁耀,为绘《东园图》。园主将游人题壁诗词及园中匾联,楫为《东园题咏》。

贺君召并作《题咏序》:"扬之游事,盛于北郊。香舆画船,往往倾城而出。率以平山堂为诣极,而莲性寺则中道也。余乡人所创关侯祠侧,隙地一区,界寺之东。丛竹大树,蔚有野趣。爰约同人,括而园之。中为文昌殿、吕仙楼,付僧主(其事)焉。篱门不扃,以供游者往来,乃未断。而舸织舟经,题咏者,遍四壁。夫扬州古称佳丽,名公胜流,履舄交错,固骚坛之波斯市也。城内外名园相属,目营心匠,曲尽观美。而品赏者,独流连兹地弗衰。将无露台、月榭、华轩、邃馆,外有自得其性情,于萧淡闲远者钦! 昔人园亭,每藉名辈诗文,遂以不朽兰亭,觞咏无论。近吴中顾氏玉山佳处,叩其遗迹,知者鲜矣! 而读铁崖、丹邱、蜕岩、伯雨诸公倡和,则所为'绿波斋'、'浣华馆'之属,固历历在人耳目也。今冬拟归里门,惜壁上作,渐次湮蚀,乃就存者,副墨以传。(以使)胜赏易陈,风流不坠,不深为兹园幸耶?且以是夸于故乡亲旧,知江南久客,为不虚耳!"

1746年6月,园开红白莲花一枝,江昱、李勉等名士,同赋五言律诗记其胜。画家安琴斋为绘二色莲花图,僧人实如、寄舟作《瑞莲歌》,君召皆勒之于石。

凫　庄

该园建于1921年,在瘦西湖中,莲花桥(五亭桥)南侧,原为陈臣朔别墅。

《扬州览胜录》:"庄在水中央,门对莲性寺,庄前建小活桥,朱栏曲折,长数丈。游人非由此桥不能入庄。临湖面南构敞厅三楹,厅前上种杨柳,下栽芙蓉,夏季纳凉,足称胜境。厅后怪石兀立,尤擅花木之胜。庄北临湖处构水阁数间。春夏之交,并可临流把钓。庄西北隅建有小阁,可以登临。阁侧塑观音大士像,独立水滨,盖仿南海普陀山'观音跳'遗意。庄初建时常有文酒之会,今已风流稍歇矣。"

《与卢令雨生憩邑庄》诗：

> "客从白下至扬州，招我清潭湖上游；
> 借问秋心何处觅，邑庄新筑最高楼。
> 画意诗情不在多，静无人处耐吟哦；
> 藕花落去鸳鸯去，自在松篁絓女萝。
> 桥上分明见五亭，萧疏岸柳拂池萍；
> 秋光一半归僧院，一半邑庄叠画屏。
> 湖上佳处待经营，露叶风枝鸟亦争；
> 怪底扬州词客伙，谁教秋柳唱新城。"

平流涌瀑

该园位于保障河西南，莲性寺西侧。

《扬州名胜园记》："奉宸菀卿衔汪廷璋等建，在熙春台右。有亭跨水上，水由亭下，前过石桥，入河，是为'平流涌瀑'。循山麓，穿竹径，数折而西，为'环翠楼'。今承壁扩而大之，规模宏敞，与台相埒。迤右为'含珠堂'，又增'绮绿轩'、'半笠亭'。修廊邃室，补置花木竹石，与熙春台相映带。"

园内水流层崖，峭壁而下，若飞若悬。其源蜀冈，其流清泻。经熙春台后，则洄旋湍激。山雨滂沱，南流奔注，潺潺活活，遥听飞瀑。

游人可度石桥，循山麓，绕堤而东，门、庑、厅等，俱为北向。左穿竹径，可至水亭，有"玲珑花界"。厅右经长廊，折至"锦泉楼"。楼右廊折，穿石洞后，入于曲房。房外小山环抱，山上梅花小径，可行可越，香沾衣襟。曲房东出，为"含珠堂"。由堂而东，复穿石洞，拾级登阁，从而登亭。与亭隔岸，是莲花桥。

春台祝寿

该处在保障河西南，"平流涌瀑"西偏，为清·乾隆年间北郊二十四景之一。《平山堂图志》称"熙春台"，《扬州画舫录》则称"春台祝寿"。

《扬州画舫录》："春台祝寿，在莲花桥南岸，汪氏所建。由法海桥内河出口，筑扇面厅，前檐如唇，后檐如齿，两旁如八字，其中虚棂，如折叠聚头扇。厅内屏风窗牖，又各自成其扇面。最佳者，夜间燃灯厅上，掩映水中，如一碗扇面灯。"又云："熙春台，在新河曲处，与莲花桥相对，白石为砌，围以石栏，中为露台。第一层横可跃马，纵可方轨，分中左右三阶皆期城。第二层建方阁，上下三层。下一层额曰'熙春台'，联云：'碧瓦朱甍照城郭（杜甫）；浅黄轻绿映楼台（刘禹锡）。'柱壁画云气，屏上画牡丹万朵。上一层旧额曰'小李将军画本'，王虚舟书，今额曰'五云多处'，联云：'百尺金梯倚银汉（李顺）；九天钧乐奏云韶（王淮）。'柱壁屏幛，皆画云气，飞甍反宇，五色填漆，上覆五色琉璃瓦，两翼复道阁梯，皆螺丝转。左通圆亭重屋，右通露台，一片金碧，照耀水中，如昆仑山五色云气变成五色流水，令人目迷神恍，应接不暇。"又，卷十八云："湖上熙春台，为江南台制第一杰作。"

《广陵名胜图记》："乾隆二十二年，奉宸菀卿衔汪廷璋，起'熙春台'。其子按察使衔焘，其弟候选道元玭重修。飞甍丹槛，高出云表。又于其左，为曲楼数十楹，以属于筱园。今廷璋孙，议叙四品职衔承壁再修，为两淮人士献寿呼嵩之所。"

《扬州览胜录》："熙春台故址，《画舫录》称在新河曲处，与莲花桥相对。……其旧景为'春台祝寿'，起始于莲花桥岸，清乾隆间汪廷璋建，称为湖上台榭第一，北郊二十四景中之'春台明月'即此。台高数丈，飞甍丹槛，上出云表。台下琢白石为栏，列置湖石，艺诸卉果。台上左右为复道，堂前为露台，为廊，为阁，并有玲珑花界、镜泉楼、含珠堂诸胜，久毁。今姑考证其地，以待兴复。"

台高数丈，上出云表。台下白石栏，置湖石为峦，环诸三面，是为"露台"。台分左中右三阶，上起阁。阁二层，下层为"熙春台"，上层额名"五云多处"，为王虚舟书。又有李顺和王淮联句："百尺金梯倚银汉；九天钧乐奏云韶。"台周花果为林，呈现多艺多彩。阁左右构复道螺转，或为廊阁，或为露台，如两翼之舒拱，飞甍反宇，五色填漆，多彩琉璃，相映水中，一片金碧，湖上奇观。与"白塔晴云"之望春楼相对，河流至此，曲折而北。台后迤右，一竹亭跨水。水由亭前石桥入河，是为"平流涌瀑"。

筱园·小园

筱园为小园旧址，位于城西。

筱园之名，源于多竹，后芍药著称。清代程梦星《初筑筱园》注："有竹近十亩，故以'筱'名。"《筱园十咏》诗序："园在郭西北，其西南为廿四桥。蜀冈逶迤而来，可聘目见者，栖灵、法海二寺也。上下雷塘、七星塘，皆在左右。因得'夕阳双寺外，春水五塘西'二语，书为堂联。"

《平山堂图志》："筱园花瑞，在三贤祠西，按察使汪焘所辟。临高西向为亭，曰'瑞芍'。其下为芍田，广可百亩。扬州芍药甲天下，载在旧谱者，多至三十九种，年来不常，厥品双歧并萼，攒三聚四，皆旧谱所未有，故称'花瑞'焉。"

《广陵名胜图记》："初为编程梦星别墅，后归汪廷璋等。辟其西数十亩为芍药田，有并头三萼者，因作'瑞芍亭'，以纪胜。"

《扬州画舫录》："筱园，本小园，在廿四桥旁，康熙间土人种芍药处也。"又云："筱园花瑞，即三贤祠，乾隆甲辰（1784）归汪廷璋，人称为'汪园'。于熙春台左撤苏亭，构阁道二十四楹，以最后九楹，开阁下门为筱园水门。初卢转运建亭署中，郑板桥书'苏亭'二字额，转动联云：'良辰尽为官忙，得一刻余闲，好诵史翻经，另开生面；传舍原非我有，但两番视事，也栽花种竹，权当家园。'后因筱园改三贤祠，遂移是额悬之小漪南水亭上。联云：'东坡何所爱（白居易）；仙老暂相将（杜荀鹤）。'因题曰'三过遗踪'，列之牙牌二十四景中。后复改名'三过亭'，今俱撤为阁道。"

《扬州览胜录》："园故址在熙春台与古三贤祠西，本名小园，清康熙间土人种芍药处也。乾隆间归按察使汪焘，建瑞芍亭于其中，下为芍田，广可百亩。乾隆乙卯（1795），园中开金带围一枝、大亭红三蒂一枝、玉楼子并蒂一枝，时称盛事。故题其景曰'筱园花瑞'。芍田西北百步至二十四桥。"

梦星初辟筱园，并于园外，临湖水田，尽植荷花，建有水榭。隔岸邻田，亦植荷花，相映成趣。于其园中，建一厅事，名"今有堂"，取谢康乐"中为天地物，今成鄙夫有"句意。园左梅百本，中有"修到亭"，取谢叠山"几生修得到梅花"句义。池如初月，植以芙蓉，畜以水鸟，跨以"约略"（踏步石），灌以湖水，四时不竭，名"初月沜"。今有堂南，筑土为坡，间以乱石，高出树杪。小桥而升，是"南坡"也。竹中建阁，名"来雨阁"。又构平轩，取刘灵预答竟陵王书"畅余阴于山泽"句义，名"畅余轩"。今有堂北，遍杂花药，缭以周垣，数十古松，名"馆松庵"。芍田之旁，筑"红药栏"。栏外界之以篱，篱外垦田百顷，遍种芙蕖。夏时朱花碧叶，水天相映，名为"藕湄"。畅余轩旁，植桂数十，名为"桂坪"。复于溪边，构一小亭。澄潭修鳞，可以垂钓，莲房芡实，则可充饥，仿宋朝主簿叶杞之"漪南别墅"，而名之为"小漪南"。顾南原因有联句："夕阳双寺外；春水五塘西。"

《扬州画舫录》是园向有竹畦，久而枯死。马秋玉以竹赠之，方士庶为绘赠竹图，因以'筱'名园。"罗两峰于1773年，绘有《饮筱园图》传世。

小　园

在保障湖西，熙春台北。

《扬州名胜录》："小园，在廿四桥旁，康熙间土人种芍药处也。园方四十亩，中垦十余亩为芍田，有草亭。花时卖茶为生计。田后栽梅八九亩，其间烟树迷离，襟带保障湖。康熙丙申，翰林程梦星告归，购为家园。"

听箫园

该园在廿四桥岸，熙春台后。

《扬州画舫录》："编竹为篱门，门内栽桃杏花，横扫地轴。帘取松毛，缚棚三尺，溪光从茅屋中出。桑雉桂鱼，山茶村酿。朱唇吹火，玉腕添薪，当炉之妇，脍炙一时。故游人多集于是，题咏亦富。"

《扬州梦香词》："扬州好，桥接听箫园。粉壁漫题今日句，水牌多卖及时鲜。能到是前缘。"

乾隆时，扬州著名画家管希宁，曾绘《听箫园图》。

蜀冈朝旭

该园位于保障河西岸，筱园之北，为清时李志勋所建。

《广陵名胜图记》："自双画舫北折，循长堤登山，有序曰'指顾三山'。亭后东折而下，为射圃，为竹楼，为迎晖亭。亭左近蜀冈，初日照万松间，如浮金叠翠。所谓西山朝来，致有爽气者也。"乾隆于1762年和1784年曾前后两次巡于此，并赐名"高咏楼"。

《扬州画舫录》："高咏楼，本苏轼题《西江月》处，张轶青《登三贤祠高泳楼》诗云：'享祀名贤地最幽，新删修竹起高楼。冈形西去连三蜀，山色南来自五洲。可惜曲型徒想像，若经觞泳更风流。人间行乐何能再，聊倚栏杆散暮愁。'张喆士诗云：'肃穆灵祠一水傍，更深层构纳秋光。竹间云气随吴岫，帘外松声下蜀冈。异代同时俱寂寞，西风落木正苍凉。登临不尽千秋感，独凭花栏向夕阳。'今楼增枋楔，下甃石阶。楼高十余丈，楼下供奉御赐'山堂返棹留闲憩，画阁开窗纳景光'一联。楼上联云：'佳句应无敌（崔桐）；苏侯得数过（杜甫）。'"

《扬州览胜录》："高咏楼故址在筱园西北、湖之西岸，与东岸之'石壁流淙'相对。其地与蜀冈渐近，为清乾隆间按察使李志勋之园。园之景曰'蜀冈朝旭'，门面南，'高咏楼'

三字石刻为清高宗书。园内旧有来春堂数椽,潇洒临溪,屋旷如亭,流香艇、含青室、初日轩、青桂山房、十字廊、指顾三山亭、射圃、竹楼、香草亭诸胜。香草亭右即为‘万松叠翠’。《画舫录》云:‘高咏楼本苏轼题《西江月》处。’清高宗诗云:‘山塘返棹闲流憩,画阁开窗纳景光’,即题此楼句。此景久毁,惟‘高咏楼’石刻三字今犹嵌于长春岭月观北之御碑亭壁中。余游湖上每见之。也谓高咏楼故址在长春岭麓,非是。今据《平山堂图志》正之。”

《浮生六记》:“过桥见三层高阁,画栋飞檐,五采绚烂,叠以太湖石,转以白栏,名曰‘五云多处’,如作文中间之大结构也。过此名‘蜀冈朝旭’,平坦无奇,且属附会。将及山,河面渐束,堆土植竹树,作四五曲。似已山穷水尽,而忽豁然开朗,平山之万松已列于前矣。”

“蜀冈朝旭”前门南向,隐于太湖石侧。入门迤北,为“来春堂”。“高咏楼”石刻,供在堂内。由南逾小山,有层深五尺,宽广约一丈,拟欧公画舫,额有“数椽潇洒临溪屋”。东折过小桥,北登“旷如亭”。又北过板桥,构舫屋于水,名为“流香艇”。循廊而北,蠹然突起,高咏楼也。内供御书楼额,楼前砌石为台,对岸“石壁流淙”。蜀冈万松叠翠,峙其东北一隅,实属一园之胜!楼左长廊,有“含青室”。室后“初日轩”,室左即平桥。桥尽而有屋,名“青桂山房”。其后“跳听烟霞”,再后“十字厅”。沿厅后北折,循长堤登山,有亭“指顾三山”。寻由亭后,东折而下,其北修竹,乃为射圃。圃右竹楼,圃前门屋,直出园外。临水有亭重檐,名“草香亭”。亭在堤上,香车宝马至此,由卷墙门入司徒庙山路。

《扬州画舫录》:“张氏因之,辇太湖石数千石,移堡城竹数十亩,故是园前以石胜,后以竹胜,中以水胜。”梅柳桂竹,牡丹荷花,春夏之交,令人流连忘返。

熊　园

于净香园旧址兴建,以祀辛亥革命烈士熊成基。园基仅占地三亩,四周随地势高下,围以矮垣,并将湖中汀屿圈入。园中面南建享堂五楹,取旧城皇宫大殿材料,改制而成,飞甍反宇,五色填漆,照耀湖山,一片金碧。

愉　园

该园在大桥镇东北,清代萧定方所建。

《江都县志》:“在大桥镇东北二里许,聚族而居者,皆姓萧。乾隆时,州司马萧定方,于宅之西偏,辟地十余亩,缭以周垣,累石为山,莳花种竹,名曰‘愉园’。

有饮香室、惬素轩、眺远亭诸胜。一时名士,如李少白、张安甫辈,咸觞咏其中。今园已荒废,惟饮香室前假山尚存。”

北渚阮公楼

该园又名“湖光山色阮公楼”。

阮元《九窗九咏诗》:“嘉庆年间,元构二楼,一在雷塘墓庐,一在道桥家祠之右。焦理堂姊夫昔题塘楼曰‘阮公楼’,桥楼乃‘北渚’。二叔,亲视结构。楼方四丈余,四面共九窗。二叔与星垣侄,拟分景:一东南曰‘晓帆古渡’,二南东曰‘隔江山色’,三南西曰‘湖角归渔’,四西南曰‘墓田慕望’,五西中曰‘松秋叠翠’,六西北曰‘花庄观获’,七北西曰‘夕阳归市’,八北东曰‘桑榆别业’,九东北曰‘斋心庙貌’。桑榆、杨柳六十八株,霜后红叶满窗,与朝阳落照掩映。树外围墙数十丈,墙外即家中蔬圃。圃外渐近湖,有渔渡船矣!雨后清霁,及见隔江山色，即谓之'湖光山色楼'。

湖光山色楼，本在赤岸湖先将军草堂，久毁于水；阮公楼，本在雷塘。今此九窗楼，即题曰'湖光山色阮公楼'七字匾，兼之矣！"

万柳堂

该园在公道桥东北数里。

阮元《扬州北湖万柳堂记》："余家扬州郡城北四十里僧道桥。桥北八里赤岸湖，有'珠湖草堂'，乃先祖钓游之地。嘉庆初，先考复购田庄，余曾在此刈麦捕鱼，致可乐也。乃自此后二三十年，皆没于洪湖下泄之水，楼庄多半倾圮，幸莺巢故在。归里次年，从弟慎斋谓：'昔年水大，深八九尺。近年水小，尚四五尺，宜筑围堤。'北渚二叔，亦以为然。于是择田之低者五百亩堤之，而弃其太低者。又虑与露筋祠、邵伯埭相对，湖宽二十里，宜多栽柳，以御夏秋之水波。取江洲细柳二万枝遍插之，兼伐湖柳干插之。且旧庄本有老柳数百株，堤内外每一佃渔，亦各有老柳数十株，乃于庄门前署曰'万柳堂'。可以课稼观渔，返于先畴，远于尘俗。数年后，客有登露筋祠西望者，可见此间柳色也。

今因咏万柳堂，分为八咏：一曰'珠湖草堂'，二曰'万柳堂'，三曰'柳堂荷雨'，四曰'太平渔乡'，五曰'秋田归获'，六曰'黄鸟隅'，七曰'三十六陂亭'，八曰'定香亭'。此扬州北湖之万柳堂也。"

半九书塾

该园在北乡黄珏桥，原系"湖干草堂"，为清学者焦循旧居，后加增修。

焦氏《半九书塾自记》："嘉庆己巳，纂修郡志，得修脯金五百，以少半买地五亩，在雕菰淘中，其盘曲若赢，以为生圹。其大半于书塾之乙方，起小楼方丈许，四旁置窗，面柳背竹。黄珏桥在东北半里许，桥外即茆湖。行人往来，趋市帆樯，出没远近。渔灯牧唱，春秋耕获，尽纳于牖。楼下置椟，以生平著述草稿贮之，以为殁后神智所栖托。圹以藏骨，楼以消魂，取淘之名，以名楼曰'雕菰楼'。楼北二老桑，高百尺，翳甀四布。编竹作篱，篱下种蕉数本，设石案一，石礅二，曰'柘篱'。篱外旧有竹数亩，于竹中辟一径，随其势曲直，以达于后扉。径东有邱，因邱筑小亭。亭外植红薇十数本，薇表于亭，竹表于薇。长夏花发竹中，晨起坐阑楯间，众鸟作声，不知有人，曰'红薇翠竹之亭'。径以西，隩而下，置屋锐两荣，东向面竹。其南黄梅一株，先曾祖手植也。历百余年，旧干已萎，肆蘗复成，树扶疏，负书塾以后。以垣围其左，不令梅与竹杂生，曰"蜜梅花馆"。梅右启小门通塾，塾故四楹。西一楹，余幼时读书所在。修葺使明洁，读《易》其中。近年悟得天元一正负如积之术，全乎易理，以易倚数。日坐室中，苦思寂索。别有所撰述，或赋诗词，不在此，曰'倚洞渊九容数注易室'。室外书塾，先人遗构也。塾前故有木兰高数丈，花时如玉琢浮图。前年槁于水，不忍去也，又不忍见凋落状，断其上枝，存槲株数尺，覆土作邱，与昔邱迹。标以石峰，高七尺，植杂卉奇石，曰'木兰冢'。冢东海棠一株，木樨一株，牡丹一株。面木犀，旧有屋，作舫状。雕菰楼在其东北，石刻仲长统小像，并《乐志论》嵌于壁，曰'仲轩'。轩南即塾门，轩面西，门面东。门外高柳数十株，间以桃，楼俯其北。启楼之南窗，绿影满床，不见其外。柳下多木芙蓉，水浜夏月，乌犍卧树侧，犟然作声。木兰冢而南，山茶一株，与牡丹、木犀、海棠、黄梅（及）二老桑岁相若。东西各生一小本，垂二十年，春时能随老本发花，自二月至四月不歇。连书塾右室，有廊引而申之，带于山茶。南廊端稍阔，可坐以向花，用苏长公诗，名之曰'花深少态篸'。"

白茆草堂

该园在北乡白茆湖北，为吴少文太学读书处。

焦廷琥《白茆草堂记》："草堂本面东三楹，面南三楹。室中床书连屋，庭间栽梅种菊，围之以栏。太学吟咏其中，讲贯于唐宋诸名家者，近三十年。所作诗数百首，家君选录之为《白茆草堂诗钞》二卷，刻于嘉庆庚午六月。壬申冬，草堂毁于火，书版尽焚，群花半萎。癸酉之春，重葺面东三楹，两月而毕。复得谭经论艺，分韵联吟。其面南处，隙地莳花，广纵盈亩。虽改旧观，而宏敞实过之矣！余家去白茆草堂半里，酒盏茶葫，迭为宾主。太学以草堂新成，属为之记。余以《书塾八咏》索和，闻者以为佳话也！书以志之。"

望湖草堂

该园在北乡赤岸湖北，为清时王望三别业。

尤炳文《望湖草堂记》："昔年水涨，屋亦如舟。今日湖平，室还似斗。招旧雨以班荆，趁新烟而瀹茗。飞花入牖，绿杨春作。两家柔蔓，交檐黄菊，秋同三径。盖'望湖草堂'者，吾友王子望三之别业也！拓地十笏，在水一方，港折湖通，船回树隐。芳草雌媒之路，落花鱼婢之乡，临风而驴唱到门，路浪而车声入户。此虽子猷招隐之诗，摩诘绘声之画，蔑以加矣！

嗟乎！依人宛在，盛水上之兼葭。有美相思，托波中之菡萏。结神契于苔岑，指仙居于栗里。则所谓'望湖草堂'者，以为剡溪之吟眺也，可以为辋川之图画也。亦可吾知选楼之月魄，上烛九天。翼社之珠光，下凌万顷者，其为斯屋也。"

云　庄

该园在公道桥镇西，清时阮实斋别业。

吴世钰《云庄图记》："夫士大夫功名成就，而后必取名山胜地，为归田之所。补生平未读之书，抒生平未诸之文。富贵之极，移以酸寒。酒肉之胸，参以翰墨。噫！亦已晚矣。

云庄先生，以宰相贵介，不慕荣利，怡然焕然，日与古人相周旋。其性情之淡，学问之醇，有非士大夫所能及。顷以《云庄图》，嘱予为记。见夫一花一草，别具天机。一壑一邱，绝无俗韵。其结构之精严，真所谓匠心独具者矣！他日予寻春湖上，鼓棹桥边。登工部之庐，造右丞之室。纵谈风月，旷论古今，岂不于'浣花草堂'、'辋川别墅'而外，又添一重佳话乎？"

珠湖明月林庄

该园在北乡公道桥，为清代谈允斋所建。

《望湖草堂记》："允斋司马，居桥镇西北八里。家葺一园，广植花木。地既幽雅，主人复贤而好客。春秋佳日，四方名士，往来相续，留连唱和，极诗酒之娱。其园旧颜曰'南岭春深'。壬寅春，阮元相国过之，题曰'珠湖明月林庄'。园主人名春元，字体乾，允斋其号也。弟春发，字育亭，子恩诰，字赐卿，皆风雅能诗。"

园有八景，一名"花砌春镫"，二名"平峦丛桂"，三名"欹廊坐雨"，四名"山房借月"，五名"梅亭香雪"，六名"红桥鱼泛"，七名"幽径风篁"，八名"水曲芙蓉"。

养志园

该园在司徒庙西北，为清代淮扬兵备道于昌遂所建。

于氏《养志园消夏诗》："当暑卧北窗，殊胜饮河朔；炎熇扰群动，世堕烦恼浊。旧荒遽泯迹，新植率盈握；竹活影交翠，荷香柄青卓。掀风茅露脊，注雨土生角；塘沫鮰破卵，檐墙雀攒啄。晒庭绿如揩，窥林丹既渥；坠果蚁群穴，骇蜓儿潜捉。连阜互蜿蜒，孤亭最卓荦；近瞻金在溶，遐观玉韫璞。草根虫呦呦，阶下雏喔喔；有情竞发机，无味始耐欷。长啸声振户，四顾天似幄；辽阔回秋焱，万景去雕琢。"

于氏又有《规塘新种荷花盛开，用蝯叟（何绍基）种竹韵》："凿池像阙月，积潦才半竿；方春种藕苗，水活根易安。茄蔤忽离立，竦若青琅干；南风吹菡萏，拆瓣分双单。红霞冒屋脊，素月悬檐端；流水耀堂壁，活色翰边鸾。言采房中苕，为糜充夕餐；不愁风浪起，止水无鲵桓。虽非远公社，一家话团栾；为语谢康乐，慎无走马看。"《扬州园林品赏录》："我在童年之时，随母侍奉祖母，曾由东北第一次返扬州。当时的于家花园旧址，尚剩几进瓦屋，有我八叔祖一房三代人住在那里。周围绕有池塘，门前有木板吊桥进出。园内厅前，尚有几株家父儿时手植的金桂。当飘香时节，沁人心脾。至于庄园里，原有的八桂堂、多子阁、冬暄堂等亭台楼阁建筑，已是徒有其名了。原有一处名为梅花山的地方，梅桩罕见，花更难寻，取代的是一片蔓草丛生的土丘。听父辈们说，每当夏秋季节，常乘个大木盆，在护庄河里采菱摘莲蓬，格外令人神往不已。"

遂初园

该园为明朝高化所建。

郑若庸《遂初园记》："扬州多沃野，畦畛漫衍，无灵山邃谷。冥栖之士，往往自力辟径、疏渠、筑石、树木，郁然成邱。故园名之胜，甲乙洛下。高子世化，世以科举，雄长是土。华腴累叶，辟居第之偏为园，瑰雅环参，为扬州之冠。"

"前列三亭，中翼而南，丽为涵辉。左翳灌木，规其寮械，而相比焉，为'驻景'。右则篑筜百枝，四绕丛桂，为'揽秀'。'揽秀'之北，屋三楹，丹艧藻绘，图史参列，为'小谷精舍'。东有崇轩颉之，其制咸若，为'息宾'。中为门负，涵辉北启，颜其上曰'遂初'。其内疏樊曲槛，奇花异石环布。位置各中天造，逶迤馨折，涉者成趣。扬之人，哗然羡之，且曰：'高子诚无忝于遂初耳。'"

秘园

该园孔尚任停帆扬州，与春江社友王学臣、杜于皇、龚半千、吴蔼次、查二瞻、石涛诸名士，集于秘园，作诗酒会。孔氏诗云：

北郭名园水次开，酒筹茶具乱苍苔；

客催白舫争先到，花近红桥赌胜栽。

海上犹留多病体，樽前又识几诗才；

蒲帆满挂行还在，似为维扬结社来。

吴氏园

该园在保障河西岸，"蜀冈朝旭"北侧。

园景有二：其一"万松叠翠"；另一"春流画舫"。"春流画舫"临河营构。东向为厅，前筑石台，后开竹径。由此北折度石桥，穿行小山丛桂中，以达"桂露山房"，房前"春柳画舫"。

万松叠翠故址在蜀冈，相传为歙县汪应庚所建。汪氏极盛于雍正年间，史载拥有运船千艘。建万松岭，筑万松亭，乐善好施，人称"万松乐士"。雍正帝题："万松月共衣珠朗；五夜风随禅锡鸣。"

《扬州画舫录》："万松叠翠在微波峡西。一名吴园，本萧家村故址，多竹。中有萧家桥，桥下乃炮山河分支由炮山桥来者。春夏水长，溪流可玩。上构厅事三楹，厅后多挂，筑桂露山房，下为春流画舫。由是过萧家桥入清阴堂。堂左登旷观楼，楼左步水廊，颜曰'风月清华'。至此山势渐起，松声渐近，于半山中建绿云亭，题曰'万松叠翠'。"又云："是园胜概，在于近水。竹畦十余亩，去水只尺许，水大辄入竹间。因萧村旧水口开内夹河通于九曲池，遂缘旧堤为屿，屿外即微波峡西岸，近水楼台，皆于此生矣。"

《扬州名胜全图》："构形如棹舫，水流不竞，云在俱迟，有'船如天上坐'之意。"舫屋四面垂帘，波纹动荡如织。有唐·皮日休、张祜联句："仙扉傍岩崿，小楹俯澄鲜。"再由山房，历长廊北，是"清阴堂"。堂构五楹，歇山其顶，平台际水，三面石栏。堂东水中，小山隆起，上种桃柳，与堂相对。后垒黄石，种植牡丹。堂后层楼，额题"旷观"。楼前石台，楼后曲室。楼左又北楼，与修廊相接。与楼对岸，水心山际，构为歌台。楼之左，逾水廊，有屋面山，名"嫩寒春晓"，乃梅花盛处。有唐·司空图、杜甫联句："鹤群常绕三株树；花气浑如百和香。"景至此转园北为"万松叠翠"。

李澄《梦花杂志》："蜀冈为扬州胜游之地。每春夏间，都人士女，及富商大贾，游宴无虚日，水则舟衔，陆则踵接。及冬日，冈上万松，青翠直拨，时引北风声作怒涛。平望则旷如杳如，俯视则窈如莘如。水漻如寂如，竹木萧萧如，风来嘎嘎如，譬诸美人抹去脂粉，转见真色。"

《平山堂图志》："左逾曲廊，再北有门东向，其中为正厅。门左绕曲廊，西折而北，为方厅，正与'万松亭'对，'万松叠翠'所由名也。厅后稍左，为'涵清阁'。北由竹门出，历山径，为水厅，匾曰'风月清华'。又北，缘河滨山际而行，至"绿云亭"而止。其北，则与蜀冈接矣。"

《扬州揽胜录》："万松叠翠故址在蜀冈下微波峡西，即湖之西岸，正与蜀冈上万松亭对，'万松叠翠'所由名也。旧为北郊二十四景之一。清乾隆间奉宸苑卿吴禧祖构。园内旧有桂露山房、春流画舫、清荫堂、旷观楼、嫩寒春晓、涵清阁、风月清华、绿云亭诸胜，其'万松叠翠'四字即题于绿云亭内者也。"

吴园胜概，在于近水。竹畦十余亩，去水只尺许。水大辄入竹间，春夏水长，溪清可玩。村旧水口，而开夹河，通九曲池。遂缘旧堤为屿，屿水即微波峡。近水楼台，皆于此生！称赞："轩窗乍拓，蜀冈万松，来与人接。晴光入户，清露沾檐，苍翠欲滴。"

尺五楼

该园在保障河九曲池坡上，"万松叠翠"北向。

《平山堂图志》:"汪秉德构,在蜀冈之麓。临河西向,为楼五楹。楼下叠石为山,老桂丛茂。山后由竹径入邃室,为药房楼。西由长廊,至'延山亭'。亭西再折,为'十八峰草堂'(汪世居黄山,黄山有十八峰之故)。堂之前,临高为室,一望平远,隔江诸山,若指数。"

该园因楼,而名于时,以楼名园。其楼之胜,胜在形制。楼计九间,面北五间,面东四间,面北第五间靠山,接面东之第四间,因是面东之间数,与面北间数相同。其形如曲尺,宽广不溢一黍。于京师九间房做法,故名之曰"尺五楼"。歇山飞檐,镂窗雕栏。楼外平台,台外竹树。湖光山色,排闼而来。有远望混茫,目难假其胜。

《扬州览胜录》:"阮文达晚年归里,每登尺五楼延山亭避暑。至今平山堂僧人尚能知尺五楼故址之所在。"

九曲池

在微波峡以北,保障河尽头。园内《接驾厅》是当时官商迎接乾隆帝所建,故名。

《扬州名胜录》:"微波峡在两山之间,峡东为'锦泉花屿',峡西为'万松叠翠'。峡中河宽丈许,不能容二舟。故画舫至此方舟者,皆单棹而入。入而复出,为九曲池。山围四匝,中凹如碗,水大未尝溢,水小未尝涸,今谓之'平山堂坞'。"

池名由来已久,见《九朝编年录》、《扬州府志》与《江都县志》。传宋太祖破李重进,驻跸蜀冈寺,命九曲池上,建"九曲亭"记其事。后改称"波光亭",又改"借山亭",或改"竹心亭",此皆九曲池故事。

《江都县志》:"郭果命工濬池,引注诸池之水,建亭于上,遂复旧观。又筑风台月榭,东西对峙,缭以柳阴,亦一时清境也。"清乾隆时于池建"接驾厅",顿复景观,尤为辉煌。

《扬州画舫录》:"坞中建接驾厅,八柱重屋,飞檐反宇。金丝网户,刻为连文,递相缀属,以护鸟雀。方盖圆顶,中置涂金宝瓶琉璃珠,外敷鎏金。厅中供奉御制《平山堂诗》石刻,后设板桥,桥外则水穷云起矣。"

江都李伯通有《九曲池》诗句:"池水亦何曲,水曲无急流;六朝风月地,自古重扬州。"

山亭野眺

该园在观音山半,前临保障河。

《广陵名胜图记》:"理问衔程瓒建,候选道程如霍重修,今程玓、鲍光猷又修。前南楼,为深竹厅。山后临池为屋,曰'芰荷深处'。"

《扬州名胜全图》:"山势嵚崎而下,程瓒为亭于山之半。春当三月,西望秾桃始花,绯红满谷,灼灼欲燃!其东则有荷池稻田,炎暑初曛,凉飔洊至,绿铺千顷,红艳半塘,皆足骋怀游目。"

山亭左行,历小山西,下有小亭。亭前南楼,修竹丛桂。楼南为深竹厅,厅左门,可通行。厅后土山蜿蜒,与山亭相接。山下,左为荷池;临池草屋数椽,额名"芰荷深处"。有许浑、薛逢联句:"山翠万重当槛出;白莲千朵照廊明。"

双峰云栈

该园在九曲池北侧,为乾隆时按察使衔程玓建造。《平山堂图志》:"蜀冈相传地脉通蜀,故此建栈道以拟之。"

《广陵名胜全图》："双峰云栈，万松岭与功德山，夹涧而峙。按察使衔程玓、布政司理问衔程璥为桥，以通往来。又于功德山之阴，缒幽凿险，筑'听泉楼'。有飞泉喷薄，阴森幽邃，尘坌不及，庶几静如太古。"

由万松亭东，历石级而下。北过栈道，至"听泉楼"；楼跨九曲池，与石梁相对，传为宋代九曲亭故址。楼后山径折，有亭名"香露"。其间上下，栽种梅花。其山左右，丛桂森翳，是故名之。缘山而南，为"环绿阁"，阁成曲尺，两叠层楼。阁背功德山，临九曲池水。水飞流涌瀑，漩于栈道下，三叠至阁前，入于保障河，终遂成巨浸。湖山之气，至此愈壮。环绿阁下桥，名"松风水月"，为清御史高恒题，摹刻于崖。

《扬州览胜录》："其景之胜处，则在蜀冈中东两峰之间，猿扳蛇折，百陟百降，如龙游千里，双角昂霄。中有瀑布三级，飞琼溅雪，汹涌澎湃。下临石壁，屹立千尺。清乾隆间，上建栈道木桥。道上多石壁，桥旁壁上刻'松风水月'四字，御史高恒书。今栈道木桥虽毁，而两峰间之瀑布，雨后犹有可观。"

小香雪

该园又名"十亩梅园"，故址位蜀冈，东接万松亭，西临平远楼。

《广陵名胜图记》："小香雪，在法净寺东，旧称'十亩梅园'，亦汪立德等所辟。在蜀冈平衍处，为屋参差数楹，绕屋遍植梅花。乾隆三十年，皇上临幸，赐今名，御书匾额，并'竹里寻幽径；梅间卜野居'一联。"

《扬州名胜全图》："小香雪，在法净寺东，就深谷，履平源，一望琼枝纤干，皆梅树也。月明雪净，疏影繁花间，为清香世界。按察使衔汪立德，候选道员汪秉德所树。"

沿东石磴，下而北折。原木为桥而度，穿行竹径深处。东数十步，面临于池，竹桥一架，精制清雅。草屋数楹，参差南向，高柳绕池，柳外遍梅。梅间铺石为径，东与"万松亭"接，亭有御书"小香雪"刻石。冈连阜属，苍翠蓊郁，其后坡北，寿藤古竹，樛轕不分。

《扬州画舫录》："修水为塘，旁筑草屋竹桥，制极清雅，上赐名'小香雪居'。御制诗云：'竹里寻幽径，梅间卜野居。画楼真觉逊，茆屋偶相于。比雪雪昌若，曰香香淡如。浣花杜甫宅，闻说此同诸。'注云：'平山向无梅，兹因盐商捐资种万树，既资清赏，兼利贫民，故不禁也。'时曹楝亭御史扈跸至扬州，诗有'老我曾经香雪海，五年今见广陵春'之句，盖纪胜也。"

松岭长风

该园在大明寺东，小香雪之北。

《扬州名胜全图》："在蜀冈上。蜀冈一名崑冈，见鲍照之《芜城赋》。汪立德、汪秉德之祖汪应庚，种松其岭，名'万松岭'。积三十年，惟乔林立，翠鬣苍鳞。或谡谡因风，如听广陵涛响。有桥在岭下，曰'松风水月'。岭之南，为恭迎'圣驾亭'。"

1736年光禄寺卿衔汪应庚，于岭上栽植马尾松十万株，建亭其间，后世人因之称汪氏为"万松居士"。蜀冈一曲，列若几案，松涛振响，到耳不绝。方濬颐称赞："双峰今耸秀，万株松括，涌来槛外涛声。""松岭长风"，壮阔雄浑。

平远楼

该楼在蜀冈中峰，大明寺东"仙人旧馆"内。

《平山堂图志》："平远楼，即（汪）应庚所建平楼。其孙立德等，增高为三级。飞槛凌虚，俯视鸟背。望江南诸山，尤历历如画。郭熙《山水训》云：'自近山而望远山，谓之平远。'平远之意，冲融而缥缈，因以'平远'名之。楼之后，为关帝楼。又东，为东楼。楼之景，曰'松岭长风'。"

楼前有院落，南栽植花木，东叠湖石山。院东南横置巨石碑，正面刻有 1835 年皇帝赐两江总督兼两淮盐政陶澍御书"印心石屋"四字；背面刻有"印心石屋山水全图"，及"印心石屋南宴图"，并"勒石平山堂后记"全文及跋语。是楼之后，为"晴空阁"，系康熙年间舍人汪懋麟与太守金长真所建，后改建为"念佛堂"。堂北有"四松草堂"。原于堂南，植松四株。堂东有"洛春堂"，亦汪应庚建。以欧阳修《花品叙》"洛阳牡丹天下第一"而名。堂之前后，叠石为山，牡丹百丛，花时之盛，于此宴赏，裙屐咸集。

平山堂·芳圃

在蜀冈大明寺西侧。平山堂盛名天下，反而寺为所掩。堂前有"行春台"，堂后为"真赏楼"。

《扬州名胜全图》："平山堂，在蜀冈上，宋欧阳修守扬州建，（1048 年）以南徐诸山，拱立环向，与槛平，因名'平山堂'。其时，梅尧臣、刘敞、王安石、苏轼、秦观诸人，皆有唱和之什。"

欧阳修《平山堂》词："平山阑槛倚晴空，山色有无中。手种堂前垂柳，别来几度春风。文章太守，挥毫万字，一饮千钟。行乐直须年少，尊前看取衰翁。"后苏轼任扬州太守，在平山堂后建谷林堂，作《西江月》词："三过平山堂下，平生弹指声中。十年不见老仙翁，壁上龙蛇飞动。欲吊文章太守，仍歌杨柳春风。休言万事转头空，未转头时皆梦。"抱柱楹联："山色湖光归一览，欧公坡老峙千秋。"

《扬州览胜录》："平山堂在蜀冈中峰法净寺内，为淮东第一胜境。……咸丰间，洪杨军陷扬州，蜀冈为四战之地，山堂毁于兵火。同治中，方转运浚颐重建山堂五楹，屋宇轩敞，倚栏遥望，江南诸山如在几席，洵为淮东第一胜境。今'平山堂'额三字。即方转运所题。又'放开眼界'额，清彭刚直公玉麟题。又'风流宛在'额，刘忠诚公坤一题。伊太守秉绶联云：'隔江诸山，在此堂下；太守之宴，与众宾欢。'此联造语既佳，书法也极古茂，至今称为山堂楹联之冠。"

《扬州鼓吹词》："平山堂，在府城西北五里，宋郡守欧阳修建。每政暇，与客啸咏其中。夏日，取荷花百朵插四座，命妓以花传客行酒，往往载月而归。"

《扬州画舫录》："平山堂在蜀冈上。《寰宇记》曰：邗沟城在蜀冈上。宋庆历八年二月，庐陵欧阳文忠公继韩魏公之后守扬州，构厅事于寺之坤隅。

屋宇轩敞，倚栏遥望诸山，如拱几席。堂前围以石栏，为行春台故址。堂之左右，白皮松数株，极蟠屈之致。堂后升阶为堂，名"谷林堂"，原为"真赏楼"旧址。再后有"欧阳文忠公祠"，祠广五楹，规模宏大。明间后壁，供欧阳修石刻画像，上悬"六一宗风"匾。堂前有玉兰花树，并有联：

"歌吹有遗音，溯坡老重来，此地宜赓杨柳曲；宦游留胜迹，访先人手植，几时开到木兰花。"

芳　圃

为大明寺"西园"。

《扬州名胜录》："西园在法净寺西，即塔院西廊井旧址。卢转运《红桥修禊诗序》云：'自乾隆辛未，始修平山堂御苑，即此地'。园内凿池数十丈，瀹'瀑突泉'，庪'宛转桥'。由山亭南，入舫屋。池中建'覆井亭'，亭前建'荷花厅'。缘石磴而南，石隙中，陷明徐九皋书'第五泉'三字石刻。旁为'观瀑亭'。亭后建'梅花厅'，厅前奇石削天，旁有泉泠泠。说者谓即明释沧溟所得井。良常王澍书'天下第五泉'五字石刻，今嵌壁上，《平山堂图志》所谓'是地拟济南胜境者也'。"

《扬州名胜录》所指"法净寺"，即古大明寺，初创南朝刘宋大明年间，故得名。于乾隆三十年，改名"法净寺"，后改回"大明寺"。

《重建平山堂记》："扬自六代以来，宫观、楼阁、池亭、台榭之名，盛称于郡藉者，莫可数计，而今罕有存者矣。地无高山深谷，足恣游眺，惟西北冈阜蜿蜒，陂塘环映。冈上有堂，欧阳文忠公，守郡时所创立。后人爱之，传五百年，屹然不废。康熙元年，僧人变制为寺，而堂又无复存焉矣！扬在古今，号名郡，僚庶群集，宾客日来，所至无以陈俎豆，供宴飨，为羞孰甚。而佛老之宫，充塞四境，日大不止。金钱数千万，一呼响应。独一欧阳公为政，讲学之堂，亦为所侵灭。而吾徒莫之救，不亦甚可惜哉！堂初废，余为诸生，莫能夺。六年，释褐与余兄叔定，为文告守令，将议复。又迫于选人，去京师五年。而兹堂之兴废，未尝一日忘也。十二年秋，山阴金公，补扬州。余喜曰：'是得所托矣！'金公诺。至郡，废修坠举，士民和悦。会余丁先姊忧归里，相与蓄材，量役。度景于明年之七月，经始于九月，告成于十一月。不征一钱，（未）劳一民，五旬而堂成。公置酒，大召客。四方名贤，结驷而至，观者数千人，赋诗落之；会公迁按察驿传道，移治江宁去。明年春，公按部过郡，又属余拓堂后地，为楼五楹，名'真赏楼'，祀欧阳公与宋代诸贤于上，皆昔官此土，而有泽于民者。堂下为公讲堂，左钟右鼓，礼乐巍然。所以防后人，不得奉佛于斯也。堂前高台数十尺，树梧桐数本，旧名'行春'之台，今仿其制。台下东西长垣，杂植桃李、梅竹、柳杏数十本，敞其门为阀阅，广其径为长堤。垣以西，古松翁翳。松下有井，即'第五泉'。覆以方亭，罗前人碑石，移置其上，是则平山堂之大概焉！噫嘻！平山高不过寻丈，堂不过衡宇，非有江山奇丽，飞楼杰阁，如名岳神山之足以倾耳骇目。而弟念为欧阳公作息之地，存则寓礼教，兴文章，废则荒荆败棘，典型凋落，则兹堂之所系何如哉！余愿继此而来守者，尚其思金公之遗意。而吾郡人，亦相与保护爱惜，则幸矣！因勒此，以告后祀。"

屋宇轩敞，倚栏遥望诸山，如拱几席。堂前围以石栏，为行春台故址。堂之左右，白皮松数株，极蟠屈之致。堂后升阶为堂，名"谷林堂"，原为"真赏楼"旧址。再后有"欧阳文忠公祠"，祠广五楹，规模宏大。明间后壁，供欧阳修石刻画像，上悬"六一宗风"匾。堂前有玉兰花树，并有联：

"歌吹有遗音，溯坡老重来，此地宜赓杨柳曲；宦游留胜迹，访先人手植，几时开到木兰花。"

2. 扬州东南区域名园

康山草堂

该园在城东南,康山街东首。《扬州府志》中有明朝永乐时,治理扬州河道,清时堆成土丘。后扬州知府于旧城东门外增筑新城,循其麓为址,土丘遂入于城。明代大理寺卿姚思孝葺土丘筑馆而居。

《扬州鼓吹词》:"康山,在郡城徐宁门内,相传为开河时积土所成。明康状元海,以救李梦阳罢官,隐居于此,佯狂玩世,终日对客弹琵琶痛饮而已,因以此得名。后为延尉姚思孝别业。余小时曾读书于此。"

《广陵名胜图记》:"植诸卉木,重楼邃室,曲槛长廊。又穿池架梁,列湖石绕之。登台望远,城外漕河帆樯,往来如织。隔江山色,近在几案。山之左,为观音堂,宋元间古刹也。晨钟夕梵,与山径松风相倡答。其西北隅,为候选道徐本增园。园故多古树,每春夏时,浓阴密布,蔚然以深。今复道相通,联成一景。"

相传明朝翰林院修撰康海落职后,于正德年间来扬州寓此。宴饮宾客,以寄怫郁,故名"康山"。后董其书来此,署其楣名"康山草堂"。堂前"数帆亭",亦董其昌书额。堂东观山台,额为笪重光题。

康山和康海的关系,一直在有无之间。《随园诗话》:"扬州城内有康山,俗传康对山曾读书其处,故名。"《履园丛话》:"康山在扬州徐宁、阙口两门之间,相传为明状元康对山读书处,故名。"未作定论。

清初,康山成为民居。乾隆时,江春在其旁建屋,拓其三面,以复思孝旧观。乾隆南巡亲临该园,楼台金粉,箫管烟花,一时之盛。词曲家蒋心馀,朝拈斑管,夕登氍毹,撰"空谷香"、"四弦秋"二种。

原有著名大型根雕作品"流云槎",今藏故宫博物院,为该院收藏最大根雕展品。"流云搓"为天然榆树根制成,形似紫云,可作卧榻。入清后先归江春,阮元购得后转赠麟庆,麟庆携回北京,其后人捐献故宫博物院。王世襄《锦灰堆》记之。

徐氏园

清代乾隆时,候选道徐本增建园,后称徐氏园。园在康山西北隅,古树甚多,浓荫郁郁。西北层楼,接以复道,与康山草堂连。园中央叠石为山,有亭翼然。西南深堂,配有曲廊。园南高墙,亭台树木,两相辉映。因与康山草堂相连得乾隆临幸为荣。

退园

退园与康山草堂比邻,为清代大盐商徐赞侯所建。

园有"晴庄"、"墨耕学圃"与"交翠林"、"鬼神坛"等胜景。当时礼部右侍郎齐召南,教谕程瑶田,金石书画名家金农、方辅等,亦曾馆于此。园内"交翠林"一额,为金农书题。乾隆南巡,江春借作康山"退园","故亦得恭迓翠华,传为盛事"。

易园

该园在康山南侧,清时大盐商黄履晟所建。

园以"三层台"最称胜迹。黄氏兄弟四人,以履晟最长,刻《太平广记》与《三才会》

诸书于此，对扬州版刻及其传流，有突出贡献。

万 石 园

该园邻近康山，1734 年江都余元甲所建。

相传以石涛画稿布置，"积十馀年殚思而成"。入园见山，山中大小石洞数百，因用太湖石万计，故名"万石园"。构建厅舍，亭廊二三，点缀其间。有"樾香楼"、"临漪栏"、"援松阁"、"梅舫"等胜景。以梅为盛，花开如雪。1731 年春，马秋玉、马半查、方洵远、方西畴、陈竹畦、张喆士等名士，来园观梅，作诗唱和。

卢 氏 意 园

该园在康山街后。江西大盐商卢绍绪，从业扬州，并建易园于清·光绪年间，用银七万余两。

园南住宅六进。在二门内，有厅两进，面阔七间。前厅正宅，可容百席；后厅之中，三间客厅，次间客座，装置罩格或槅扇，间隔成套房。其外两间，花墙隔开，自成院落，湖石花坛，植诸卉木，幽居所在。

魏 氏 逸 园

该园在康山街，光绪时大盐商魏仲蕃建造，故名"蕃园"。

园在住宅西偏，面南坐北。盛时泰州俞焕藻曾馆于此，并留诗：

卅年书剑老风尘，林下追陪笑语亲；

幽径旁通廊曲折，小山重叠石嶙峋。

琴室犹待中天月，斗室能生大地春；

桃李阴成花自好，他时应忆种花人。

容 园

该园为清·乾隆年间达官黄履昊所建。履昊安徽歙县人，为大盐商后代，有兄弟四人，履昊行四，皆寓居扬州，各家竞建园林。黄履昊之园与其兄所建之"易园"邻近，后为达官江兰弟江蕃购为"觞咏之地"。1842 年江苏达官梁章钜来扬州借居'容园'三月。赞其园"水木之盛，甲于邗江"。有容园《喜雪唱和诗》：

坐看名园玉戏奇，红灯绿酒照霜髭；

琼思瑶想吾何有，漫与当场喜雪诗。

《水窗春呓》："园广数十亩，中有三层楼，可瞰大江。凡赏梅、赏荷、赏桂、赏菊，各有专地；演剧、宴客，上下数级，如大内。另有套房三十余间，回环曲折，不知所向。金玉锦绣，四壁皆满"。

园有古藤，大可合抱；有水池，极为宽广，冠甲一郡。清末尚存，据吴趼人《二十年目睹之怪现状》，盛赞"绝顶"园林。

别 圃

该圃在阙口门内，乾隆时，大官商黄履昂所建。履昂乃容园黄履昊兄。黄氏兄弟拥巨资，善园林，曾改虹桥木构为石筑，拱洞改单拱，但形如满月，枯水时节，仍露出桥下拱卷条石，可见石上所刻题记。

八咏园·补园

该园在大流芳苑，为丁宝源所建。

园西"补园"，南北两部。南部有亭林，西廊虚设角门、花窗。北部亦有山林，有门作月洞形，沿东壁修廊，与中央四面厅相接。厅南以湖石贴墙作山，山下凿池，峰石缘池三转。厅西，有一角雪石山子，从墙壁间突出，只见山石端倪，遥想墙外山势。厅东黄石为坛，作低丘断续，峰石上刻"几生修得到，一日不可无"此君联句。竹林有如一幅石涛所画竹石图。循此而北，有花墙挡道，墙内一小院落，名"藤花榭"。门左右，有联："读书养性，花鸟怡情。"内书房三间，且有藤花。转由黄山南去，倚石为墙，漏窗五面，东西通道。右出至花厅，左出行于廊下向东转，步入住宅。最前对照，次第客厅、住房，最后楼屋，止于"补园"南壁。

补园为八咏园后花园，乃意犹未尽之辟。角门额刊有"补园"。门上有联："虚心师竹，傲骨友梅。"依郑板桥题竹诗："衙斋卧听萧萧竹，疑是民间疾苦声。"意为虚心为民。有黄瘿瓢题梅诗："品原绝世谁同调，骨是平生不可人。"是为傲骨。另在门墙左侧，嵌有"此君吟啸处"五字横长条石，有梅竹喻义。门内前有层楼，后为山林。黄石为坛，北植桂花，东无花果。又有屋宇其间，接以短廊，曲折别致。

朴 园

该园在阙口街，清光绪时大盐商魏氏所建私家花园。

《扬州览胜录》："魏氏业盐，侨居邗上，池馆林亭，备极一时之盛。园内建小阁一，四面凌虚，阁下为文鱼池，澄澈可鉴。阁上四壁嵌有石刻朴园丛帖，上自晋唐，下迄元明以来名人法书，搜罗宏富，如李太白之草书、倪云林之楷书均刻入，实为稀世之珍。"

篸 园

黄春谷就濠梁小筑旧址所改建。

因春谷所居，故名"篸园"。篸，通簪，唐·韩愈《送桂州严大夫诗》："山如碧玉篸。"又作"洞箫"解，见《楚辞·九歌·湘君》篇："吹参差兮谁思。"

《师蕴斋诗序》："乾嘉之间，黄春谷中宪称诗于扬州时，蕴生梅先生，熙载吴先生，西御王先生，句生王先生，以后进之礼事之，尝与篸园文酒之会，时称黄门四君子者也。"

畹香园

该园在阙口门大街，清时侍郎江畹香所建。

《履园丛话》："回廊曲榭，花柳池台，直可与康山争胜。中有黄鹂数个，生长其间。每三春时，宛转一声，莫不为之神往。余尝与中丞之侄元卿员外，把酒听之。未三十年，侍郎员外叔侄，相继殂谢，此园遂属之他人。"

静修养俭之轩

该园在徐凝门内，清·乾隆时鲍肯园所建。

鲍业盐于扬州，为淮南商总。1803年措饷有功，优叙盐运使职。汇晋唐以来诸名家法帖，钩勒上石，名"安素轩石刻"。刻石已由其后代，捐藏扬州博物馆。

《履园丛话》："四围楼阁，通以廊庑。阶前湖石数峰，尽栽丛桂、绣球、丁香、白皮松之属。余于壬午、癸未（1822、1823年）两年，寓其中最久，每逢花晨月夕，坐卧窗前，致足乐也。"

寄啸山庄·片石山房·何园

该园在徐凝门街西侧，建于清·同治元年，光绪时武汉黄德道何芷舠观察重修，取陶渊明"倚南窗而寄傲，登东皋以舒啸，临清而赋诗"句意而名。李鱓赠郑板桥所谓"三绝诗书画，一官归去来"。

宅后为园，山林大门，北向而立，可分可合，便于外客来游。园分东西两部，东西园林间为正门。大门一道，高大门楼，但无门额。后为正门，门上层楼，楼下通道。门月洞形，额嵌隶书"寄啸山庄"。门内复道，左右分行。门上串楼，亦复如是。门楼上下，与东西亭园连接，通达有致，天然之妙。

《扬州览胜录》："园北部建高楼五楹，楼下为厅，主人多于此觞客。厅前为池，曲折长十余丈，内蓄文鱼多种。池上架石梁一道，石梁东，水中央筑水心亭一座，夏日招凉颇宜。池东北为月台，高数丈，登台上可俯视全城。池西假山环绕，怪石相望，极幽险之致。假山上筑有阁道，长约十丈，围以铁栏，游人履其上，如在剑阁中行。池南，东偏壁上嵌有石刻《颜鲁公三表》，笔势雄健。园南筑有楠木厅一进，古色古香，尘氛不入。中贮秦砖汉瓦，称为珍品。再南，大宅连云，即为主人栖息之所。并称赞：'为咸同后城内第一名园，极池馆林亭之胜。'"

《扬州园林品赏录》中有园主人曾孙何祚兴信述："家父就出生在这座园林的住宅里，到他十二岁时，随同先曾祖全家迁到上海。1944年，家父携我回到旧日园林，曾对我说：'这座大花园是你爷爷营造的。'这座小花园是你爷爷买现成的。'这座小花园与坐落在刁家巷的大花园，由住宅房屋连成一片，完全可以通行。我随父亲回到旧日园林时，有三人看守整个园林和住宅：两个是老家人，一个是本家远房叔叔。他们之中，一人住在寄啸山庄的门房里，两人住在栽有两株参天华盖的老玉兰树院落的洋房里。那时，时有游人敲开园门，进入寄啸山庄游览一番。当时，除了洋房和内宅，园中大厅上，大都是空荡荡的。七间厅的正厅上，只有一条特长的红木条案，几把红木太师椅、茶几和两只明黄色落地的大瓷瓶。其他各厅，只有红木条案，有的好像连红木条案也没有。父亲说：在他十二岁离开扬州时，各处家具都摆得满满的。时隔多年，那些东西竟不翼而飞了。小花园及寄啸山庄，连同西式住宅、中式内宅，一并售出。在小花园东侧留下四个院落，砌砖为墙，与售出部分隔开，并在花园巷，另开一大门。"

《默斋诗稿》有《雨中饮寄啸山庄》诗：

"买山不肯隐，窥园聊借慰；微雨养韶光，生意颇荟蔚。柳线织春痕，花裀卧香气；莺喈谷尚幽，鱼戏波如沸。揽胜惬旷怀，饮醇得其味；寂坐谢众喧，知希我方贵。

曲折鹤洞桥，玲珑狮岩石；薄润不沾衣，藉草铺瑶席。携手宫额黄，照影春流碧；箫管画帘深，灯火珠楼夕。何氏此山林，醉客纷游屐；海上有神山，朱门锁空宅。"

何氏南迁后，1918年春游之诗，恰好印证祚兴先生所记，"时有游人敲开园门，进入寄啸山庄游览一番"。

片石山房

《履园丛话》："二厅之后，湫以方地。池上有太湖石山子一座，高五六丈，甚奇峭，相传为石涛和尚手笔。"光绪时归何芷舠所有。

《扬州园林品赏录》："家父曾对我说：'小花园（即片石山房）的假山，据说是个名叫石涛的和尚设计堆叠的，名曰'九狮园'。'经父亲这样一说，我站在一座直接伸向池塘水面、正对假山的方亭里，凭栏眺望，觉得这组假山，似乎很像几只或卧、或立、或倚的狮子。假山有洞，洞中路径，上下迂回可通。当时，我和我的妹妹穿游洞中，颇饶趣味。山上有树有藤，频添苍翠。父亲指着小花园前的大厅对我说：'这座大厅，完全用楠木建造，是明朝的建筑物。'特别是厅后那座当时已将坍塌的方亭，岸水临风，古意盎然。脑中不禁浮现出穿着宽袍长袖的三五士子，聚会亭下，浮白吟咏，听歌行乐的历史画面。然而，随着时间的迁移，那座方亭已苍老空寂，只给人留下颓败没落的现实感了。

在这座小花园的东侧，尚有一小门，门楣镌有'竹园'二字。推门而入，则是一片疏落有致的竹林，摇曳风中，新翠可人。"

园之西侧，仍有一座湖石山子拔地而起，形势奇峭，腹藏洞曲，为正方形砖室两间，据陈从周教授谓其即"片石山房"旧迹。缘山崖之右，越石梁残迹，踏登山石级，可攀绝顶。磴道半途，西有老梅一树，枝叶蔓生，浓阴掩路，如行山阴道上。山之巅，石更空玲。仲春时，顶上可纵览江城飞花景色。循山左陡坡拾级而下，如同履险，心悬悬而汗津津然。

园东部船厅为主景，厅三楹，其柱悬楹联，"月作主人梅作客，花为四壁船为家"。园东偏，继有湖石山子一撮，与西山连接。西南两壁，皆有出口，绕石登山。山有磴道，老藤一架，蒙茸成阴。旁有一株罗汉松，径粗近尺，高可逾丈，百年古木。山南有厅屋三间，楠木构造，明代遗制。与《履园丛话》所记相似。诗人柳北野诗："苦瓜和尚号清湘，累石丹青各擅扬；一自江都书画歇，人间孤本有山房。"

平　园

该园在花园巷西首，民国初年大盐商周静成所建。因位于住宅西偏，又称"西花园"。

住宅大门，磨砖门楼，偏于东侧。门内天井，南墙朝北，门房两间，并与直北二道门相对。门壁为磨砖雕花，仿砖木结构。门内首进为厅屋，厅后两进住房，再后止于层楼。二门之左，设有小门，与火巷通，乃家人眷属便道，避与外客相遇。

二门右侧圆门东向，门额嵌"平园"刻石。门内院落，花墙中分，分南北院。南部院落，沿南墙建平屋数间。近门处有广玉兰两株，终年如伞如盖，花时香气四溢，百年古树。翘首而望，绿叶梢头，花白朵朵，如云生处。北部花墙壁间，数面绿釉瓷板漏窗，图案新颖，色调雅洁。花墙正中，一道圆门，门额上嵌"憩息"，北门额有"小苑风和"。门内一大院落，花厅五楹。明间厅堂，宽敞明亮。在两次间与梢间之间，各以四扇楠木槅扇间隔为书房、为起坐。槅扇上刻名人书画，填以锭蓝或石绿，雅淡沉静。院东西两墙，各一角门。东壁角门额上，题"夕照明邨"四字，门内与住宅西厢相通；西壁角门额上，题"朝辉净郭"。院南圆门两侧，北向各叠湖石一山。东山之侧，有凌霄、黄杨植被；西山之旁，有木樨、碧梧乔木。庭院不大，确有"净郭"与"明邨"风貌。

棣　园

该园在南河下街北，始建于明代。清初，归陈汉瞻所有，名"小方壶"。乾隆时，转归黄阆峰，改名"驻春园"。后归洪钤庵，又名"小盘洲"。1844 年归包松溪，改名"棣园"。

1843 年江苏达官梁章钜再游扬州时，居与棣园为邻，并在《浪迹丛谈》中："扬城中园林之美，甲于南中，近多芜废。惟南河下包氏棣园，为最完好。

今属包氏，改称棣园，与余所居支氏宅，仅一墙之隔。园主人包松溪运同（盐务官职运司同知简称），风雅宜人，见余如旧相识，屡招余饮园中，尝以棣园图属题。卷中名作如林，皆和刘淳斋先生锡五原韵。园中有二鹤，适生一鹤雏，逾月遂大如老鹤。余为匾其前轩曰'育鹤'。"

包松溪辑有《十六景图册》两本：一为焦山画僧几谷所绘，一为扬州画家王素所绘。几谷传京口潘恭寿浓墨重彩画派，王素传新罗山人淡朴雅逸画风。由梁章钜题首《棣园十六景图册》，出自山僧几谷手笔，今藏天津蒋重山家。图册之末，有包氏撰《园记》。据图记：园占地五亩有余，构有"洁兰堂"。堂之前，有古老大枫树一株，高出檐际，垂阴半轩，扬州亭园所罕见。堂之后，有"沁春楼"，楼上尽览园中诸胜。楼下为"小玲珑馆"。堂之后，楼之前，为"曲沼"，乃观鱼之所。内园旧称"连柯别墅"，与"小方壶"相对，名"育鹤轩"。"竹趣"之右，为"小山余韵"。芍田之前，有小池。还有"翠馆听禽"、"平台眺雪"诸景。包松溪曾于 1845 年秋，于《棣园全图》刻石之末，刊有题记："余寓居邗上东南城隅，得一旧园，从而葺之名曰'棣园'，为怡亲养志之所。雨窗无事，检点箧中，忽得乾隆间刘淳斋、胡西庚、刘松岚、郑东亭四公题咏斯园长句，乃园主人黄阆峰宴集旧稿也。此园此诗，经历百载，延平创合，似非偶然。爰邀山僧绘图，并嘱啸北李君刻石，即以诸作弁之卷首。敬次前韵，奉质大雅。地以人胜，敢希韵事于裴王？景藉文传，更祈赓赏于坡谷。"

复于《园记》之前，刊刘淳斋题咏："人生处世舟藏壑，何异蝶周相栩霍；必须平地起园亭，已觉经营费穿凿。平泉本是昔人庄，玉山名以后贤荦；韦社莺花屡易主，滕王蛱蝶犹□阁。因人成事却天然，就地更名岂参错；池中岛屿即城隅，树杪明星俄屋角。有台不嫌结构密，画本更无余地拓；昼日红尘飞不到，人间有俗无由药。广陵翠华南幸时，楼台远接平山脚；碧瓦珠帘艳昔时，红桥白塔犹如昨。况复园林重邗水，何人不羡扬州鹤；我家山水本南徐，渡江一棹来东郭。塞翁得马有前定，濠上观鱼契真乐；板舆闲适柳意潘，金谷繁华敢希浴。鲲鹏万里未暇游，鹪鹩一枝且栖托；二分明月好宾朋，更听玉箫醉金杓。"

据《扬州览胜录》："'棣园'石刻二字，阮文达公元书。园中亭台楼阁，装点玲珑，超然有出尘之致，宛如蓬壶方丈，海外瀛洲，泂为城市仙境。光绪初，湘省盐商购为湖南会馆。湘乡曾文正公督两江时，阅兵扬州，驻节园内。园西故有歌台，一日，盐商开樽演剧，为文正寿，台中悬有一联曰：'后舞前歌，此邦三至；出将入相，当代一人。'文正阅竟，掀髯一笑。盖江阴何太史廉舫手笔也。"

园门南向，磨砖门楼上有阮元所题"棣园"两字。楼东墙壁间，嵌山僧几谷绘《棣园全图》刻石，并阮元、梁章钜题跋；楼西壁墙，有半部《棣园吟咏》碑刻。门内东侧，复廊一道，与"掩映花光"角门相接。内一阁飞檐，名"小钟阿"，阁南叠湖石一山。山中洞室，钟乳下垂，称"盘窝"。宣石与湖山相间，旋又一峰突起，奇峭异常。山麓十丈青桐，俨如"青桐白石"图画。回首而西，角门背东处，门楣上嵌"香风满径"。门西侧，戏台面北，紧挨黄山。台东有楼廊与门楼相连，转又与东阁相接。园景构成高下层次，起伏迂回，错落别致。

戏台直北，观戏之厅，方梁方柱，规制谨严，厅后有楼屋数间耸峙。楼西南湖石为山，老松一本，势若凌虚。楼厅间凿有曲池，池上石梁，水中峰石。

庚　园

该园在南河下，为江西大盐商建以觞客之所。园基不大，点缀精妍。园中花木亭台，山石水池，各擅其胜。

《扬州览胜录》称其"有庚信小园遗意"，并记："园南故有歌楼一座，每年正月廿六日为许真人圣诞，盐商张灯演剧，以答神庥。座上客为之满。"

裕　园

该园原在左卫街北。陈重庆于 1893 年，撰有《过夏氏裕园》诗传世。后为湖北荆宜道蔡露卿家花园。蔡露卿，即蔡易庵之父。易庵名巨川，娶陈重庆第七女友枝为妻，翁婿有园林记事诗文，刊在《默斋诗稿》。

陈氏有《诗序》："昔年老人题裕园观荷诗，书画廊壁间，以示吾妹。其时鹭门丈，才自蜀归，家门正全盛也。今日到巨川婿处，偕其伉俪，坐荷边烹茗，闲话极乐。因步文恪韵，作二绝句示之。"

> "锦城归櫂花如锦，镜槛觞荷不记年；
> 今日携雏花献寿，八旬褦襶嫩神仙。

> 一片红云拨不开，强扶鸠杖渡桥来；
> 风裳乱舞霞标起，犹似数帆楼下来。"

诗中有"数帆楼"，其注："裕园楼名，在荷池上。"查扬州园林，有楼名"数帆"，只有"退园"。故知裕园，旧在左卫街北，而非后之絜园景物。另从《默斋诗稿》，易庵移居仓巷，当在民国 14 年后。其时裕园，除"数帆楼"外，应有"曲榭花廊"、"竹木阴浓"、"平泉山石"等胜迹。

小盘谷

该园在居士巷北，为清两江总督周馥家园。

园在住宅东侧，进园须由大门而入。二门之后，厅堂三楹，堂上旧悬慈禧太后赐匾一方。厅左火巷，巷东亭园所在。园门西向，巷南首作月洞形，上嵌隶书"小盘谷"额。门外覆廊，北接火巷，西转即厅。门内园林，东西两部，跨进园门，西部山林所在。园南沿湖山颓石，山下洞曲，洞尽而廊，沿墙北行，廊尽而谷。谷尽山起，腹藏洞曲。出洞西口，池水一泓，飞架石梁。池西有阁，三面临水，耸峰相峙，凭栏观鱼，临窗佳处。

山洞北口，临水崖断，掇石衔立，即《扬州画舫录》"约略"之设，谓"踏步"石。踏石越水，紧贴东墙，悬崖滨水，嵌有"水云深处"字额，以寓其意。崖尽有磴道出，达盘谷顶。顶东南平整如盘，惟西北起峰，东有亭掩映。极目以望：水阁凉厅，小桥流水，花木丛隐，修竹翠掩。山亭循阶下，已是东廊处。

东西两部，以走廊与花墙分隔。墙之南偏，凿壁为门。门为桃形，以蒂叶为额，有"丛翠"两字。园南有花厅三楹，庭前植木立石，栽花种竹，庭后旷野，丛其翠，见其朴。此间犹如片石山房"竹园"，非大手笔，不能为此。

周氏"小盘谷"，为扬州城区山林，小中见大，更为杰出。可与苏州环秀山庄媲美，或称"秀"则两者相当，"小"则有过之无不及。可见决非始于周氏，或为乾隆盛世前遗制。周馥后裔有叔弢和叔嘉。新中国成立后，叔弢曾任天津市副市长，以文词之学与图书之藏，闻名海内；叔嘉乃佛学大师，任中国佛教协会副会长。当时兄弟先后来故乡、故园。今录赵朴初《游扬州周氏故园》：

> "竹西佳处石能言，听诉沧桑近百年；
> 巧叠峰峦迷造化，妙添廊槛乱云烟。"

小松隐阁

该园在左卫街东首，为清两任湖广、闽浙总督卞宝第家花园。

扬州金石书画家汪研山在《小松隐阁雅集图》，题有跋：

> "耕岩仁兄大人，招同人之工画者廿人，其游而未至者，三数人而已。于是日合作大横幅，写瓶几花卉之属，余都二册，听尽其长而已。鋬此册，则其一云。鋬识。"

《小松隐阁雅集图》是一横长册页，阁面南厅屋相连，背北廊阁连接，厅阁左右，树掩花光。东西两旁，又有树木、山石、芭蕉，映绿人面。厅屋中设几座、设笔砚，有绘者十数，或挥毫作画，或吟哦其间，尽写松隐之逸，雅集之趣。

民国初陈重庆有《于其园补消寒之会》：

> 兹园吾熟游，酩酊千百场；岂期四十载，重宴绿野堂。
> 外舅乞养归，王母欢谟觞；两世秉节旄，门阀忘金张。
> 屏后甃方池，依旧浮清光；池边垂柳丝，丝比昔日长。
> 水面戏金鳞，游泳仍濠梁；鱼乐岂不知，但羡惠与庄。
> 酒罢展画册，犹是当日藏；荆关暨董巨，幅幅神轩昂。
> 忆坐松隐阁，春茗花瓷香；惟我最心契，对此称感伤。

二分明月楼

该园在左卫街东首，清朝员氏所建。道光时，钱泳曾游本园并留字。

园在街南短巷尽头，门西向，内有山林一区。园北倚墙，长楼七间，明间上悬钱泳书"二分明月楼"匾额。楼顶翘角飞檐，取势空玲，依栏临虚，作美人靠，供人闲眺。楼东叠黄石为山，上有磴道，可登东阁。阁坐东面西，阔三楹，深一架，长楼夹山，似相呼应。园之西南，又添馆阁，独占一隅，有修廊迤逦而去。园中央以黄石依势垒筑平岗，起伏于地面，如浮出水面汀屿。虽无崇山峻岭，却有余脉意境，倒也别出心裁。平岗之中，有"四面厅堂"，成山林腹地佳构，可纵览全园景物。园之东南，起峰作山势，或作花坛，皆用黄石，以栽竹树，匠心所在。园有南墙，折而东延，壁数漏窗。园外花木屋宇，透映眼前，以为借景。另嵌碑石一方，字迹漶漫，几不可识。园东阁下，有井一口，井栏石上，刊刻"道光七年杏月员置"，当是员氏旧物。

"二分明月楼"在所见城市山林中，为首创旱园水做孤例。其高超处，尽在于此。全园虽有山无水，而水意涵蓄其间。并将"天下三分明月夜，二分无赖是扬州"诗情画意，通过月色、梅香、竹影、山光、水意、树动、箫声、蛩鸣，一一烘托，实园林上乘之作。

刘　庄

该园在广陵路，清·光绪时建造，原名"陇西后圃"。后归大盐商刘氏，"鸠工修理"后，改名"刘庄"。

徐镛撰《刘庄记》："台榭轩昂，树石幽古，颇极曲廊邃室之妙。庭前白皮松，盘根错节，非近代所有。"

因该园南住宅，新中国成立前曾开设"怡大钱庄"，又改称"怡大花园"。

园在住宅楼后，共分四个院落。前院园门东向，门上额题"余园半亩"。院北倚墙，一厅面南，修以短廊，与西南隅半亭相连。院南依墙，湖石山坛，白皮松两株，短廊西北小门，可至西院。沿北墙叠黄石为山，并有磴道，拾级可登串楼。南墙栽竹，亭亭玉立，如石涛黄山竹枝画。由院东侧门出，可至东院。坐北有楼阁空临，贴墙以湖石作山，凿地为池，缘岸垒石。虽非山水胜境，每逢晴日，水光山色宜人，剑逢雨天，汇流成瀑，亦为壮观。东西两院间通道北行至后院，叠石成山景。明代《泼墨斋法贴》刻石，嵌在楼廊壁间。

录淮安诗人辛笛游园诗一首以证：

修廊叠石匠心夸，一氏园林兴总赊；

且喜秋枫明照里，寻常百姓已当家。

双桐书屋

该园在左卫街，清·乾隆时张琴溪，在原王氏园林旧址扩建而成。

《履园丛话》："双桐书屋，在左卫街。园门北向，进门右转，有竹径一条。由竹径而入，小亭翼然。亭中四望，则修桐百尺，清水一池，曲径长廊，奇花异卉，真城市中山林也。余于嘉庆初，始至扬州。园主人张丈琴溪，辄来相招，极一时文酒之乐。今垂三十余年，则亭台萧瑟，草木荒芜矣！岂园之兴废，亦有数欤？"

文中"左卫街"，为今日广陵路，当时两旁多为官宦富贾宅第，每有园林。张氏"双桐书屋"旧址，可能在邱氏园林东侧。楼屋一隅，可见老梅放腊，块石倚根，当是原"书屋"山林旧物。

休　园

该园在广陵路北，明·崇祯时，为郑侠如在宋代朱氏园林故址重建。其子郑为光，辑《休园志》。

《扬州画舫录》："郑侠如，字士介，号俟庵。郑氏数世同居，至是方析箸。超宗有影园，士介有休园，兄弟以园林相竞矣。""初辞归休园。园在流水桥畔，宽五十亩，南向，在所居住宅后。间一街，乃为阁道，而下行如坂。坂尽而径，径尽而门，门内为'休园'。中多文震孟、徐元文、董香光真迹。止心楼下有美人石，楼后有五百年棕榈。墨池中有蟒，来鹤台下多产药草。"

《休园记》中，附有"休园图"。按图索骥，越阁道下，行尽见园门。门外乔木数株，山石三两。门屋硬山造，面阔三楹。门内叠黄石山，右"空翠小亭"，左"把翠山房"，南与"蕊栖舍"接，面山背墙，赏山景妙趣。山后构屋名"语石"，以此为界，是为前院。屋后"三峰草堂"，左为"琴啸"，矮垣相隔，自成院落。空其西南，以通行人。"草堂"之左，"琴啸"

之后，有一小院，"金鹅书屋"三间，含静中取静意趣。

园分东中西三部，中部为园林主体，占地最大。在"空翠小亭"右墙，辟小门与中部园林相通，或由南向门厅，额题"城市山林"处步入。门内凿地为池，池后掇湖石为山。缘水左岸，折向右行，山前有屋，名"枕流"，和"不波航"。山势逶迤东去，水流曲折西来，横断亭林。山背一亭名"玉照"，亭右名"墨池"。池东"得月"居，池西"樵水"榭。池北小院，门临"墨池"。院内直北，倚墙建屋，名"卫书轩"，坐落土山之麓，如《园冶》："宜于高敞以助胜"。循"墨池"右行，为"含清别墅"。园之背北，土山隆起，东西两峰，遍山绿荫，依山造屋。西峰之巅，"来鹤台"亭，下尽苇蓼。东峰之侧，有"九英书坞"屋。山下斋圃：右有"逸圃"，左"古香斋"。斋南"得月居"，入园之穿堂。屋顶平台，为赏月处。由此南行，园墙曲折，作横"S"形，左右院落。左院坐西朝东，层楼并列，南名"浮青"，北"止心楼"。坐东朝西，湖石为山，古木森然。院东南隅，以屋作门，名之"碧庵"，与右院通。院西墙外，湖山耸峙，墙内则余脉绵延。院北"植槐书屋"而南向。寻由其侧，次第楼阁，高下起伏。名"含英阁"，面西坐东，隔山与"止心楼"相对。阁南更有一峰斜出，依湖山作势。

游园、读是图，不禁令人拍案叫绝。园中有园，院中有院，山重不穷，水复无尽，难怪张四科诗句："舟棹恐随风引去，楼台疑是气嘘成。"

街南书屋小玲珑馆

该屋在东关街薛家巷西，乃安徽祁门大盐商巨子马氏城市园林。亭园原在住宅东偏，与街北"寿芝园"相对应。

《扬州画舫录》："马主政曰琯，字秋玉，号嶰谷。祁门诸生，居扬州新城东关街。好学博古，考校文艺。弟曰璐，字佩兮，号半查，工诗，与兄齐名，称'扬州二马'。举博学鸿词不就。佩兮于所居对门筑别墅，曰'街南书屋'，又曰'小玲珑山馆'。有看山楼、红药阶、透风透月两明轩、七峰草堂、清响阁、藤花书屋、丛书楼、觅句廊、浇药井、梅寮诸胜。"

"街南书屋"园景，以王振世所述最为准确。王氏称："街南书屋，旧有十二景，以小玲珑山馆最有名。"街南书屋一名，反为所掩。"小玲珑山馆"及《扬州画舫录》未收之"石屋"，均为街南书屋园景。小玲珑山馆盛名天下最主要原因，正如《扬州览胜录》所记："座上诸客皆当代名流，如杭州厉樊榭、鄞县全谢山、仁和杭大宗辈，往来扬州，皆住小玲珑山馆。"当时，"扬州诗文之会，以马氏小玲珑山馆、程氏篠园及郑氏休园为最盛"。每至会期，尝"于园中各设一案，上置笔二枝，墨一，端砚一，水注一，笺纸四，诗韵一，茶壶一，碗一，果盒、茶食盒各一。诗成即发刻，三日内尚可改易重刻，出日遍送城中矣"！与会者，尚有高翔、汪士慎等诸大诗文书画名家，故多散见于诗文诸集者。当时，尚且如此，更何况后世，只知有小玲珑山馆，而不知是街南书屋。以致《履园丛话》、《浪迹丛谈》等笔记中，均以"小玲珑山馆"为题。钱泳于1791年起，数游扬州，曾记："今亭榭依然，惜非旧主人矣！"梁章钜于1842年，"因避海警"来寓扬州，"曾两度往探其胜"，其园归"黄右原家，右原之兄绍原太守主之"。

"右原为录示梗概"如下："康熙、雍正间，扬城盐商中，有三通人，皆有名园。其一在南河下，即康山，为江鹤亭方伯所居。其园最晚出，筋宴之盛，与汪蛟门之'百尺梧桐阁'，马半槎之'小玲珑山馆'，后先媲美，鼎峙而三。至小玲珑山馆，因吴中先有'玲珑馆'，故此以'小'名。玲珑石即太湖石，不加追琢，备透、绉、瘦三之奇者也。马氏兄弟，皆举荐试乾隆鸿博科。开四库馆时，马氏藏书，甲一郡，以献书多，遂拜图书集成之赐，此丛书楼书目所由作也。然'丛书楼'，转不在园。园之胜处，为街南书屋，'觅句廊'、'透风透月两明轩'、'藤花庵'诸题额。主其家者，为杭大宗、厉樊榭、全谢山、陈授衣、闵莲峰，皆名下士，有《邗江雅集》、《九月行庵文宴图》问世。辗转十数年，园归汪氏雪礓。汪氏为康山门下客，能诗善画，今园门石碣（所）题'诗人旧径'者，犹雪礓笔也。园之玲珑石高出檐表，邻人惑于形家言，嫌其与风水有碍，而惮鸿博名高，隐忍不敢较。鸿博弟既逝，园为他人所据，邻人得以伸其说，遂有瘗石之事。故汪氏初得此园，其石已无踪迹，不得已以他石代之。后金梭亭国博过园中筋咏，询及老园丁，始知石埋土中某处。其时雪礓声光藉甚，而邻人已非当年倔强，遂决计取吉，集百余人，起此石复立焉。惜石之孔窍，为土所塞，搜剔不得法，石忽中断。今之玲珑石，岿然而独存者，较旧时石质，不过十（分）之五耳。汪氏后人，又不能守，归蒋氏，亦运司房科。从而扩充之，朱栏碧瓷，烂漫极矣。而转失其本色，且将马氏旧额，悉易新名。今归黄氏，始渐复其旧。"

郑超宗所绘《马半槎园林行乐肖像图》传世，上有众多名人题跋。如阮元嘉庆十三年（1808年）题跋：

"雍正间，扬州二马君，风雅好古，一时名士，多主其家。玲珑山馆藏书，甲于东南，今皆散佚。扬州业盐者多，今求一如马君者，不可得矣！偶于市间得此图，又得郑超宗先生画，并记载之：

> 玲珑山馆凝香尘，剩有丹青尚写真；
> 万卷图书三径客，而今不复有斯人。"

程梦星诗：

筱园主人程梦星"题似"诗云：

> 闲来避客山犹浅，静里耽吟懒未成；
> 最是午冈惊睡觉，激残松籁又秋声。
> 百城南面纵遐观，却爱闲闲十亩宽；
> 安得买山同小住，一翰常许借书看。

全祖望诗：

双业山民全祖望"题奉"诗云：

> 觅句廊边日落，看山楼上云生；
> 高人坐啸其下，如有鸾声凤声。
> 西头大有人在，春酒半槎正浓；
> 底事披图不见，池塘独坐空蒙。

小倦游阁

该园在东关街南观巷，乃清代书法家包世臣所寓。

《小倦游阁记》："嘉庆丙寅，予寓扬州观巷天顺园之后楼。得溧阳史氏所藏北宋枣版《阁帖》十卷，条列其真伪，以襄阳所刊定本。校之不符者，右军、大令各一帖，而襄阳之说为精。襄阳在维扬倦游阁成此书，予故自署其居曰'小倦游阁'。"

楼名益彰，园名遂掩。包世臣工帖法，精书学，后寓扬州。创羊毫裹笔书体，成一代书家，与邓完岳齐名。扬州书法篆刻名家吴让之为其嫡传弟子。世臣因寓"小倦游阁"，遂辑著《小倦游阁文集》三十卷，《小倦游阁法帖》三卷，亦以"小倦游阁外史"为己号。寓扬时，曾自撰联："为留隙地铺明月；不筑高楼碍远山。"成为造园家经典。

逸 圃

该园在东关街北，民国时钱业大亨李鹤生买自"朱四麻脚"，后改建而成。

扬州园林大多设在宅后，宛如"藏密"，只有逸圃建在住宅左侧。步进大门，天井一方。西偏门庭，宅第正门；直北园门，园林入口。亭园山石，均沿东墙，逶迤而北，向宅后楼，豁然开朗，别开一种园冶意境。

大门作八角形，门额上嵌"逸圃"。迎门火巷北去，巷西为住宅五进，巷东有湖石贴墙作山。山势逶迤而苍莽，山尽亭出，耸于峰巅。下有深池，有鱼潜水。池北花厅三间，坐北朝南，虚棂雕栏。山左王板哉、维扬吴砚耕画师，曾设砚于此。由厅西行北折，火巷东侧，一小角门，额上"问径"，内有庭园。北为精舍三楹，东接厢房，西修短廊，南雕窗格，北为板墙。明间东壁，装修槅扇，嵌镜为门，隐东次间为套房。房后板壁，暗设一门，与后园通。西间北壁，设暗门一。门内露天，设有磴道，拾级而上，为宅后登楼通道，是养静所在。曾为画菊名家研耕女史寓此，年逾古稀，犹笔耕不辍。当时满壁皆菊，庭除丛菊。循角门北行，巷尽有门，门内后园。

山石在东，楼阁在西。紫藤一架，偏处西南，蒙茸独自成荫。齐白石嫡传弟子，画师板哉王翁，曾寓此楼下，善画紫藤，师法造化。缘山石而北，有串楼与西阁相接，缘山石而南，有层级与宅后楼房相连，成一座园林气势。

爱 园

该园在东关大街，清·康熙时刑部主事汪懋麟所建。

《浪迹丛谈》："汪氏懋麟，江都人，丁未进士，授中书。以荐试康熙鸿博，为渔洋山人高足弟子。园中有百尺梧桐、千年枸杞。今枸杞尚存，而老梧已萎。所苗孙枝，无复曩时亭葶百尺矣！此园屡易主，现为运司房科孙姓所有。"

有山石水池，亭台楼阁之胜，百尺梧桐为名，著有《百尺梧桐阁集》传世。爱园之名不甚显彰，为"百尺梧桐阁"取代。园有一朱砂井，"相传五月五日午时，井水色红，类胭脂"。还胜于觞咏，有《爱园唱和诗集》行世。有联句："百尺梧桐阁；千年枸杞根。"故得与康山草堂、街南书屋，鼎峙三立。

个 园

该园在东关街中段，清·嘉庆时两淮商总黄至筠，于寿芝园故址重建传世名园。园内池馆清幽，水木明瑟，并种竹万竿，以诗句"月映竹成千个字"，故名"个园"。实际含有"宁可食天肉，不可居无竹；无肉使人瘦，无竹使人俗"。诗意而命名。扬州园林以叠石为胜，园内今称"四季假山"动态多变，内涵丰富而享誉全国。

个园坐北朝南，进门圆如满月，额石有"个园"二字。据《绿竹神气》一书考证，"个"字乃竹字最初形态。门外两旁绿竹婆娑，立两三峰石，犹如石笋，俨俨"意在林竹之间"，春意盎然。门墙两侧壁间，砌巨制磨砖漏窗，远望似窗花，近则成泄景，空透交流。门南为狭长隙地，再前与住宅后楼明间便门直对，成入园之道。

园门内，迎面有一楠木厅，幽雅古朴，四面虚窗，光亮明快，置身厅内，园景在望。厅南以湖石筑花坛，林竹于右，丛桂在左，故厅以桂花为名。厅西南为阁楼，有刺槐，植密筱。厅西北有湖山池水一区，曲折幽深，浮萍沉鱼；夏日林荫，清凉如秋。厅北两山间有长楼横亘，形势磅礴，气象万千。厅背北为楼南，凿平池阻断南北，隔水可相望与语。池东岸，凭水筑亭，临水观鱼；或驻足小憩，或倚坐想，园游乐趣。厅东北有黄石叠山，突兀而起，顶隐山亭，高出楼表，似与云倚，层峦叠嶂，磴道盘旋，极尽造奇叠险之能，有如黄山行旅佳境。厅东南为"透风漏月"之馆，清人姚正镛亲为题匾。馆南掇宣山一隅，有山石一叠，山径可攀。刘凤诰《个园记》刻石，嵌在楼东廊壁间。

《园记》："广陵甲第园林之盛，名冠东南。士大夫席其先泽，家治一区，四时花木，容与文宴周旋，莫不取适于其中。仁宅礼门之道何坦乎？其无不自得也。

个园者，本寿芝园旧址，主人辟而新之。堂皇翼翼，曲廊邃宇，周以虚槛，敞以层楼。叠石为小山，通泉为平池。绿萝袅烟而依回，嘉树翳晴而翁苘。闿爽深靓，各极其致。以其目营心构之所得，不出户而壶天自春，尘马皆息。于是娱情陔养，授经庭过，暇肃宾客，幽赏与共。雍雍蔼蔼，善气积而和风迎焉。

主人性爱竹，盖以竹本固。君子见其本，树德之先沃其根。竹心虚，君子观其心，则思应用之势务宏其量。至夫体直而节贞，则立身砥行之攸系者实大且远。岂独冬青夏彩，玉润碧鲜，著斯州筱荡之美云尔哉！主人爱称曰'个园'。

园之中，珍卉丛生，随候异色。物象意趣，远胜于子山所云'欹侧八九丈，从斜数十步，榆柳两三行，梨桃百余树'者。主人好其所好，乐其所乐。出其才华，以与时济。顺其燕息，以获身润。厚其基福，以逮室家孙子之悠久咸宜。吾将为君咏，乐彼之园矣！

嘉庆戊寅（二十三年）中秋，刘凤诰记并书。"

金雪舫有《近事诗》：

> 门庭旋马集名流，后燹余生感旧游；
>
> 五十余年行乐地，个园云树黯然收。

另《怀旧录》："厥后子孙析居，西边一宅，展转归丹徒李韵亭维之昆仲。园有白皮古柏两株尚存，数百年物，今又归朱氏。中有一宅，个园主人黄锡禧居之。锡禧尚风雅，长于诗词文字，时与张午桥、刘树君、汪研山唱和。子沛，号艾生，安徽直隶州习医家针灸法，至上海悬壶，有一指神针之称。所居，已归纪氏！民国癸酉，余归里，曾赁居数椽，屋后翠竹斑斑，犹有个园遗种。"

后个园又归丹徒李韵亭，李氏昆仲名允卿，常在园中，作赏荷消夏和观松消寒雅集，与宴有陈重庆、许南有、丁鑑堂诸遗老。

陈重庆有《个园消寒八集》：

> 平分春一半，风雨过花朝；铁干梅横路，金丝柳拂桥。
> 名园留胜迹，贤主惯嘉招；犹记赏荷宴，香雪压酒瓢。
>
> 此树霜白皮，蟠根不计年；至今人爱惜，令我意流连。
> 忆昔承光殿，参天结荫圆；五云何处所，腾对鹤巢巅。
>
> 慧业庞居士，清吟孟浩然；淡真人比菊，香竟钵生莲。
> 刻竹琅玕字，飞花玳瑁筵；醉余纷唱和，应笑老来颠。
>
> 到处园林好，君家王谢家；亭台留朴真，水木况青华。
> 名士登盘鲫，衰翁赴壑蛇；闲木就杯酌，未惜日西斜。

金粟山房

该园在观巷东侧，为清·光绪时安徽巡抚陈六舟家园。其子陈重庆有《园桂盛开寄怀》诗句："金粟山房梦想间，浓熏秘馞围雕阑；昔母归宁我侍侧，老人扶杖花同看。"1909年在其《移居》诗序："新宅在老宅东，屋舍毗连，以墙为藩，以门通路，两宅一宅，颇费经营。"又《默斋诗稿》中，吟咏家园《双燕》：

> 小园半亩锁深幽，便当元龙百尺楼；
> 灼灼桃花红似火，阴阴梦径冷于秋。
> 当年作伴琴诗酒，入世相看风马牛；
> 只有旧巢双燕子，轻梭玉剪拂银钩。

陈氏一门，书香门第，官宦世家。其祖其父，皆殿试二甲第一名，有"父子传胪"之誉，挂匾于府学。陈重庆身为举人，其子亦中秀才。清朝为巡抚、为道君，在民国为参议诸职。李涵秋在《广陵潮》中，说其园有"苍松合抱，翠竹成林，晚花与斜日争妍，画槛与回廊相接"之胜。

园北有书房，房前一架紫藤花。园中叠石为小山，绕山铺曲径。园南翠竹森森，玉立亭亭。园东西植梅栽桂，养花卉，莳琼葩，有"揽胜蓬莱岛"，"联吟桃李园"雅称。

壶 园

该园在地官第以西，清末江西吉安知府何廉舫（号悔余）家园。一作"瓠园"，见园主人所作《立秋后三日，招暖叟、谦斋、叔平宴集》诗。《怀旧录》中记其于"城陷罢职归，侨居扬州运司东圈门外，辟'壶园'为别业"。

《甘泉县续志》"瓠园，一名壶园，在运使署东圈门外，江阴何谦舫太守杕罢官后所筑。"

《扬州览胜录》："壶园在运署东圈门外，江阴何廉舫太守罢官后寓扬州，购为家园，颇擅林亭之胜。增筑精舍三楹，署曰'悔余庵'。园内旧有宋宣和花石纲石舫，长丈余，如鹅卵石结成，形制奇古，称为名品。太守为曾文正公门下士，以词章名海内，著有《悔余庵诗集》。文正督两江时，按部扬州，必枉车骑过太守宅，往往诗酒流连，竟日而罢。"

曾国藩赠有联句："千顷太湖鸥，与陶朱同泛宅；二分明月鹤，随何逊共移家。"其子何彦升，随杨子通出使俄国，官至新疆巡抚。名士方地山有联："身行万里路，能通六国书，无怪群公，欲使班超定西域；凄凉玉门关，呜咽陇头水，早知今日，不如何逊在扬州。"父子二人，一个移家扬州，浏览山林。一个绝途万里，镇守边陲。园林传至民国时，仍为廉舫之孙、彦升次子何骈喜世守其业。陈重庆有《何骈喜觞我壶园，是为消寒九集长歌赠之》诗：

> 君家家世吾能说，近日壶觞尤密弥；
> 重游何氏访山林，杜老诗篇狂欲拟。
> 是时晴暖春融融，夭桃含笑嬉东风；
> 升阶握手喜相见，冯唐老去惭终童。
> 鰕帘弹地围屏护，蛎粉回廊步屟通；
> 半榻茶烟云缥缈，数峰苔石玉玲珑。
> 方池照影宜新月，复道行空接彩虹；
> 洞天福地神仙窟，白发苍颜矍铄翁。

解放之初，园宅尚属何氏，后改归友谊服装厂。20世纪60年代初，园中厅阁、亭台、树石虽残，但旧迹仍在。《览胜录》所记"花石纲遗石"，已移瘦西湖上。此石之奇，其上有山有池，稍加点缀，丘壑天然，诚为不可多得之名品。《览胜录》所云"梅余余"，并不在园中，而在西住宅间，乃主人读书养性所在。庵屋之前，叠少许石，种名品竹。竹高仅逾丈，粗不及寸，且节距短而色泽青黄，为扬州园林所仅见。山石玲珑，其竹其石，已成画幅，雅淡谐和，决非画工所能模拟其万一。

史公墓园

该园在梅花岭南，清·乾隆时所建，1935年曾重修。

门对城河，东西并列。东为"史公墓"，墓介飨堂三楹，两古银杏，分列左右，高可参天。白鹤营巢，翻飞绿间，秋深霜重，一片金黄，蔚为壮观。堂后为史可法衣冠塚。墓外东西两偏，设垣门二，门额皆题"梅花岭"三字。门内土阜，遍种春梅，称"梅花岭"，东有小阁，"梅花仙馆"。岭后有"晴雪轩"三楹。轩前黄石叠坛，腊梅一树。

堂东为桂花厅，门在廊下。厅前有紫藤与木香一架，绿阴满庭，厅南花圃，周以黄石，牡丹花卉，东"牡丹阁"，三面玻璃，窗明几净。阁之东南，瘦竹丛生；阁西芍药台，有名品"金带围"。倚墙一角，有一半亭。厅北窗外，老桂几树，中秋前后，木樨飘香。飨堂西侧，史公祠堂，有抄手廊，门庭相接，祠前两侧，置铁镬二，内栽荷花，莲叶田田。

有联句：史可法草书："斗酒纵观廿一史，炉香静对十三经"。"自学古贤临静节，惟应野鹤识高情。"

朱武章："时局类残棋，杨柳边城悬落日。衣冠复古处，梅花冷艳伴孤忠。"

张尔荩："数点梅花亡国泪，二分明月故臣心"。

吴大澂："何处吊公魂，看十里平山，空余蔓草；到来怜我晚，只二分明月，曾照梅花。"

舒绍基："公去社已屋，我来梅正花。"

朱草诗林

该园在弥陀巷东小花园巷，为清代扬州八怪之一——罗两峰故居。

《扬州览胜录》："罗山人两峰故宅，在彩衣街弥陀巷内，今名其地为小花园巷。仪征金氏所居即其故址。

山人名聘，字两峰，号花之寺僧，清乾隆间人。金冬心先生弟子，画梅画佛，皆师冬心。妻方婉仪，字白莲，并工诗画。山人尝画《鬼趣图》，当时海内名流题咏殆遍。著有《香叶草堂》诗集，其版本极精，今藏于宜宜斋碑帖肆。"

园北书斋两间朝南，雕栏虚棂。斋东壁有门，与东宅相通，亦曲中含迂。东沿墙修廊，由南面北延，与是斋相接。廊壁南偏有便门，门内为住宅前厅。西南贴墙半亭面北，上悬"倦鸟巢"三字匾，为"真州吴让之书题"。亭右短廊，与园西客座相连。面积不大，房廊断续，高下起伏，小中见大。

录罗山人咏梅诗并序：

"诗序：

床头古瓮，插春梅一株，日高三丈，犹偃仰于横斜疏影间也。

诗句：

翠幄低垂夜漏分，博山何用水沉熏；

梅花在我床前笑，自说仙人卧白云。"

题襟馆

该馆在运司街南首，两淮盐运使公廨内，清代两淮盐运使曾燠所建。

《扬州览胜录》："题襟馆在运署内。清嘉庆间，曾宾谷燠都转两淮，提倡风雅，筑题襟馆于署内。一时座上皆海内名流，觞咏无虚日。著有《邗上题襟集》。同光间，定远方都转浚颐官两淮时重修。题襟馆三字为道州何太史绍基书，至今墨迹犹藏方氏，余曾亲见之。都转曾以千金购鄂忠武王岳飞真迹，以石刻嵌园内壁间，拓本多流传海内。"

馆前有"清宴堂"，设砚之所，一片翠竹。诗文酒会，入清以来，极盛一时，刊有《题襟馆倡和集》传世，乃扬州官衙园林之甚者，汪研山为绘《题襟馆消夏图》。

录方浚颐《次贞翁前辈种竹韵》："今春课园丁，补竹二百竿；前年种未活，兹方极平安。回念西园中，错落排明轩；诗友忽言别，青士长幽单；客夏复度岭，新箨齐檐端；广陵太荒芜，何地堪栖鸾；君来策疲惫，使我不素餐；鼓勇上坛坫，一剑能劫桓；竹兮解人意，引风拂重栾；安知十年后，不作筼筜看。"

爽　斋

该园在夹剪桥，清末诗人张曙生寓所。

张家清贫，设馆教书。后改设书室，以书法诗文名于时。张氏爽斋，亦家亦园，宅第狭长，园于前庭。开门见竹，密筱丛生，一片青翠。丛竹之中，枇杷一株，冬花夏实，换景之植。园北屋五间为"爽斋"。斋有联："酌酒花间；磨针石上。"园东有屋，三间两厢，进深五架，缘南墙有芭蕉、凌霄，夏初花红吐艳，仲夏蕉绿怡人。次子张家謇，力耕于斯，园得重整。张氏卒年七十，著《爽斋诗文集》，内有《夏日与友人登小金山》：

小金山下景偏娆，一路迢迢品玉箫；

水碧峰青天一色，画船来往五亭桥。

兴来携手上风亭，四顾湖山放浪吟；

莲塔巍峨斜对峙，小舟荡漾碧波心。

寄情山水，一路品箫，素园寄傲，淡泊有志。

大涤草堂

该园在旧城大东门外清·康熙三十四年，著名画家石涛所建。

据张大千藏本，石涛曾在《寄八大山人信》：

"在平坡上，老屋数椽，古木樗散数株。阁中一老叟，空诸所有，即'大涤草堂'也。"

内有松、竹、兰等植被，并于此曾绘有《松下独游图》及《山亭闲趣图》等画。

该堂所在，背倚城垣，面临濠水。无山似有山意，有水则似溪流。园内外皆自然成景，尤胜人工雕琢，非石涛画意，难有此境界。

珍　园

该园在西营九巷，为李锡珍家园。

江都李伯通有《过李氏珍园诗》："廿年游宦海，高枕梦江湖；别业在城市，名园当画图。小桥穿曲水，仙客聚方壶；四面楼窗启，秋晴月可呼。百城书坐拥，疑是'小琅环'；有雨即飞瀑，无云多假山。市声丘壑外，人影竹梧间；尽可栖枝借，天空任鸟还。尘嚣都谢绝，往来几幽人；近竹宜长啸，看花不厌贫。水光浮见潋滟，石骨露嶙峋；儿辈亲文史，翩翩皆凤鳞。暑退凉生早，花枝见蝶衣；园亭能免俗，树木已成围。洗砚看鱼出，停琴待鹤归；何时邀月饮，主客共清辉。"

伯通以诗，记李氏园，情景交融，身临其境。珍园园门造型独特，上有"珍园"石刻二字。

萃园·息园

该园在西营七巷东首，清末包黎光在旧潮音庵故址，修建"大同歌楼"，未几毁于火。民国初年，扬州盐商集资，原址建园林，盐远使方硕辅为其题"萃园"。

《扬州览胜录》："四周竹树纷披，饶有城市山林之致。园之中部，仿北郊五亭桥式，筑有草亭五座，为宴游之所。当时裙屐琴樽，几无虚日。十年间，日本高洲太助主两淮稽核所事，借寓园中，由此园门常关，游踪罕至。自高洲回国后，园渐荒废矣。"

1951年收归国有，恢复后并加以扩建与息园合并，即今"萃园饭店"。

息　园

该园在西营小七巷，民国初年为冶春后社诗人胡显伯所建。西侧萃园，只隔一墙。

《扬州览胜录》："民国二年（1913年）春，胡君于雪后经此晚眺，适见夕阳归鸟，一白无际，同时亦并有一人立高洲桥头玩雪（高洲桥者，日本人高洲太助寓萃园时所造之桥也）。遂就即景成断句云：'鸟飞天末烟，人立桥头雪。'吟罢而去。十六年春，胡君即购其地，小筑园林，以为息影读书之所，因名曰'息园'。

园中建楼五楹，其地即为昔日眺雪之处，遂名其楼曰'眺雪'。楼下辟精舍数间，署曰'箫声馆'。盖胡君既能诗，而又精音律，善吹洞箫，故以箫声名其馆也。亦尝自号竹西箫史。

园内杂植花树，并擅竹石之胜，而四周高柳尤多。入夏，三两黄鹂，好音不绝，君每喜听之。

自园建后，觞咏之会每岁无虚，春则以元宵为多，冬则以月当头夕为盛。酒醑以往，分笺赋诗，或至深宵不倦。每遇良辰令节，辄集广陵琴徒曲友于其中，有时歌声若出金石。二十四年夏秋间，园中苹花盛开，觞诸诗人于花下，各赋'苹花诗'赠之，一时传为盛事。"

怡　庐

该园在嵇家湾，民国初钱业经纪人黄益之所建，即《怀旧录》"设钱庄于院大街北首，名曰'德春'者"。怡园设计，出自造园名家余继之手笔。

园分前后两院，前院大门东向，内有游廊，环其东南。廊北与花厅三楹相接，厅后为狭长天井，面南墙处，叠石为山，植竹数丛，翁郁清幽。厅东首次间后身，接屋作套房，窗对竹石，陡增逸意。园西一墙隔成东西两半，依墙掇山似雪，旁栽花木，卵石铺地，雅致洁净。在墙西半，小院南北，各一精舍，名"两宜轩"。南额"寄傲"，北额"藏拙"。隔墙中壁，凿月洞门，以通行人。廊西尽头，有角门与"寄傲"相属。西半两舍，一北一南，虚窗相对，似藏如拙，通达裕如，可读可憩。

前院之西，随路曲折，步至后院。面南书斋，北向掇湖石花坛。坛后花墙，墙外花厅，景物辉映，通透幽静。

匏　庐

该园在甘泉路，民国初年大实业卢殿虎所建，其设计为叠石大家余继之。

朱江《窗匏庐纪实》："是园平面横长，西首略带开阔，可分为东西两部。东部以回廊相连属，南向植细梧两三，瘦长如修竹，饶有法外清妍之姿。在其东南，筑半亭倚墙，雕栏临水，池瘦如带。由亭转向北行，池尽轩出，游人到此，曾记否：'与谁同坐？'随径南折，缘水西去，即达园之西部。

园西豁然开朗，中坐花厅一事，劈园为两半。北半以黄石垒坛，植木栽花，有绿叶扶疏，花红艳丽之概；南半以湖石掇山，假以老树青藤，有一派葱郁之气。于山之右，构一阁临池，水碧青澄，时见鱼游浅底，忽隐深处。园极西，似已穷尽，顿现一门，有砖路北去。门内又有黄石，逶迤而东，似别有洞天，两折却返原地，一新游人耳目。

匏者，瓜也，乃葫芦之属。曹植于《洛神赋》云：'叹匏瓜之无匹，咏牵牛之独勤。'卢氏以'匏'名'庐'，岂其自谓自勉之义？今匏庐保存完好，仍以横长别致见称。"

公　园

该园在小东门外，清末扬州商人集资于旧城东墙废址所建。

《扬州览胜录》："清宣统末年各商业集资，就废城基建筑。大门在大儒坊，面小秦淮，门前跨以板桥。园之中部，构大厅三楹，为游人品茗之所，署曰"满春堂"，郡守嵩峋书。联云：'春从何处归来？恰楚尾吴头，尽流连永昼茶香，斜阳洒暖；花比去年好否？正千金一刻，最珍重绿杨绕郭，红药当阶'。亦太守撰名并书。厅东西两壁旧悬李石湖、王蕊仙、陈锡蕃、张直斋四画师大幅山水翎毛。厅前植紫藤四五株，构木为架，花时绿荫如画，落英满阶。厅西为迎曦阁，阁前有峰石一，矗立庭际，状极奇古。大厅南圆门内为桂花厅，内设茶社，旧种桂花数株，今已枯萎。大厅北筑草堂三间，署曰'仁月峰'。联云：'勾引作诗人，居然花草庭罗，图书壁拥；商量听曲处，好是楼台灯上，萧鼓船归。'丹徒李孝廉撰句并书。堂后为草亭，民国初年马隽卿、钱讱庵、李和甫诸公出资兴筑，品茗其间。额曰'眠琴小榭'，钱讱庵书。联云：'半榻茶烟风定久，一帘花影月来初。'草堂前有荷池一，荷多名种，曾开并蒂莲花。以太湖石叠池之四周，夏日品茗赏荷，极招凉乐事。草堂东为教门室茶社，回教中人多集于是。荷池西为紫来轩茶社，座位雅洁，报界诸子多于午后四五时小憩于此。丁丑事变后，园之南部满春堂、桂花厅等处改名扬社，为招待来宾之所。"

城南草堂

该园在小东门内，清·嘉庆年间陈思贤家居。

甘泉汪荣光《白石山人还居城南草堂序》中有："卜居吾郡，莫不以小东门为便。其地在城东南隅，介乎新旧两城间，洵善地也。傍城之阴，有精舍焉！珍卉秀郁，文窗窈窕，是为'城南草堂'，吾友白石山人爱居之。嘉庆八年，山人为经纪姻党家事，于姻党之旁舍，暂栖止。越三年而不忘城南，仍归草堂居焉。山人陈氏，名思贤，字再可，号梅垞，于还居之先，获异石焉。因移植堂之东南隅，遂以'白石山人'自号。是石也，璁珑丈馀，莹洁比玉，有拔出尘俗之概。山人乐之，可想见襟抱矣！"

白石与诸名士往还，其后陈休庵《题小盘谷图诗》注有："先伯祖城南草堂，近太平桥。"

种字林

该园在粉妆巷，清初湖州知府吴绮所建。

《芜城怀旧录》："吴蔺茨太守绮，自湖州罢职归，曾居粉妆巷。太守贫而好客，吴梅村诗云'官如残梦短，客比乱山多'者是也。风流儒雅，四方慕其名，乞诗文者踵接。但令其各酬一树，名曰'种字林'。"

吴绮，号丰南，扬州人，清时，由选贡生荐授秘书院中书舍人。后官湖州知府，工诗文，填词小令，著有《扬州鼓吹词》。词有唐代园林"争春馆"：

"争春馆，在郡治内，园多杏花。唐开元间，太守大宴，每一株，立一妓于傍，题其馆曰'争春'。宴罢夜阑，闻花有叹息声。"

唐代"郡治"在扬州牙城内。"争春馆"址，当不在外。吴氏还曾与孔尚任诸名士，雅集秘园，修禊红桥，使扬州园林胜迹，盛传天下，流传后世。

秦氏意园

该园在旧城堂子巷，清·乾隆时太史秦恩复家园，原为"旧城读书处。"

《芜城怀旧录》："秦黉，字序堂，江都人。乾隆十七年进士，授编修，转御史，擢湖南岳常澧道。嗣以母病，请养归里。高宗南巡召见，问'扬州新旧城有何区别'？对以'新城盐商所居，旧城读书人居所'。因赐额曰'旧城读书处'。伊墨卿（官太守）赠联：'淮海著名人，在关中，在燕北，在江南，十八科翰苑清班，斯为世系；扶风传望族，有高士，有节妪，有宿儒，二百年邗城老屋。'

其子恩复，字近光，号敦夫，乾隆五十三年进士，授编修。嗣丁内艰服阕，因病闭户养疴。家有园林，复筑'小盘谷'方庭数武，潴水筑岩，极曲折幽邃之致。又筑室三楹，曰'五笥仙馆'。海内名公，无不知有'小盘'也。"

史望之尚书所题额刻石，嵌园之东北壁间，依意园小盘谷图卷，其后裔秦荣甲，于1921年，已付装池。图有跋：

"乾隆之末，先曾祖敦夫府君，就居室之旁，构小园曰'意园'。于园中累石为山，曰'小盘谷'，出名工戈裕良之手。面山厅事，曰'五笥仙馆'。旁为'享扫精舍'，右为'听雪廊'。廊之南，北向屋五间，曰'知足知不足轩'。由廊而西，逶迤达'石砚斋'、'居竹轩'。'旧城读书处'，则先高祖西岩府君藏书室也。一时名流咸集，文宴称盛。先祖玉笙府君，复与诸老辈觞咏其中，有《意园酬唱集》行世。洪杨之乱，屋毁于兵。所谓'小盘谷'者，亦倾圮。先考少笙府君，即其故址，葺屋三楹，为子孙读书之所。乃就山石之堕落者，随地位置。补栽竹，幸而成林。于乱石中，捡得史望之尚书所书'小盘谷'旧额，仅存一字，并存署款。荣甲念先世遗泽，不敢毁弃，爰命工抚拓，付之装池，并附园图。求大雅君子，宠以题咏，或赐补书，不胜感戴之至。改国后十年（1921年）辛酉夏六月，江都秦荣甲再拜谨启。"

冶春花社

该社在丰乐下街，餐英别墅东侧，为余继之莳花所在。

《扬州览胜录》："园门署'冶春'二字，江都王孝廉景琦题。园中四时花木，色色俱备，尤以盆景为多。秋菊春梅，手自培植。游人泛舟湖上者，多来园购花而归。内有小假山一，玲珑有致，为主人所手叠。近筑草堂数间，附设茶肆。四方游人多集于此。民国二十五年夏，高邮宣君古愚、仪征陈君含光、张君甘亭均为绘冶春图以张之。"

香影廊

在丰乐下街，民国时临河茶肆。"香影廊"三字，为重宁寺海云和尚所书。

《扬州览胜录》："香影廊，面河水阁数间，朱栏一曲，相掩映于青溪翠柳间，颇为幽绝。春夏之交，城中士女多集于此。每当夕阳西下，来往画船，笙歌不绝。游人泛湖者，大率先来品茗，然后买舟而往。每岁佳辰令节，冶春后社诗人往往于此赋诗，或拈字作七联诗，名曰'七唱'。或为文虎之戏。诗人吴还翁曾有手书《题香影廊》五律二首，至今犹张壁间。"

今香影廊依旧是临河茶社，增修水阁数间，朱栏一曲。东为"水绘阁"，西为"庆昇茶室"，并为一园，总称"冶春园子"。

高　庄

在丰乐下街北，清代乾隆时，为高霜珩之茶屋。

《扬州画舫录》："买卖街路北。依上街高岸，而下筑屋一间，围以避箭小墙。中置花瓦，开小门。门内左折，屋级而下，稚柳一株覆之。中构屋，十字脊，飞檐反宇。三面开窗。南临下街，东倚上街高岸。多古木，盛夏浓荫，可以蔽日。其下矮松、小竹间，取仄径逶迤而上。半山以竹栅界之，栅外春城当户，寺云缤纷。远水危桥，穿树而来。其西开门在梅花中，冬日最多；夏日南至，为城所掩。惟申酉间，一林夕阳而已。"

今冶春茶社背北处，已并为"冶春园子"。

毕　园

该园在北门城外小金山后，为清时毕本恕所建，后归大盐商罗于饶。

《扬州画舫录》："毕园在小金山后里许，门前，用竹篱围大树数十株。厅事三楹，额曰

'柳暗花明村舍'。方西畴联云：'洗桐拭竹倪元镇；较雨量晴唐子西。'厅后住房三楹。左廊有舫屋二三，折在树间。右圃种桂，构方亭。李仙根书曰'瑶圃'。马曰琯毕园词云：

绿云间住栏杆外，似做出秋晴态。病骨年来差健在，废池吹縠，野田方罨，著眼都如画。小山招隐寒香坠，雁落吴天数声碎，唤艇支筇惟我辈。碧摇蕉影，响分竹籁，幽思今朝最。"

江氏东园

该园在天宁门外，乾隆时为奉宸苑卿衔江春所建。

《扬州画舫录》："东园在重宁寺东。先是郡中东园有二：天宁寺之东园，即'兰若'，系天宁寺下院分房；莲性寺之东园，即贺园，皆非今江氏所构之东园也。江氏因修'梅花书院'，遂于重宁寺旁，复'梅花岭'，高十余丈，名曰'东园'。建枋楔，曰'麟游凤舞园'。"

园门面南，门外双柏，古朴奇异。门内通道，两旁高柳，中有石桥。桥下水池，观鱼竞游。过桥厅事五楹，赐"熙春堂"。后又广厦五楹。左有小室，四周凿池，成曲尺形。池置瓷山，青碧黄绿，旷空古今，他园未见。中构圆室，脊作"卍"字吉祥相。室顶悬镜，四面窗户，水天一色，乾隆帝赐名"俯鉴室"。赐联："水木自清华，方壶纳景；烟云共澄霁，圆镜涵虚。"室外石笋，溪泉横流。室四五折，愈折愈上。及出户后，乃知所历石桥，与熙春堂诸胜，尚在其下一层。至此平台，登高眺远，江南诸山，城南帆樯，似环脚下。堂右一厅，中开竹径，赐"琅玕丛"。

墙东北角，上置水柜，下凿深池，注为瀑布。激射于太湖石罅八九折，折处多为深潭。势如雪溅雷怒，破崖而下，委曲曼延，与石争道。冒出石上，澎湃有声；凸凹相受，旋濩潆洄。伏流尾下，乍隐乍现。流至池口，喷薄直泻于俯鉴室。游者称赞"水树以是园为最"。乾隆有诗："流水泌围阶，文鱼游可数；匡床近潜制，鉴影座中俯。开奁照须眉，觌面忘宾主；设云堪喻民，其情大可睹。"

杏园·让圃

该园在天宁寺西，"让圃"与"行庵"旧址，乾隆时改建为"杏园"。门南临水，即御码头，"杏园"石额，为景考祥书。

《扬州画舫录》："旧有晋树二株，门与寺齐。入门竹径逶迤，花瓦墙周围数十丈，中为大殿。旁建六方亭于两树间，名曰'晋树亭'，为徐葆光所书。南构'弹指阁'三楹，三间五架，制极规矩。阁中贮图书玩好，皆稀世珍。阁外竹树，疏密相间。鹤二，往来闲逸。阁后竹篱，篱外修竹参天，断绝人路。僧文思居之。文思字熙甫，工诗，善识人，有鉴虚、惠明之风。一时乡贤寓公，皆与之友。又善为豆腐羹、甜浆粥，至今效其法者，谓之'文思豆腐'。汪对琹员外棣有《弹指阁录别图》。"

高翔则绘该园《弹指阁图》传世。乾隆南巡时，改建为行宫御苑，起造楼阁，点缀水石。仿正觉寺，铁塔丈高。以御苑之正殿，为"大观堂"，其旁"御书楼"。楼上名"文汇阁"，藏《图书集成》；楼下匾"东壁流辉"，藏《四库全书》，该阁一派金碧，瑰丽堂皇。

让圃

在枝上村行庵西偏，清朝陆钟辉、张士科别业，后为天宁寺杏园。

《扬州画舫录》："让圃本为天宁寺西院废址。先是张氏典赁，未经年复鬻与陆氏。张氏侦知陆氏所鬻，而不知为钟辉也，以未及期为辞。会陆氏知其故，让于张氏，张氏固辞不受。马主政为之介，各鬻其半，构亭舍为别墅，名曰'让圃'。

门在枝上村竹径中，前种桃花，筑'含雨亭'。中构'松月轩'，复围明简庵略禅师退院入圃。退院旧有银杏一株，树下石塔，即简公爪发所。轩右为'云木相参楼'。楼右开萝径，通黄杨馆。开梅坪，旁有遗泉，爰建厅事，额曰'碧梧翠竹之间'。其后即枝上村竹圃，周牧山有《让圃图记》，方洵远有《让圃老树图》。"

红叶山庄

该园在北门城外，民国初年徐州招抚使王子衡所建，后去北京任国会议员。1917 年，建红叶山庄，有槐荫堂，红叶楼与枫林诸胜。

《扬州览胜录》："四周花柳成行，园林幽静，春间时有黄鹂三两鸣于翠柳荫中。游人载酒其间，倾听好音，往往流连忘返，旧有小楼极轩敞，登楼展望湖光山色，均到目前。"

秋时枫林霜叶，红胜于二月花。当地孔筱山、萧畏之、张丹斧、宣古愚、余继之诸名士，常聚作诗酒之会，极一时之盛。如陈重庆有《红叶山庄看花》诗记。

子衡孙王正生，回忆：园楼之前，旧有古槐三株，喻义王氏宗族"三槐堂"。

乔氏东园

该园在城东角里村，为康熙时乔国桢别业。

《扬州府志》："王士禛《东园记》：广陵古所称佳丽地也。斯园独远城市，林木森蔚，清源环绕。因高为山，因下成池，隔江诸峰，如笔峙几席。珍禽奇卉，充殖其中。抑何其审处精详，而位置合宜也！

宋荦《东园记》："广陵乔君逸斋，构园于城东之角里村，曰'东园'。银台曹公（寅）为赋《东园八咏》，嘉定张汉瞻文以记之，王阮亭复为之记，参镇姜君图。东园虽晚出，而最胜。"

有其椐堂、几山楼、西池吟社、分喜亭、心听轩、西墅、鹤厂、渔庵等园景。曹雪芹祖父曹寅，任两淮盐漕监察御史期间，与东园主人乔国桢为莫逆交，所著《楝亭诗钞》中，有《寄题东园八首》：

其椐堂

何以筑斯堂，婆娑荫嘉树。置身丘壑间，萧疏不出户。回风集群英，流览畅玄度。

几山楼

川原净遥衍，缥影烟中楼。澄江曳修练，突兀露几丘。推襦纳浩翠，永日或淹留。

西池吟社

凭崖结新茅，池水廓然碧。有时泛诗瓢，知汝共吟癖。蒙苁散鱼烟，手弄秋月白。

分喜亭

连稛积嘉穟，卧陇收文瓜。西城陈百室，滴酒生欢花。谁夸拄斗金，未抵焦谷芽。

心听轩

遥听长在山，幽听不离水。卷帘白日长，挥篁清飙起。时来垂钓人，偶遇饭牛子。

西　墅

桃坞下多蹊，三三别一径。花丁扫残霞，顷刻没畦稜。主人祝大年，且喜少丹甑。

鹤　厂

支郎偏爱马，处士独怜鹤。飞行用故岐，同赏入冲漠。西风惊新巢，群起松子落。

渔　庵

白沙有渔庵，角里有渔庵。庵前活流水，万里通江潭。中藏短尾鲤，时达尺一函。"

东原草堂

该园在城东宜陵镇南，为宗元鼎隐居所。

《感旧集》："元鼎，字定九，号梅岑，别号'小香居士'。今世说定九，处'东原草堂'。秋日燕去巢空，巢泥时时落污几席，乃命童子探巢，汲水洗之，复征《洗燕泥》诗。酷梅花，堂有古梅一株，时人谓之'宗郎梅'。"

宗元鼎出身书香门第，三世皆文名世。工于诗，善风调，精莳花，著有《卖花老人传》。

《扬州画舫录》："手艺草花数十种，每辰担花向虹桥坐卖。得钱沽酒，市人笑之，谓之'花颠'。自著卖花老人传。文简与之友，尝画《虹桥小景》寄之。文简诗云：虹桥秋柳最多情，露叶萧条远恨生；好在东原旧居士，雨窗着意写芜城。"

《扬州府志》与《江都县志》均有记载。《县志》："卖花老人宗元鼎之居，初在郡城西南隅，龚孝升为题榜。清初毁于兵，乃移居文选楼侧，继复迁东乡宜陵镇南。所居之堂，仍以'新柳'为名。距堂数武，复辟小园，名'芙蓉别业'，其地为晋谢安'芙蓉旧墅'。堂后草屋三间，元鼎葺而新，名'东原草堂'。"

影　园

该园在城南门外，桥北水中长屿上。其设计出自〈园冶〉作者手笔，显为明末进士，郑元勋私家园林该园于1634年建成。

《扬州名胜录》："园为超宗所建。园之以'影'名者，董其昌以园之柳影、水影、山影而名之也。百余年来，遗址犹存。而影园门额，久已亡失。今买卖街萧叟门上所嵌之石，即此园物也。"

《扬州画舫录》："公童时，其母梦至一处，见造园。问：谁氏？曰：而仲子也。比长，工画，崇祯壬申，其昌过扬州，与公论"六法"。值公卜筑城南废园，其昌为书'影园'额。营造逾十数年而成。其母至园中，恍然乃二十年前梦中所见也。"

园内有小桃源、玉勾草堂、半浮阁、咏庵、小千人坐、读书处、潨翠亭、一字斋、湄荣亭、媚幽阁等胜景，郑超宗（元勋）有《影园记》详述。其中："又以吴友计无善解人意，意之所向，指挥匠石，百不失一。"计无否，名成，吴江人，生于1582年，其著〈园冶〉为我国最早一部造园杰作。提倡："虽为人作，宛自天开"和"巧于因借，半青在体宜"。郑元勋为"冶园"一文《题词》中称："予卜筑城南，芦汀柳岸之间，△广十笏，任无否略为区画，别具灵幽。"

当影园筑成，郑氏延请名士学者，畅饮述怀，几无虚日。1643年春，园中放黄牡丹一枝，主人大会名士赋诗，征诗于江楚之间。所征之诗，皆糊名易书，评定甲乙。评为第一，黄金二觥，镌"黄牡丹壮元"赠之，名动海内，传为盛事。

九峰园

该园在南门外，称九莲庵旧址。何煟初建，后汪玉枢改建称"南园"。1761年时，因得太湖峰石九尊，乾隆帝赐名"九峰园"。太湖九峰，非山称谓，因其石奇，故以峰名。

园中旧有深柳读书堂，堂前集杜甫、薛运诗联云："会须上番看成竹；渐拟清阴到画堂。"

《平山堂图专》："九峰园，旧称南园，世为汪氏别业，中大夫玉枢与其子主事长馨益加辟治。乾隆二十七年（1762），我皇上临幸，赐今名，又赐'雨后兰芽犹带滞；风前梅朵始敷荣'、'名园依绿水；野竹上青霄'二联"乾隆帝《九峰园》诗："城南背郭区，野趣揽斯须。三径原宜句，九峰列作图。潇然似仙境，犁若异尘衢。源自平山放，溯游烟舫纤。"

《扬州画舫录》："砚池染翰，在城南古渡桥旁。翕县汪氏得九莲庵地，建别墅曰'南园'。有深柳读书堂、谷雨轩、风漪阁诸胜。乾隆辛巳（1761），得太湖石九于江南，大者逾丈，小者及寻，玲珑嵌空，窍穴千百。众夫辇至，因建澄空宇、一峰置一片南湖，三峰置玉玲珑馆，一峰置雨花庵屋角，赐名'九峰园'。"

《浮生六记》："九峰园，另在南门幽静处，别饶天趣，余以为诸园之冠。"

《扬州览胜录》："本名南园，题其景曰'砚池染翰'。……道咸后园毁。民国初年城内建公园，辇一大峰石去。今公园迎曦阁前之大峰石与北郊徐园内之小峰石，俱系九峰园故物。其余数峰则不知移于何所矣。"

《芜城怀旧录》："南门外九峰园，奇石有九，后择其尤者二石，移入北海。金雪舫诗云：'洗砚池边绿水湾，海桐树里闭花关。九峰园有玲珑石，移向金鳌玉★间，'昔赵瓯北陪松崖漕使宴集九峰园，有诗云：'九峰园中一品石，八十一窍透寒碧。传是老颠昔所遗，其余八峰亦奇辟。'"

《广陵名胜园记》："九峰园，在城南，旧称'池染翰'。前临'砚池'，旁距'古渡桥'老树千章，四面围绕。为汪氏别业，即用主事加捐道汪长馨，屡加修葺。得太湖石九于江南，殊形异状，各有名肖。有'雨花庵'，内奉大士像。乾隆屡经临幸，赐藏香以供。又有'海桐书屋'、'深柳读书堂'、'谷雨轩'、'玉玲珑馆'。近池水为亭，曰：'临池'。其右数折，新建一堂，恭备坐起。再右为'风漪阁'，阁前为水厅。开窗四望，据一园之胜。乾隆二十七年，蒙赐御书'九峰园'额，并'雨后兰芽犹带润；风前梅朵始敷荣'一联；又'名园依绿水；野竹上青霄'一联。三十年，蒙赐'纵目轩窗饶野趣；遣怀梅柳入诗情'一联。四十五年，又赐御书墨刻，及大士前藏香、搭袱。四十八年，增建邃室数重。又'雨花庵'西，临水置半阁。"

《广陵名胜图记》："大者逾丈，少亦及寻，如仰如俯，如拱如揖，如鳌背，如驼峰，如舞蛟，如蟠螭。最大名'玉玲珑'，相传海岳庵中旧物。按宋·米芾石刻一帖所云：'上皇山樵人，以异石告，遂视。八十一穴，大如椀，小容指，制在淮山一品之上，百夫运致宝晋桐杉之间。'今以所得之地考之，疑即此石也。"是园九峰，后奉旨选二石，送京入于御苑。清·高文照有《九峰园诗》："名园九个丈人尊，两叟苍颜独受恩；也似山王通籍去，竹林惟有五君存。"

九峰园诗文酒会，盛极于世，有《城南宴集诗》存世。

静慧园

该园在南门外坛巷。先名"静慧寺"，后以寺名"静慧园"。

《扬州名胜录》："静慧寺本席园旧址顺治间僧道忞、木陈居之。御书'大护法不见僧过，善知识能调物情。'一联，七言诗一幅。康熙间赐名'静慧园'。

寺周里许，前有方塘，后有竹畦，树木蒙翳，殿宇嵯峨，木陈塔（僧）在其中，为南郊名刹。"

当时，大画师石涛，约在1673年间，寓于此寺。因道忞乃其师祖之故。画师因绘有《苦瓜和尚采药图》，流传于世。

秋雨庵

该庵在南门外古渡桥北。

《江都县志》："循扫垢山西行，旧有精舍一区，在丛灌中。曲房连簃，修亭爽榭。春秋佳日，游屐甚众。"

庵为杨氏出家地，后张仙洲建"扫垢精舍"，又浙僧戴公过扬州，以灵隐"月中桂子"，而遗种，故名"金粟庵"。乾隆时，僧竹溪来居，且善琴工诗，又改名"秋雨庵"。

四围皆竹，竹外编篱，篱外方塘。塘北山门所在，门内大殿三楹。绿萼梅一株，白藤花缘木。绕殿为庑，左右五楹。后楼"方丈"，庵左"桂园"。园中有桂树，即"月中桂子"，花色有红黄。庵右竹圃，一名"笋园"。有六方亭，题名"竹亭"。名士张世进等，有《竹亭诗》纪事。

九莲庵

该庵在南门外，为"海桐书屋"旧址。

《江都县志》："即'古二分明月庵'。顺治初，宏觉国师道忞建，取唐人'古渡明月闻棹歌'句意名之。自庵园，围入'九峰园'内，遂不复重建。"

锦春园

该园原名"吴园"，在瓜洲城北。

《扬州名胜全图》："为奉宸苑卿衔吴家龙（别墅）。乾隆十六年，欣蒙翠华临幸，赏赐今名，又赐御刻《三希堂法帖》一部。家龙之子，修补道吴光政，谨篑钥之司，勤扫除之役，水石益鲜，花木弥茂，遂为江干名胜。"

园东临运河，门外甃石岸。园门两重，内"御书楼"。楼址横向，前东暖房，后环池有梅花厅、渔台、水阁、江城阁、桂花厅诸胜。楼左宫门，周以廊垣，自成院落。前、后正房、后照房三列，修廊相属，丹垩相鲜，坐落做法。乾隆临园，赐"锦春园"及"竹净松蕤"匾。

迂隐园

该园在南乡茱萸湾东侧。

《广陵名胜全图》："吾乡南郊，旧有'迂隐园'，为前明叶侍郎迂湖退休之地。数百年来，遗迹杳然。或谓园临大河之滨，因潴新河故毁之。然究无可考，而邑志犹载之甚详。侍郎裔孙襄埠上舍，霜林先生犹子也。尝求园之故址，而不可得。遂构屋数椽，于茱萸湾之东。颜其堂曰'迂隐'，盖不忘祖德云。宅畔，多种花为业者。每当春夏佳日，偕其子若弟，奉板舆遍游于诸种花者家。江岛溪云，为隐迂乎？"

高旻寺行宫御苑

该园在城南运河西岸。运河至此分三汊，名"三汊河"。

高旻寺相传始建于随代，清初建为行宫，1703年，康熙第四次南巡扬州时，曾登临寺内天中塔，极顶四眺，有高人天际之感，故书额"高旻寺"。康熙第五、六次南巡，乾隆六次南巡，均曾驻跸于高旻寺行宫。今寺庙山门嵌有康熙手书"敕建高旻寺"，汉白玉石额。高旻寺行宫之建筑，扬州地方志等地方文献中均有记载，而以《南巡盛典》之《高旻寺行宫图》最为全面。

高旻寺行宫约占地五分之四，寺院仅占地五分之一。行宫大门居中，寺在行宫东侧。

康熙帝赐名"茱萸湾"，寺旁有行宫，其旁为御苑。寺大门，向东临河，门内右折，大殿五楹，供三世佛，殿后左右，有御碑亭。中为金佛殿，佛乃宫中物，康熙遣学士高士奇，送此供奉。殿后天中塔，乃七级浮屠。塔后方丈，左翼僧寮，花木竹石，相间成趣。

《扬州名胜录》："行宫在寺旁，初为垂花门，门内建前中后三殿、后照房。左宫门前为茶膳房，茶膳房前为左朝房。门内为垂花门、西配房、正殿、后照殿。右宫门入书房、西套房、桥亭、戏台、看戏厅。厅前为'闸口亭'，亭旁廊房十余间，入歇山楼；厅后石版房、箭厅、万字亭、卧碑亭。歇山楼外为右朝房，前空地数十号，乃放烟火处。"

行宫内分东二院，东院宫室，西院花园。宫室四围墙。大宫门前大影壁。入大宫门，院内宫室又以围墙分为三路：中路入垂花门，建有前殿、中殿、后殿三座。东路最前为朝房和茶膳房，次为书房，书房向北，入东垂花门，门内依次建有正殿、后照殿和照房。西路最前亦为朝房和茶膳房，次为书房，向北入西方垂花门，有一小建筑群，自成院落，是为三机房。三机房后建有卧碑亭一座。宫室西出西套房，即临水池，池上有岛，岛上建戏台。岛的东、南、西三面，均有桥通岸上。四周植奇花异木，叠假山怪石，建有万字亭、箭厅、石版房、歇山楼等建筑，构成清幽别致花园。

秦　园

该园在南乡运河故道西，与九龙桥相近。

《扬州览胜录》："其先本黄氏所辟，后归汪氏。清乾隆中叶，秦西岩观察购为家园。园内故多丛桂，观察里居时，文酒之宴，至秋尤盛。咸丰间毁于兵燹，仅存群房数间，秦氏子孙俾佃户看守。园基广约三十亩，四面绿水回环，称为胜境。沿南门外官河乘小舟，可直达园之门首。"

民国时，西岩玄孙秦午楼兄弟，收回园基，广植竹木，种花养鱼，草堂数间，云水之乡。

城南别墅

该园大城南数里，又名"榆庄"。

袁枚在《榆庄记》："凡园近城则嚣，远城则避。离城五六里而遥，善居园者，必于是矣！扬州抚松主人，有榆庄城外，游者约炊五斗黍许，即诣其所。乾隆庚子春，主人招余同往。门外白榆历历，始悟命名之意。堂三楹，署曰'城南别墅'，栽姑花。循堂而右，为'无隐楼'，再右为'同春阁'。楼下植桂，阁上望远，江南诸山，可坐而致也。东有薜荔觊髻，号'翠微深处'。竹猗猗者，号'此君轩'。架石栈曲榭，纡回以达于梅亭。而远见耕氓者，一号'寒手亭'，一号'小沧浪'。其宲廇戍削，窏宦蔽亏，而宜于冬者，号'云窝'。为孤邪陉约，以通小池者，号'鱼乐国'。此园中即景分名之大概也。

是日酒半巡，主人索余为记。余思扬州，古称信土，左思所请繁富伙够处也。又孔颖达云：扬州人性轻扬，故曰'扬州'。因之为园者，靡不百楗千枦以为胜，抗虹翼绮以为华。

而且所与游者，非高轩引喤，即豪士投茕，其为鱼鸟所嗤，业已久矣！独抚松主人道韵平淡，朴角不斫，素题不枅，除一二幽人憩息外，虽显贵挟势以临之，卒色然而拒。守园如守身，有古人凿坏阓土之遗风，园得隐焉，用文之哉。然而余羸老也，路隔一江，未卜何时再到。性又善忘，胜景过目，少纵即逝矣！画以珍之，不如记以存之。虽微主人諈诿，亦必篡梗概，为卧游张本。而况二人之趣甚同，交甚狎耶！其时偕游者，一为孙君芝亭，一为汪君芝圃，皆余戚也，合牵连得书。"

福缘寺园

该园在南门外运河南岸，为明崇祯时，僧人明道开山。清顺治帝赐名"福国寺"。两淮盐漕御史杨文愿建燃灯佛阁。后住持济生增建万佛楼三层。1751 年乾隆帝巡于寺，赐名"福缘寺"，并书寺额。1784 年怡亲王随帝南巡，扈跸驻此。住持佛尘与之对答，如同夙契，赐"法雨香风"匾，并《藏经》全部。

袁枚《小仓山房文集》："今方丈信林，复踵前绪，营建楼殿堂庑。又于楼后，培土垒石为山，种竹其上，筑室以供游览。宏戒讲经，诵习不辍，骎骎成名刹焉。"

水南花墅

该园在新城徐凝门外运河南，又称"江家箭道"，乾隆时江春所建。

《扬州画舫录》："增构亭榭池沼，药栏花径，名曰'水南花墅'。乾隆己卯，芍药开并蒂一枝，庚辰开并蒂十二枝，枝皆五色。卢转使为之绘图征诗，钱尚书陈群为之题'袭香轩'匾，自著有《水南花墅吟稿》。"

尔雅山房

该园在城东南三十里翠屏洲，为阮亨所建。

阮元《题曲江亭图》："丁卯秋，余与贵仲符吏部、梅叔弟，屡过其地。梅叔（阮亨）买其溪上数亩地，乃构屋三楹，亭一笠于其中。柳村又从江上郭景纯墓，载一佳石来，置屋中，予名之曰'尔雅山房'。又名其亭曰'曲江亭'。戊辰秋，柳村来游西湖，出'曲江亭图'，索题一首，以忘旧游。"

南 庄

在南乡霍家桥南，乾隆时盐商巨子马曰琯、马曰璐别墅。

《江都县志》："地当江汉，幽僻疏旷。有青畲书屋、卸帆楼、庚辛槛、春江梅信、君子林、小桐庐、欧滩诸胜。历樊榭、陈竹町诸名士，皆有诗。"

梅 庄

该园在城东二里，为清陈敬斋别墅。

郑板桥所撰《梅庄记》："敬斋先生性嗜梅，其家所植亦夥矣！又构别墅于郊外，老梅数十亩，名曰'梅庄'。""梅之古者百余年，其次七八十年，其次二三十年"，"虬枝铁杆，蟠屈龙盘"之胜。虽有松柏、桃李、修竹、辛夷、绣球、丁香、木芍、山榴、丹桂、篱菊等属，实为梅之"附庸小园"。至于亭台、楼阁、廊榭，不过是梅部署点景。

是录所收园林，上仅及于明清，下多为民国之构，有二百七十处之多，首尾相距，达六七百年。有的曾绘之以图，有的曾修诸于志。其中，有历史长短之分，景物异同之别。

由此可见，其间学问，实在博大精微，决不可以方圆规矩而论，更非一家而能尽其所言者。余生也晚，学也浅，仅能搜其所及，述其大概而已。深望为智者所察，仁者所有，余则幸莫大焉。

《扬州园林品赏录》："扬州园林，历代递有兴废，又屡有著述，可以谓为观而不止，叹未能绝也""是录所收园林，上仅及于明清，下多为民国之构，有二百七十处之多，首尾相距，达六七百年。"

四、古代园林建设理念与森林生态网络和城市林业建设

我国传统哲学就注重人与自然的和谐相处，古代先民尊重自然，希望天、地、人和谐，天人合一，天人感应，城市要与自然环境融为一体，以获得山川的灵气。我国伟大哲学家李聃（老子）《道德经》主张："人法地，地法天，天法道，道法自然"，反映了一种崇尚自然，遵循自然规律的哲学观。在园林建设理念方面，提倡"虽由人作，宛自天开"（《园冶》），体现一种效法自然，依靠自然的思想。国际生态学界学者普遍认为，系统生态学的理念应该追溯到公元前 11 世纪中国周代。其中"阴阳五行"、万物竞争共存和相生相克等哲学思想，体现了促进与抑制，成长与腐朽，合成与异化之间的平衡与转化，这些正是现代生态学的哲学思想。在我国传统哲学思想和园林建设的理念指导下，在城市建设中，给我们留下了许多优秀的遗产，扬州园林就是其中之一，其哲学思想和建设理念对于现代城市生态建设都具有非常重要的意义。

1. 我国生态问题与生态建设

人类社会进入工业文明时代以来，随着人口数量的剧增、开发力度的加大，环境污染、生态失衡等生态难题，正在威胁着每个国家的安全。近年来，全球每年因各种生态灾难所造成的"生态难民"达 1000 万以上，因生态环境问题引起的各种冲突也与日俱增。因生态问题危及国家安全，甚至导致亡国的例子，在中国历史上也不少见。塔里木盆地东部的楼兰古国，汉代时是一个环境宜人、经济繁荣的文明之邦，也是丝绸之路上重要的驿站和商贸之地。随着塔里木河上、中游大量人口的移入，本区域农业开发活动的加强，特别是引进汉人先进灌溉农业技术急剧增加，楼兰人赖以生存的塔里木河水量急剧消耗与减少，乃至经常出现断流，楼兰地区生态环境因缺水而不断恶化，最终因沙漠化而亡国。今天的人们只能从流行曲《楼兰姑娘》的优美曲调中，去寻找楼兰古国。

新世纪第一天，中国首都出现浮尘天气。此后几个月内，中国北方多次遭受沙尘暴的袭击，大自然以这种独特方式警示人们：必须把维护生态安全放在十分突出的位置。水体、土壤、生物、空气等组成的人类赖以生存的生态环境，是维系社会经济发展的基础。人类每一次进步和发展，都离不开生态环境各要素的综合支持。然而，全球生态问题的日益突出，不仅对国家的经济、社会生活形成了挑战，而且对国家的安全稳定构成了严重威胁。正是在此背景下，日益突出的生态环境问题已引起全世界人民的高度重视。中国从 90 年代初，就开始重视生态环境问题，特别是新世纪之初，党和国家对生态问题给予高度重视，并把它放在国家安全的重要地位。2000 年 8 月 6 日，时任中共中央总书记的江泽民在北戴河会见

诺贝尔奖获得者时指出，科学技术极大地提高了人类控制自然和人自身的能力。但是，科学技术在运用于社会时所遇到的问题也越来越突出，首次提出了涉及生态安全和环境保护等相关问题，引起了人们的高度关注。国务院发布的《全国生态环境保护纲要》，在认真分析了中国的生态环境现状后提出，如果"生态环境继续恶化，将严重影响中国经济社会的可持续发展和国家生态环境安全"。

随着全球资源的日益短缺和生态环境的日趋恶化，维护国家生态安全已成为世界各国共同面临的课题。在新的世纪里，要实现社会经济的可持续发展和中华民族的伟大复兴，必须将维护中国生态安全摆在突出的位置。国家中长期计划以及中国确立的新世纪生态建设目标为人们展示了一幅美好蓝图：到2010年基本遏制生态破坏趋势，到2030年全国50%的县、市、区实现自然生态良性循环，到2050年全国大部分地区实现秀美山川的目标。通过生态环境保护，遏制生态环境破坏，减轻自然灾害的危害，促进自然资源的合理、科学利用，实现自然生态系统良性循环。维护国家生态环境安全，确保国民经济和社会的可持续发展已经成为新世纪国家生态建设的重中之重。减少新的生态破坏，巩固生态建设成果，从根本上遏制中国生态环境不断恶化的趋势，将成为中国生态建设与保护事业的重要里程碑。

改革开放以来，党和政府高度重视生态环境保护工作，采取了一系列保护和改善生态环境的重大举措，加大了生态环境建设力度，使中国一些地区的生态环境得到了有效保护和改善，生态环境保护与建设取得了显著的成就。主要表现在：植树造林、水土保持、荒漠化防治、草原建设和国土整治等重点生态工程取得进展；长江、黄河上中游水土保持重点防治工程全面实施；重点地区天然林资源保护和退耕还林还草工程开始启动；建立了一批不同类型的自然保护区、风景名胜区和森林公园；生态农业试点示范、生态示范区建设稳步发展；环境保护法制建设逐步完善等等。然而，全国生态环境状况仍面临着相当严峻的形势，中国的生态安全形势不容盲目乐观。国务院发布的《全国生态环境保护纲要》指出，目前，一些地区生态环境恶化的趋势还没有得到有效遏制，生态环境破坏的范围在扩大，程度在加剧，危害在加重。

对于中国这样一个幅员辽阔的大国来说，确保国家生态安全，要做的工作是多方面的，而且生态脆弱的地区和类型也是多样的。目前我国生态环境建设的焦点主要集中在以下几个方面：第一，水资源缺乏。中国人均水资源只有2000多吨，是世界人均占有量的1/4，为世界上13个贫水国家之一。同时中国水资源分布贫富不均，华北、西北的一些地区缺水严重。另外，中国主要河流不同程度地被污染，主要淡水湖泊富营养化严重，更加剧了水资源短缺的危机。第二，大气污染。全国338个城市中，只有33.1%的城市达到国家空气质量二级标准。第三，土壤酸化、盐渍化。据统计，中国的酸雨面积在国土面积中所占的比例逐渐增加，土壤酸化程度有增无减；盐渍化土地总面积约占国土总面积的8.5%。第四，草场退化。由于对草地的掠夺式开发，乱开滥垦、过度樵采和长期超载放牧，全国草地面积逐年缩小，草地质量逐渐下降，其中中度退化程度以上的草地达1.3亿公顷，并且每年还以2万平方公里的速度蔓延。第五，森林资源总体质量下降。第五次森林资源普查显示：中国全国森林面积17490.92万公顷，森林覆盖率18.21%，活立木总蓄积136.18亿立平方，森林蓄积 124.56 亿立平方。这个森林面积占世界的 4.5%，森林蓄积仅占世界的 3.2%。人工林面积居世界首位。而由于森林火灾、乱砍滥伐、毁林开荒等多诸多原因，中国每年又有 200 万公顷的有林地转化为无林地或少林地。第六，水土流失和荒漠化。长江、黄河等大江大河流域生态环境因此日趋恶化，沿江、沿河的重要湖泊、湿地日益萎缩，洪水威胁加剧。同时，全国荒漠化土地面积已达 262 万平方公里，并继续以每年 2460 平方公里的速度扩展，相当于每年有一个中等偏上的县的土地被沙化。第七，海洋环境污染。中国近岸海域污染严重，四类和劣四类海水已达 46% 以上，导致渔业资源减少，海洋经济发展受到严重影响。第八，生物多样性减少。生物多样性破坏，导致生物链的失调。生物资源的过量消耗和物种的大量消失，不仅破坏了生态系统的稳定，而且进一步削弱了工农业生产的原材料供给能力。第九，自然灾害频繁。许多自然灾害都与人类破坏生态密切相关，特别是洪涝、干旱、泥石流、沙尘暴等灾害的频繁发生，可以说是生态环境恶化导致的后果。同时，近年来，许多地方发生的大面积鼠害、虫害，致使农作物大面积歉收，严重影响了当地的生产、生活。

　　生态环境的恶化，已威胁到中国经济社会的健康发展和国土生态安全。据统计，1986年全国因生态破坏造成的直接经济损失和间接经济损失约为 831.4 亿元；1994 年因生态环境破坏造成的经济损失约为 4201.6 亿元，接近同年 GDP 的 10%。而上述测算只是因生态破坏而导致的直接经济损失和部分间接经济损失，没有包括基因、物种消失等许多难以测算的潜在经济损失。当今世界生态环境对人类生存和国家安危的影响逐步凸显，全球生态问题的日益突出，不仅对国家的经济、社会生活形成了挑战，而且对国家的安全稳定构成了严重威胁。

　　生态安全已成为全社会关注的一个新热点。《全国生态环境保护纲要》首次将生态安全作为环境保护的目标，纳入国家安全的范畴。江泽民同志指出，人口资源环境工作是强国富民安天下的大事，表明党和国家对生态安全问题的高度重视。生态环境安全，是指国家生存和发展所需的生态环境处于不受或少受破坏与威胁的状态，是国家安全和社会稳定的一个重要组成部分。越来越多的事实表明，生态破坏将使人们丧失大量适于生存的空间，并由此产生大量生态灾民而冲击周边社会的稳定。保障生态安全，是生态保护的首要任务。安全其实是针对于风险来说的，就像以前有人提出粮食危机一样，人们才知道原来粮食也会有被人类吃光的危险。由于人类对于生态的破坏越来越严重,水土流失、干旱洪涝、沙尘暴、泥石流、水污染、大气污染，垃圾问题等都在威胁着人类的健康和发展，还有生存的环境。由于人口激增，人类对自然资源的开发加快、消耗飙升，使生态环境日趋恶化，直接威胁人类的生存。其实，人们还是有一定忍耐力的，如果这些对于生态的破坏只是让自己生活的有一点不舒服也就罢了，但是如果连基本的生存都受到威胁，那是应该考虑生态安全的问题了。

　　保障生态安全，关键在于确保各种重要自然要素的生态功能，特别是维护生态平衡的功能得到正常发挥。如林草植被的涵养水源、防风固沙、保持水土功能，并作为野生动植物的稳定自然生态系统、减少病虫灾害、维护生物安全的作用。湖泊湿地的调蓄洪水、调节气候的作用，等等。这是减少和减轻自然灾害的一条有效途径。为此，《全国生态环境保护纲要》明确提出了确保国家生态安全的生态保护目标，并在生态保护任务中突出了对各类重要生态功能区的抢救性保护，以及在自然资源开发中对各类自然生态要素和生态系统的生态功能的维护。

中国是发展中国家，拥有一个较好的生态环境，是实现社会经济快速、持续发展的基本保证。中国人口众多，许多重要自然资源的人均拥有量远低于世界人均水平，供需矛盾突出，如果不加强生态保护，原本十分脆弱的资源基础将可能遭受损害，要实现社会经济的健康持续发展是不可能的。生产力的可持续发展是经济社会可持续发展的核心。按照生态经济学的观点，经济再生产的基础和前提是自然再生产。要实现经济社会的可持续发展，就必须保护自然再生产的能力，确保重点自然生态系统结构的完整性，保证自然生态系统具有良好的自我恢复和调节能力。围绕这一点，《纲要》在重点资源开发的生态保护中提出了一系列新的措施和要求。同时，现代人们对良好生态的追求，已经日渐成为提高生活水平和生活质量的重要组成部分，或者说成为人的生存和发展的目标之一。确保经济、社会和自然的良性循环，向人们提供更多、更符合需要的安全、无公害产品，提供更多优美、洁净的生态景观和休闲场所，成为 21 世纪经济社会发展的一种新的追求。为适应这一新的发展要求，《纲要》提出了对生态良好区实施积极性保护，特别是生态示范区、生态省、生态市和生态农业县建设的目标和任务。

为实现"维护国家生态环境安全"的目标，中国今后将力求在生态环境保护的对策上有所突破，对重点地区的重点生态问题实行更加严格的监控、防范措施。在生态功能保护区建设上，将采取主动、开放的保护措施，对区内的资源允许在严格保护下进行合理、适度的开发利用。据悉，中国今后还将实施一些新的制度和措施加强生态环境保护，如建立和完善各级政府、部门、单位法人生态环境保护责任制；建立生态环境保护审计制度，确保国家生态环境保护和建设投入与生态效益的产出相匹配；加快生态环境保护立法的步伐，抓紧制定重点资源开发生态环境保护和生态功能保护区管理条例；抓紧编制生态环境功能区划等。

中国生态安全问题的提出基本上始于 1990 年代后期，主要背景有三：一是国内生态环境恶化，生态赤字膨胀，自然灾害加剧，特别是连续出现的特大洪灾和急剧扩大的荒漠化，引起全国上下的极大震动；此外，1987 年，第四十二届联合国大会通过的 169 号决议确定 20 世纪后十年为"国际减轻自然灾害十年"。第四十四届联合国大会又通过了《国际减轻自然灾害十年行动纲领》。中国于 20 世纪 90 年代中后期以来，也加强了这一领域的立法，成立了中国国际减灾十年委员会等机构，有关的理论和实践中开始涉及生态安全的问题。二是中国西部大开发的生态环境保护和建设问题引起人们的普遍关注。由于中国西部地区生态环境脆弱，而西部地区又是中国全国生态环境的源头地区，直接事关全国的生态安全。三是俄罗斯和西方国家关于生态环境安全的理论与实践在中国产生的反响。"国家生存和发展所需的生态环境处于不受或少受破坏与威胁的状态"，其最直接的客观标准是防止出现生态赤字。中国由于人口众多，人均资源占有量极有限，各种主要资源的人均占有量大大低于世界人均占有量，这本身就是一个赤字，更可怕的是这么低的人均占有量还在急剧减少，也就是说这是一组双重的赤字。中国一些地区已经出现了生态灾民，生态赤字对中国的可持续发展直接构成威胁。生态安全可以说是中国国策问题的核心。中国的人口资源环境压力大，生态环境相对脆弱，国民经济增长的一半被自然灾害所抵消，且生态恶化趋势严峻，极大地制约了经济和社会的发展，如果生态安全问题不解决，社会安定就没有基本的保证，可持续发展更无从谈起。

当前，由于对国际安全的非军事性威胁因素日益引起西方国家关注，环境安全问题的讨论十分热烈，其中比较活跃的国家为美国、英国、德国和加拿大等国；讨论比较积极的组织则有北约、欧洲安全与合作组织、欧盟、联合国环境规划署，以及斯德哥尔摩国际和平研究所等欧美有关大学和研究机构。较有代表性的研究成果如：北约 1999 年的《国际背景下的环境与安全》、加拿大 1999 年的《环境、短缺和暴力》、德国 2000 年的《环境和安全：通过合作预防危机》、美国 2000 年《环境变化和安全：项目报告》等。

总的说来，目前关于生态安全或环境安全的重视程度已提到"制定包括全球环境挑战在内的新的世界安全议程"。2002 年 " 两会 " 期间，全国人大环资委主任委员曲格平接受记者采访时，开门见山地说，中国生态环境问题逐步上升发展成为生态安全问题，已成为国家安全的一个重要方面。他说，维护国家安全，确保国民社会经济生活的正常、稳定进行，是每一个国家政府最基本的职能。每个国家首先关注的是国防军事安全，而随着社会经济的不断发展，影响国家安全的因素越来越多，政治安全、经济安全等等也纳入了人们的视野，安全的重心也在发生转移。现在生态安全逐渐显现出来。长期以来，人们忽视了生态安全在整个国家安全中的地位。如果生态安全不牢固，就意味着大片国土失去对国民经济的承载能力，这与国土的割让一样会给国家造成无法衡量的损失；生态环境的破坏，会造成工农业生产能力和人民生活水平的下降，这与经济危机所带来的损失并无两样。从这个意义上说，生态安全与国防军事安全、经济安全同等重要，都是国家安全的重要基石。国防军事安全、政治安全和经济安全是致力于创造生态安全的基本条件和重要保障；而生态安全则是国防军事、政治和经济安全的基础和载体。

2. 我国林业生态建设

林业生态工程在中国发展迅速，不仅仅基于中国的现实情况，同时因为历史上就有如桑基鱼塘，轮、套作制度等生态工程模式，因此中国在农业生态工程领域一直处于世界的领先地位。林业属于大农业的范畴，中国正在实施的六大林业生态工程，其基本点就是通过合理的配置和布局，有效地运用生态系统中各生物种充分利用资源和空间的生物群落共生原理，多种成分相互协调和促进的功能原理，以及物质和能量多层次多途径利用和转化的原理，从而建立能合理利用自然资源、保持生态稳定和持续高效功能的林业生态系统。如此规模宏大的林业生态工程可以说是一个创举，其他国家都是无法可比的。

从生态工程的发展历史看，早期主要是应用生态系统的功能来净化环境，特别是污水处理和湖泊的富营养化防治。如 70 年代，实验种植柏树来处理污水中的营养盐，使之循环并保护湿地，去除进入湿地污水中的 50% 有机质；用种植蒲草的湿地生态系统处理煤矿排放的含有硫化铁盐酸性废水，处理后的废水铁含量减少 50%~60%。另外，在农业生产上提出：

如有机农业、再生农业、替代农业、生物农业、自然农业等类型，出发点是为了保护生态环境，合理利用自然资源，实现农业生态系统生产力的持续发展。主要强调发挥农业生态系统中的生物学过程，利用生物种群间的相生相克关系，调动共生互利关系和自我调节能力；强调运用生态系统中的能量转化和物质循环关系对维持与优化系统功能的作用，提倡最大限度的依靠轮作，加强对秸秆、豆科作物、绿肥及其他有机物培肥土壤的作用，保持土壤肥力。

而生态工程发展至今，涉及的范围则远比上述的更广泛、更宏观，特别是当人们普遍关注全球变化所引起的一系列生态反应时，生态工程可解决的问题通常总是被提到首位。目前普遍实施的全流域的植被管理，流域治理，区域性土地利用格局的监控，基于景观生态学的自然保护，土地利用格局与水资源的调控关系等，均是在较大尺度范围内的生态工程措施的具体运用。

如上所述，中国林业生态工程具有悠久的历史，如桐粮间作，林茶间作、山区沿袭许多年的封山育林习俗，山民对柴山管理的乡规民俗，都体现了林业生态工程的内涵，其基础都是实现生态系统内的良性循环，并实现对土地的可持续经营。西方国家在20世纪60年代提出的有机农业、替代农业、再生农业等依赖的技术，很多方面与中国的传统农业措施十分相似。20世纪的50年代，提出调整生态系统结构，控制水位及莒子等，改变蝗虫滋生地，改善生态系统结构和功能的生态工程设想。但作为系统理论的出现，则在20世纪的70年代，由于工业发展过程中，出现的环境受干扰和迫切需要采取的保护政策，促使我们不得不在社会 - 经济 - 自然生态系统 - 资源物质系统之间，考虑多方面的相互依赖的特点，从而在社会科学和自然科学之间产生新的交叉科学前沿，即社会 - 经济 - 自然生态系统的结合。提出，生态工程的原理是生态系统的"整体、协调、再生、循环"，是生态学的原理在资源管理、环境保护和工农业生产中的应用，从而为生态工程奠定了基础。

从此，在农、林业及环境保护等方面，在不同的地域尺度上做了大量的探索和实践。就林业而言，最为重要的农林复合生态系统、农田防护林、不同生态区的水源涵养林、大面积的防风固沙林；就地域的尺度范围而言，如小流域治理、建设生态村、生态沟、山区综合治理等，都是生态工程理论的直接运用，并取得了巨大的成绩。

从20世纪60年代起中国就出现许多应用生态工程治理环境的成功范例，例如：60年代，在兰新铁路沿线实施的固沙护路工程，采用方格网植草固定流沙，然后栽种耐旱灌木逐渐构成植被，保证铁路不会被沙丘埋没，使得兰新铁路穿越沙漠戈壁成为可能。又如，在黄河古道以兰考县为代表的栽种泡桐控制风沙，不仅改善农田的生产环境、提高农业收入，同时使黄河古道的万顷沙丘发展成中国桐木生产基地，至今还是农民致富的重要途径。在黄河流经砀山687年里，由于多次缺口、泛滥和改道，给砀山带来了大量的黄沙和盐碱。据县志"明崇祯十三年二月"，"黑风起自西北，黑气凝云，有声渐近，日色全晦，白昼如黑夜……北风息，黄沙满地，厚寸许。"全县成为"砂土国，白茫茫，不长芳草不长粮，一阵风沙起，庄稼被打光。"新中国成立后，砀山县实施了一系列人工生态工程，治沙改碱，植树造林，在百里黄河故道两岸栽植防风固沙林，兴办国营乡村集体林果场。一个集带（防护林带）、片（成片果园）相间，乔灌结合的绿色的长城，锁住了沙龙。围绕经济、生态、社会效益相结合，做到资源利用与保护相结合，经济发展与环境治理相结合，近期利益与长远利益相结合。加快种植业、养殖业、加工业等配套，优化产业结构主攻水果蔬菜……实现经济和生态良性循环，以保证农业持续、协调、健康发展。

农林复合生态系统是林业生态工程建设中的重要组成部分，农田防护林、平原林业、乡村林业，都是农林复合生态系统的具体表现形式。农林复合生态系统的实质是运用生态学原理，构筑树木和其他作物间作的空间模式，达到各组成成分之间互惠互利，提高土地产出的一种复合经营方法。主要的有林—农、林—草、林—药、林—果等模式。

农林复合生态系统一般在平原地区实施较多，如江苏的里下河地区、黄淮海平原等，在20世纪七八十年代，创造了多种经营模式，使得该地区的农业生产实现高速增长。

70年代，基本完成被称为"绿色长城"的三北防护林，阻挡西北来的风沙，使华北、东北平原的大面积农田得到保护。

80年代后期，启动的长江中上游防护林工程，简称长防林。工程覆盖长江中上游的9个省，在长江的源头实施天然林保护、恢复植被，控制水土流失，为三峡大坝的建设创造条件。

90年代以后，明确提出建设林业生态工程，在"九五"期间完成对林业生态工程项目研究，覆盖了长江、黄河、珠江流域以及沿海地带。通过建设各类农林复合生态系统，实现困难地段的植被恢复，营造沿海防护林带，在改善生态环境的同时提高土地产出，增加农民收入。

除了这些大面积控制区域环境的生态工程，在数百上千平方公里的尺度上，表现其影响的林业生态工程外，也有一些是针对具体环境与对象而实施的。其中最为典型的是《兴林抑螺生态工程》，彭镇华等人提出在长江中下游的滩地建立以杨树为主的林农复合生态系统，以此改变滩地的生态环境条件，使血吸虫的中间宿主——钉螺失去适宜的生存环境，从而达到抑制钉螺孳生、控制钉螺种群密度、降低感染性钉螺，减少人畜感染机率，达到预防血吸虫病的目的。该项成果在长江中、下游五省一市推广，不仅为预防血吸虫开拓新途径，同时也形成以杨树为主要原料的木材加工产业。是一项有理论又有实践，既防病又治穷的林业生态工程的典范。

进入新世纪以来，国家林业局明确提出六大林业生态工程，即天然林保护工程；三北和长江中下游地区重点防护林建设工程；退耕还林还草工程；环北京地区防沙固沙工程；野生动植物保护及自然保护区建设工程；重点野生动植物拯救工程和重点生态系统保护工程；重点地区以速生丰产用材林为主的林业产业基地建设工程。这六大工程中五项是为直接改善生态环境而设的，林业生态工程作为林业重点内容的提出，表明中国的林业战略已从原来以木材生产为主转为以国土保安为主要目的，林业生态工程的地位愈来愈重要。

经过几十年的发展，林业生态工程在改善环境、净化环境，为人类实现经济可持续发展目标方面，发挥了无可替代的作用，世界各国都十分重视生态工程的应用和研究。今天生态工程正朝两个方向发展：一方面，更接近工程技术类型而称为生态技术，如直接针对净化环境中污染物质的生态工程设计，用生物能源代替化石燃料，实现废弃物的循环利用，对废水的处理达到无废物排放的程度等等，是一项不需要消耗能源的工程。另一方面，则是从宏观尺度上对自然资源的管理，以及进行较大规模的生态环境治理。前者通常建立在计算机和信息技术平台上实现数字化管理，对区域土地利用的规划，实现生态工程就是为了人类社会和其自然环境两方面利益而对人类社会和自然环境的设计。这类工作通常覆盖一个或几个流域，或重要景观的集水区，来综合人类活动和经济发展可能对周围原生环境产生的影响，在全球化变化过程中的作用。如美国农业部开发的基于农业面污染的水资源管理模型，把不同的土地利用格局、动态变化、耕作方法等决定非点源污染的因素一起考虑，对植被、耕作、土地利用格局变化的监测具体到每个地块，可以根据变化决定对土地的利用类型。而森林也常常是生态工程研究的重点，如减低采伐对森林环境的影响，实施森林健康的评价体系，运用森林的特有物种来评估森林环境的变化，设计各种采伐利用的技术来减少对林下物种的损害和水土流失等。

中国在生态工程的发展中有着明显的特点，通常把行政区域作为对象，如建设生态村、生态县到最近提出的建设生态省的目标。其优点是更容易把社会、经济和自然资源统一考虑。2001 年国务院发布了《全国生态环境保护纲要》，要求通过生态省、生态市、生态县建设，对生态环境良好的区域采取积极的保护措施，经过长期努力，率先实现可持续发展。该《纲要》的发布，基于中国未来经济高速发展与生态环境保护、自然资源之间存在的严重矛盾。应该承认，由于自然、历史和认识等方面的原因，在取得巨大的发展成绩的同时，也造成了严重的环境污染和生态破坏，付出了很大的生态环境代价。其表现在：一是环境污染加剧的趋势虽然总体上得到控制，但局部地区污染仍然十分严重，污染物排放量大大超过环境自净能力，特别是水和大气污染尤为突出。二是生态环境恶化的趋势尚未得到遏制，部分地区恶化的程度在加剧，范围在扩大，特别是土地荒漠化、水土流失和草原沙化的面积在不断扩大。三是资源供求矛盾日趋突出，随着经济发展和人口增长，人均资源拥有量在逐年减少，加上资源利用率低，进一步加剧了资源供给与需求的矛盾，特别是水、石油等资源形势不容乐观。保护环境与资源的任务十分艰巨。如果不改变粗放型的发展模式，在新世纪初 20~30 年的快速工业化、城市化的发展中，环境问题会更加突出。因此，必须改变传统的发展模式，实现可持续发展。为探索新形势下中国经济、社会和环境协调发展的途径。

创建生态省是生态工程建设的新发展，而林业生态工程必然是生态省建设中的重要组成。在已有的几个生态省的规划中，都把增加森林总量作为建设的重点，如浙江提出，立足现有生态环境和经济基础条件，大力发展绿色经济、营造绿色环境、培育绿色文化，把 51% 的林地划为生态公益林，全面推进"绿色浙江"建设；黑龙江以退耕还林、"三北"防护林四期工程为重点，普遍加大了森林生态环境建设和恢复力度；江苏省则以增加绿色总量为重点，全面实施"绿色江苏林业行动"，重点实施生态防护林、绿色通道、退耕造林、城郊森林与湿地保护工程；上海市，通过营造城市森林来改善城市环境。因此，《中国林业生态网络体系》理论和实践就是将中国的生态工程已从局部、地区性的建设，向更广的范围发展，不仅仅考虑单个因子，而是把社会经济发展和自然资源保护统一考虑，实现可持续发展目标。

由于森林是陆地生态系统的主体，是人类赖以生存、发展的基础。当一个国家或地区的森林状况能够维系其经济社会可持续发展时，它的生态才是安全的。世界一些科学家认为，一个国家的森林面积达到 30% 以上，并保持较高的质量，才能维护良好的生态环境。国家林业局从战略高度关注着国家生态安全，并提出：在全面建设小康社会的历史进程中，林业肩负着比以往任何时候都更加重要和特殊的使命，承担着比以往任何时候都更加光荣和艰巨的任务。党的十六大对新世纪新阶段生态建设提出了新的更高的要求，林业建设不再是一个专业经济问题、一个行业问题，而是一个事关全局、事关长远的带有根本性的战略任务。新世纪上半叶中国林业发展的总体战略思想是：确立以生态建设为主的林业可持续发展道路；建立以森林植被为主体的国土生态安全体系；建设山川秀美的生态文明社会，是新世纪林业发展战略研究取得的最主要的成果。其核心是生态建设、生态安全、生态文明，三者相互关联、相辅相成。在"三生态"中，生态建设是生态安全的基础，生态安全是生态文明的保障，生态文明是生态建设所追求的最重要目标；还提出了中国林业发展"严格保护、积极发展、科学经营、持续利用"的战略方针及实施六大林业重点工程的战略布局、"三步走"的战略目标、快速发展的战略途径。森林问题就是森林与人类的关系问题。在人类社会的可持续发展中，森林问题已成为国际社会广泛关注一个重要问题。随着新时期中国经济社会快速发展、林业发展和生态建设进一步深入，会出现许多新问题、新需求、新要求，这也要求在现有研究成果基础上，继续开展后续追踪研究和深化研究，为中国林业发展和生态安全建设提供科学决策服务。

森林价值随着人们对其认识的加深发生着很大的变化。对森林的认识不只是单纯地考虑取其木材或其他林产品，还注意到森林具有涵养水源、保持水土、防风固沙、调节气候、净化空气、减少噪音、保护和美化环境，以及对于生物资源保护等作用，而且森林是地球上陆地碳的主要储存库，是生物群中对地球初级生产的最大贡献者。一个森林生态系统只有保持了结构和功能的完整性，并具有抵抗干扰和恢复能力，才能长期为人类社会提供服务。但是由于人类的干扰，导致森林生态系统的原有结构被破坏，致使森林生态系统退化，引起水土流失、土壤退化、洪灾等等；由于植被遭到破坏，坡地表面的土壤受到暴雨打击，土壤孔隙被堵，雨水下渗速度随之减小，形成大量径流顺坡而下，同时带走大量表土、养分，使这些地区变成"跑水、跑土、跑肥"的三跑之地，土壤有机质含量降低，N、P、K 等元素缺乏，农业耕地中低产田面积扩大，分布范围广，生产发展受到很大的限制，林地贫瘠，林木生长不良。因此，应该从维护国家安全、全球安全、维护人类自身安全出发，认识维护森林生态安全的重要性，建立与健全森林生态系统安全保障体系，为社会、经济、环境的可持续发展奠定了一块坚实基石。

3. 中国森林生态网络体系建设理论和实践

针对日益恶化的生态环境，中国在恢复森林植被、保护生态方面做了大量的工作，如三大防护林体系建设，退耕还林等。但总体来看，还未形成一个全国森林生态网络系统新格局，环境继续恶化的趋势没有被有效地遏制。中国是一个多山的国家，历史悠久，人口众多，对土地的压力是世界其他国家少有的。在相当多的地区，人均耕地不足 0.067 公顷。为了生存，人们必然会在农 - 林之间的过渡地带继续扩展，毁林开荒，形成了大面积的荒山荒地，其生产力之低，水土流失之严重是十分惨痛的。世界各国在解决这方面问题时曾提出一些设想。

如一个国家或地区的森林覆盖率要达到30%以上，且均匀分布，才能起到国土保安作用的说法，这显然不适合中国的国情，即使每年能按0.2%的速度增加森林覆盖率，要达到目标将需近100年，何况中国还有1/5的沙漠和戈壁滩地。中国政府将"可持续发展"作为一个基本国策，原林业部1995年在安徽金寨全国林业厅局长会议上，提出了建设中国完备的林业生态体系的设想。如何保障中国的持续发展？如何建立完备的林业生态体系？当时，我们提出中国森林生态体系理论，并认为建设中国森林生态网络系统工程正是实现该目标的科学规划和重大措施。

中国森林生态网络体系是根据自然、经济和社会状况，按照物质流、能量流和信息流相互联系的规律，将整个陆地看成一个生态系统，将不同类型的森林、草原、农田、荒山荒地、水域、城市、村庄等不同的巨斑块，以各斑块为生态点，以人类活动线、水量分布线、热量分布线为3条主线，以生态系统的功能特点为面，通过点、线、面相结合的形式，建立起来的人、自然、社会及相互间协调发展，立体多层次，具有一定格局动态的复合生态网络系统。

网络具有3个特点，即分室行为的依赖性、相互作用途径的多样性以及间接作用的显度性。生态网络是反映生态系统中生物与生物、生物与环境间相互联系和相互作用的并且有整体功能的生态网络立体结构。森林生态网络是指以森林生态系统为主体的生物与生物、生物与环境之间相互作用的网络结构。

中国森林生态网络系统是根据不同的自然环境、经济和社会状况，按照"点、线、面"相结合的原则，将各种不同的中国森林生态系统有机组合，形成人和自然的高度统一，协调和谐的有机整体。

中国森林生态网络体系有以下几个特点：①整体性。整体性是人与自然、社会有机地统一与复合生物之间的网络关系，强调人与自然的和谐统一。将全国的生态环境作为一个整体来考虑，以达到覆盖整个国土，创造良好的生活和生产环境，而保证"可持续发展"战略的实现。②多功能性。中国森林生态网络体系除了改善环境外，还有防风固沙、防浪护岸、国土保安、保障生物多样性、农业生产环境和改善人与自然关系等多种功能。③高效性。中国森林生态网络系统工程强调多效益结合，特别是在经济、生态和社会三大效益的结合部，根据不同的情况，寻求最佳复合效益。充分发挥社会主义制度的优越性，形成投入少，产出高的生态工程。④可操作性。可以在不同的层次和尺度上建设森林生态网络体系工程，如国家级的森林生态网络体系，省、市、县级的网络体系等，从而避免以往生态工程项目的单一性和操作性不强的问题。

各类森林生态系统是通过不同类型的网络点（如水热交错带、城市人类活动密集区、自然保护区、大面积水域等等）相互有机的连接在一起，从而发挥其防风固沙、涵养水源、净化空气、减少噪音、热岛效应和调节区域气候等等的森林特有功能。因此，不同类型的网络连接点都有其特殊的地理学、生态学意义。选择和确定合理的网络连接点是优化设计森林生态系统网络的关键。

根据各生态网络的自然、经济和社会特点，确定生态环境建设的主要目标。比如城镇，它既是人口高度密集区，又是经济中心。中国城镇人口占全国总人口的14%，而工业总产值却占75.4%，随着经济发展，城镇化进程必将迅速随之加快，可见城市生态环境的好坏，直接影响着中华民族的生存与发展。除此之外，中国城市结构和功能还有别于其他国家，住宅、商业和行政办公融为一体，给城市的绿化带来了困难。尽管城市生态环境涉及面广，机理复杂，存在诸多因素的交互作用，无论经济基础、发展模式、环境背景等如何不同，都应当把改善城市居民心身健康放在首位。

因此，城镇生态系统网络体系建设目标应该为有效地保护和发展由树木、灌木和花草所组成的森林绿色实体，科学地控制或减少各类危害环境的污染源，合理地规划和布局内部结构。在林种布局和结构，树种的选择都要有特殊要求，改变过去偏重视觉效果，而忽视生态效果的倾向。建立相对稳定而多样化的城市森林生态型植物复层种植结构，用以改善植物空间分布的状况，增加城市森林生态绿量，并有利于空气流动和空气质量提高，这是提高现代化城市园林绿化水平的有效途径和重要标准，同时在城市还要注意水网建设与保护，改善中国城市普遍空气湿度小，扬尘多的生态问题。今后城市主要围绕林网化和水网化相结合的生态建设，减少那些投资大的假山、雕塑，没有树的石料、水泥大广场等，增加"热岛效应"的工程。森林公园和自然保护区的建设目标是创造一个人与自然和谐统一的自然环境，特别是自然保护区的建设，要根据被保护的动植物的生理、生态特性，确定保护区的范围和结构。

中国森林生态网络体系建设的理念，是基于中国人均拥有资源量少、土地利用的矛盾突出，在不可能实现森林面积大幅度增长的前提下，为能充分发挥森林作为国土保障体系的目标而提出的。其要点则是，着重在重要的生态功能区、资源过度消耗的生态脆弱地带、人口密集的聚落，构筑森林植被，并通过大江、大河的河岸植被带，交通运输通道两侧的绿化带连接，以"点、线、面"的形式构筑覆盖全国的森林网络，是利用有限的森林面积发挥最大的生态效应。当前中国森林生态网络体系建设实践的重点就是：以全国城镇绿化区、森林公园和周边自然保护区及典型生态区为"点"；以大江大河沿岸线、海岸线、铁路公路为"线"；以东北内蒙古国有林区，西北、华北北部和东北西部干旱半干旱地区，华北及中原平原区，南方集体林地区，东南沿海热带林地区，西南高山峡谷地区，青藏高原高寒地区等八大区为"面"，实现森林资源在空间布局上的均衡、合理配置。保护和经营好现有的天然林、自然保护区、水源涵养林，在生态脆弱区实施封山育林和人工促进恢复森林植被；在城镇建设城市森林；扩大和恢复河流两岸植被，人工构筑沿道路的绿色通道。

城镇森林生态网络体系建设总体布局与评价指标体系研究：以城市林业、城市生态学、森林生态学、景观生态学、人体工效学、系统论、园林生态学、产业生态学、城市气候学和可持续发展等理论为指导，在系统分析国内外现有城市森林、生态林建设以及绿地系统规划建设经验与发展趋势的基础上，结合典型城镇森林生态网络体系建设的实践，建立一套能科学评价城镇森林生态网络体系建设水平以及城市森林结构与功能的科学评价指标体系，并能指导其规划布局、建设与管理的指标体系与方法。实现城镇在有限的土地和空间上，如何建设城市森林发挥最佳效益，建立对城镇用地及空间布局具有先导作用的城市森林建设评价方法与程序，为城镇森林生态网络建设提供理论依据和决策方法。重点研究内容包括：城镇森林生态网络体系建设的原理及具体内涵；城镇森林生态网络建设总体布局及评价；城镇森林生态系统评价指标体系；典型城镇森林生态网络体系建设示范及总体布局与效益评价。选用哈尔滨、长春、大连、鄢陵、绍兴、岳阳、怀宁、合肥、珠海、厦门、扬州、昆明、惠安、上海等城市进行示范区研究。本研究既要突出地方特色，又要从森林生态网络体系建设目标上宏观把握，在建立指标体系和总体布局上体现"以林为主、以人为本"的建设思想，要以林网化、水网化相结合，要实现最小覆盖率发挥最佳生态效果；根据各"点"社会、经济发展的需要，对森林生态网络体系的布局思想和原则等问题进行探索，通过与地域生态环境建设结合，建立科学的综合评价指标体系并开展典型城市森林网络布局和效益分析，并采用数量化理论、神经网络模型等先进技术和手段等。

　　林业正面临着向生态服务功能为主的转型时期，城市森林正是这种转型战略的直接体现。这方面的研究在中国刚刚起步，城市森林建设模式与城市森林的功能密切相关。中国在城市森林建设中存在的草坪热、绿地结构简单、引种热、绿地耗水量大和维护费用高等问题，直接关系着城市生态环境建设的质量，影响着城市的可持续发展，从城市森林绿地水资源消耗、保健功能等角度开展研究，能够为建设节水型绿地提供科学依据，为城市绿地建设由注重视觉效果向强调生态效益、社会效益、经济效益三者结合的方面转变，这将对中国的城市生态环境建设产生深远的影响，本研究的重点内容：①不同类型绿地的水资源消耗及其对城市水资源的影响研究。选择代表性的城市，利用水量平衡原理，结合城市园林绿地的日常管理用水连续定位观测，开展不同类型绿地的水资源消耗及其对城市水资源的影响研究，探讨节水型人工植物群落的结构和种类组成。选择的代表性城市有：辽宁大连、陕西延安、福建厦门、云南昆明等市。②不同绿地类型的人工维护成本及合理性分析。通过调查典型绿地的人力、物力投入（包括日常养护、病虫害防治等），对比不同绿地类型、不同植物结构和不同植物种类组成的养护管理成本。每个类型设观测点。同时，对城市绿地管护模式与绿地植物生长、绿地生态效益的关系进行分析，比如从水的角度分析行道树树盘大小与树种、树干径流、树盘盛水量等因素的关系，对树盘管理提出建议。选择的试验点有大连、厦门、昆明等市。③不同类型绿地景观对市民的庇护和身心健康的效用研究。选择典型城市的代表性城市绿地类型，分别不同季节、不同时段主要调查分析市民对不同绿地类型的喜好程度和使用频率；分析不同森林类型及群落配置的环境净菌效能、空气负离子浓度时空变化、森林植物挥发物（精气）的保健功能（生理及心理的调节）。选择的试验点有长春、岳阳、合肥、珠海、扬州等市。④城市与森林环境对比定位监测。选择典型城市开展城市森林环境服务功能的定位观测研究，主要选择哈尔滨、上海和深圳市。在哈尔滨和上海对城市森林在调节小气候、影响城市环境梯度变化、生物多样性等方面的作用进行定位监测；在深圳开展珠江三角洲城市化地区森林生态服务功能的监测与计量评估研究。

　　城镇生态网络体系建设植物材料选择与配置模式研究：针对全国城市绿地系统建设中存在的问题，结合中国城镇绿化建设向生态建设转型的发展趋势，充分体现以人为本的环境建设思想，分别针对不同区域，不同城市类型，在哈尔滨、大连、东营、上海、合肥、珠海、昆明、延安、绍兴、岳阳、厦门、扬州共 12 个城市进行以下研究内容：①城镇森林生态网络体系建设植物材料评价指标体系研究。在城镇绿化材料的调查基础上，选择典型绿化植物材料，从改善城镇生态环境和满足人体保健要求的角度，进行各种植物材料净化空气、水体、土壤以及抗病虫害能力等指标的分析、评价，提出不同气候带主要树种（或城镇绿化主要树种）的综合生态效益评价指标体系，完成不同类型城镇、不同功能区的树种规划，为示范区的城市森林建设提供树种选择依据。②城乡结合部不同类型农产品生产基地防护林的配置格局与构建模式研究。选择典型城镇，根据不同植物、不同森林群落类型生态功能的差异，以满足城郊无公害食品生产基地建设、村镇水源污染治理、花卉基地和观光农业等不同类型农业发展模式对生态环境的要求为目的，与具体的农业生产项目相结合，进行生态防护林配置格局与构建模式的研究，并对生态效益指标进行观测和对比分析。探索林业与现代农业相结合的机制与模式。③城镇森林生态网络体系建设中不同类型人工植物群落配置模式研究。在上述基础上，根据各种植物材料的生物学和生态学特性，运用园林学、种群生态学、群落生态学、生态系统等相关原理，结合试验城市的土壤、水源、气候特点，提出城镇森林建设中不同类型人工植物群落（如生态防护型、休闲娱乐型、综合型等）配置模式，及其相应的生态效益、社会效益、经济效益评价指标。

4. 我国城市林业建设理论与实践

城市作为人口主要集中居住的地区，其生态环境的日益恶化已经受到普遍关注。建立人和自然和谐相处，健康、安全和可持续发展的现代城市是全人类的共同理想。森林具有多种生态功能，发挥森林在改善城市生态环境方面的重要作用已经成为现代都市建设的主体之一。迈入 21 世纪，世界各国在城市林业发展上提出了新的思路和目标。许多现代化城市紧紧围绕建设城市生态环境、增强城市可持续发展能力这一主题，把建设城市森林作为实现这一目标的重要途径。联合国在 1969 年出版的有关城市绿地规划的报告中提出室内绿地每人要达到 60 平方米，住宅区的绿地定额每人要达到 28 平方米；波兰的华沙城市近郊建设有 100 万亩的城市森林，人均绿地面积 80 平方米澳大利亚首都堪培拉。

第三节　经济社会概况

一、地理位置与行政区划

扬州市地处江苏中部，长江下游北岸，江淮平原南端。位于东经 119° 01′（仪征市移居、青山一线）~119° 54′、北纬 31° 56′ ~33° 25′（宝应县西安丰、泾河一线）之间。南部濒临长江，北与淮安、盐城接壤，东和泰州毗连，西与天长（安徽省）、南京交界。辖区南北长约 140 公里，东西宽约 100 公里。现辖广陵、维扬、邗江 3 个区，江都、高邮、仪征 3 个市和宝应县。全市共有 88 个乡镇，1248 个行政村，总面积 6653.81 平方公里。京杭大运河纵穿腹地，由北向南经过白马湖、宝应湖、高邮湖、邵伯湖，与长江交汇。扬州市东距上海 300 公里，西距南京 100 公里。宁通高速和宁启铁路横穿东西，京沪高速纵贯南北，向来为交通枢纽，建成的润扬长江大桥，使扬州成为苏北交通的大动脉。

扬州市城区位于长江与京杭大运河交汇处，东经 119°26′，北纬 32°24′，至今已有 2500 多年的建城史，是国务院首批公布的 24 座历史文化名城之一。总面积 980 平方公里，其中建城区面积 75.6 平方公里。

二、经济发展

近年来，扬州市围绕"两个率先"和"全面达小康、建设新扬州"的目标，解放思想，真抓实干，在跨越发展、科学发展、和谐发展上迈出新步伐，经济建设取得重大成就。

1. 经济持续快速发展

2006 年生产总值突破千亿元，达 1100 亿元，同比增长 15.2%，人均地区生产总值 24000 元。财政总收入 158 亿元，增长 35%，其中，一般预算收入 63 亿元，增长 27.2%。全社会固定资产投资 533 亿元，增长 30.1%。

工业经济提速增效。牢固确立"工业强则扬州强"的观念，"双创"和"三重"工作深入开展。规模以上工业实现总产值 1892 亿元，增长 31.4%；实现增加值 500 亿元、销售 1806 亿元、利税 155 亿元，分别增长 21.3%、32.3% 和 51%。

农业农村经济平稳增长。大力发展现代高效农业，新农村建设扎实推进。实现农业增加值 94 亿元，增长 5.1%。粮食丰产丰收，总产达 245 万吨。新增高效农业面积 19.3 万亩、无公害农产品和绿色食品基地 65 万亩、"三品"品牌 92 个。"菜篮子工程"建设取得新成效。扬州鹅、高邮鸭、邵伯鸡获国家级品种认定。农业产业化龙头企业发展势头良好。建成全面小康村 120 个。新、改建农村公路 680 多公里，行政村等级公路通达率 100%。南水北调三阳河潼河宝应站等一批重点水利工程和灌区改造工程相继建成，战胜了里下河地区严重雨涝灾害。土地复垦开发整理力度加大，实现了耕地总量动态平衡。农业科研、综合开发、粮食流通、农机、气象等工作又有新进展。

服务业加快发展。强化规划引导、政策扶持和机制创新，服务业发展跃上新平台。实现增加值 385 亿元，增长 15.3%。社会消费品零售总额 356 亿元，增长 16%。扬州石化、公铁水、港口等重点物流园区规划通过评审，石化物流园区码头、仓储等项目开工建设。全市港口货物吞吐量 5014 万吨，增长 8.2%。信息服务业实现销售收入 41 亿元，增长 15%。传统特色商贸业持续发展，6 家企业获"中华老字号"称号，"扬州师傅"品牌建设得到加强。农村"万村千乡"市场工程进展顺利。全年接待境内外游客 1346 万人次，实现旅游总收入 132 亿元，分别增长 18.4% 和 25.9%。房地产业稳定健康发展，全年开发投资 83.4 亿元，商品房销售面积 385 万平方米，分别增长 14.1% 和 10.6%。年末金融机构人民币存、贷款余额分别比年初增加 133 亿元和 84 亿元。中介、会展和社区服务业等行业发展势头良好。

2. 沿江沿河加快开发，对外开放取得成效

基础设施建设强势推进。沿江高等级公路全面建成通车，扬州二电厂二期扩建工程 3 号机组并网发电，水电气热等配套设施更加完善。安大公路三垛以南段贯通，先导段建成

通车。各开发园区、乡镇工业集中区建设步伐加快。"八区二园"注册外资实际到账和外贸出口分别占全市的81.9%和84.2%。新增省级开发区3个。

县域经济实力不断增强。全市县域经济实现地区生产总值767亿元;完成财政收入85.7亿元,增长28.3%。经济结构不断优化,县域三次产业比例由2005年的13.4:56.2:30.4调整为11.7:58.1:30.2。特色产业集聚效应初步显现,已逐步形成石油化工、汽车及零部件、船舶制造、电工电器、服装加工等主导产业,产值占全市规模工业产值的比重达70%。

3. 城乡建设步伐加快,人居环境显著改善

城市规划、建设与管理取得新突破。全面推进城乡规划全覆盖,着手编制扬州市"一体两翼"概念性城市总体规划。加大城市建设和环境综合整治力度。市区完成城市建设投资72亿元。建成开发路、解放南路、黄金坝北路、三湾大桥等工程,开工建设文昌大桥、渡江南路延伸工程,完成古运河五台山大桥至徐凝门桥段环境整治和景观提升工程。古城保护深入推进,修复卢氏盐商住宅,建成康山文化园一期工程。翻建40条街巷。蜀冈—瘦西湖风景名胜区和新城西区建设步伐加快。新建各类绿地127万平方米。实施天然气置换工程,6万户居民用上天然气。建成数字化城管新平台,首创全国中等城市数字化城管新模式。

节约型社会和生态市建设力度加大。制定出台了《加快发展节约型城市的意见》和《生态市建设行动计划(2006—2010)》。通过国家环保模范城市复查。完成县乡河道疏浚、村庄河塘整治和村庄绿化等年度任务,全市创成3个省级环境优美乡镇。市区完成汤汪污水处理厂二期工程建设,各县(市)都建成了污水处理厂,仪征、江都建成了符合国家标准的垃圾填埋场。市开发区生态工业示范园区规划通过国家级评审。我市被确定为全省循环经济试点市。132家清洁生产试点企业通过审核。开展了集中式饮用水源地整顿专项行动,以及南水北调东线源头、重点化工企业等环境风险排查和整治工作。全市单位地区生产总值能耗下降3.8%,化学需氧量、二氧化硫排放量分别下降3.8%和3.2%。

经过全体市民的共同努力,该市以在古城保护和人居环境改善方面的突出成绩,荣获2006年度中国唯一的"联合国人居奖"。

第四节　自然条件

一、地形地貌

扬州全市地势西高东低,按地貌类型分为里下河地区(运西滨湖圩田、碟形平原和湖荡洼地)、长江冲积平原区(包括高沙平原和沿江洼地)和低丘缓岗区。

辖区内地势平缓,从西南向东南、东及东北方向呈扇形逐渐倾斜,仪征和市区北部为丘陵,京杭大运河以东为平原和水网地区,自然湖泊众多。平均高程为5~10米。仪征境内丘陵最高,最高点是仪征境内的大铜山,高程为149.6米;至宝应、高邮与兴化市交界一带地势最低,为浅水湖荡地区;东南部为长江河漫滩地。扬州全境水网密布,江河湖相连,沼泽、湿地生态环境良好。

二、气候特征

扬州地处北亚热带湿润气候区，气候受季风环流影响较大，盛行风向随季节存在明显的变化。夏季主导风向为东南风，冬季主导风向为西北风。区内气候温和，四季分明。年平均气温为16℃左右，一年中以1月份温度最低，平均温度为2.93℃，最低温度-8.1℃；7月份温度最高，平均温为28.97℃，最高温度39.1℃。无霜期222天。全年日照时数平均为2176.7小时。年平均相对湿度78%。全年雨量充沛，年平均降水量1046毫米，主要集中在6~8月份，约占全年降水量的45%。

三、水资源

扬州地处江淮两大水系下游，通扬河以北属于淮河流域，以南属于长江流域。境内河湖众多，水网密布，由46条主要河流、3大湖泊和许多湖荡与池塘等水体生态系统组成。长江扬州段80.5公里，有仪征市的潘家河（沿山河）、胥浦河、泗源沟（仪扬河）；扬州市区和邗江境内的古运河、京杭大运河；江都市的小夹江（三江营）和红旗河等7条入江河流。京杭大运河纵穿腹地，扬州段全长143.3公里，由北向南沟通白马、宝应、高邮、邵伯4湖，汇入长江。

表1-1 扬州市总水资源表

	总水资源（亿立方米）	地表水（亿立方米）	地下水（亿立方米）	差值（亿立方米）	年降水量（亿立方米）
2000	20.36	12.10	10.37	2.11	61.49
2001	8.58	2.25	8.22	1.89	47.34
2002	15.14	7.86	9.17	1.89	60.43

（2001~2003年江苏省统计年鉴）

扬州市水资源丰富，2002年扬州市总水资源量15.14亿立方米，其中地表水资源量7.86亿立方米，地下水资源量9.17亿立方米，二者重复计算量1.89亿立方米，年降水量60.43亿立方米。

四、土地资源

2002年末扬州市实有耕地面积312866公顷，其中市区耕地面积38550公顷。土壤类型主要分为水稻土、潮土、沼泽土、黄棕壤四大土类（《扬州市志》，1997），分别占土壤面积的78.2%、15.5%、5.45%、0.81%。其中，西南部丘陵区以包浆土、板浆白土和马肝土为主，东部平原区以沤田土、灰潮土、淤泥土和青泥土等类型为主，全市的土壤有机质含量为1.88%，在全省属中上水平。

五、湿地资源

扬州地处长江和淮河流域下游，境内河道纵横、湖泊众多，水网密布，湿地类型多、面积大、区位重要。

类型多。自然湿地有湖泊湿地、河流湿地、沼泽湿地、水库湿地，面积较大的共有131个，其中湖泊湿地8个、河流湿地112个、沼泽湿地1个、水库湿地10个。

面积大。全市自然湿地总面积6.52万公顷（2004年全省湿地调查资料），占国土面积的9.8%，湿地面积在江苏省位居前列。高邮湖是扬州市最大的自然湿地，总面积4.25万多公顷，也是江苏省第三大、全国第六大淡水湖。另外，扬州市还有水稻田、水生经济作物地等人工湿地18万多公顷。

生态区位重要。一方面，扬州是国家重点工程——南水北调东线工程的源头，长江是取水源，京杭大运河和三阳河是输水道；另一方面，高邮湖是国家重点湿地，邵伯湖、宝应湖、长江、京杭大运河等是江苏省重点湿地，重点湿地近5.81万公顷；第三，高邮湖、邵伯湖、宝应湖是淮河入江水道，具有行洪、蓄洪功能，同时又是天鹅、鸿雁、灰雁、绿头野鸭、红头野鸭、中华沙秋鸭等野生动物栖息繁衍和越冬的场所。

动植物资源丰富。扬州市丰富的湿地资源为野生动植物提供了良好的栖息场所。以高邮湖为例，湖内鱼类共有16科46属63种，其中鲤科37种，主要经济鱼类有鲤、鲫、鳊、青、草等20种左右，最高年产量达1040吨；湖区野生水禽常见种类有野鸭、鸳鸯、鹭等；水生植物计有40多种，主要有芦苇、菰、蒲、芡、蒌蒿、苔草等。

六、生物资源

扬州植物资源有479种。其中，木本植物203种，草本植物220种，水生植物56种。如银杏、荷藕、芦苇及各种花卉苗木、茶叶、桃、梨等都具有较高的经济价值。扬州市绿化造林树种有61科132属274种，其中乔木161种，灌木99种，藤本14种；落叶树种162种，常绿树种112种；阔叶树种216种，针叶树种58种。其中，槐、榆、柳、银杏、女贞、松柏、桃、水杉、香樟、枫杨等较常见，芍药、琼花、木芙蓉、竹类较具特色。

扬州由于河湖众多，盛产鱼、虾、蟹、珍珠等水产品。仅里下河地区就有鱼类60多种，长江水域鱼类有80多种，是白鳍豚、江豚、中华鲟、白鲟等重要水生珍稀动物栖息地。扬州地区鸟类资源约有120多种，其中国家一级保护鸟类就有东方白鹳、大鸨、丹顶鹤、天鹅等。

第二章　扬州市主要生态环境问题

一、大气污染

扬州市燃煤发电成为主要的污染源，城市空气污染类型以煤烟型为主，主要由燃料（以煤为主）燃烧排放污染物造成的。"九五"期间首要的大气污染物为 SO_2 和烟尘，占总污染负荷的比重分别为 88% 和 10%。主要大气环境污染物为总悬浮颗粒物（tSP），与国家环境二级标准比，"九五"期间市区 tSP 超标率为 27.1%。

近年来，扬州城市交通车辆的尾气污染控制工作成效显著。但随着机动车辆的发展，汽车的增加，今后一段时间内，由机动车尾气造成的氮氧化物大气污染将会日益严重。同时，也会增加一部分悬浮颗粒物污染。这是扬州今后治理环境污染时必须关注的一个方面。

二、水污染

随着扬州社会经济高速发展，每年由工业、城乡居民生活和水产养殖排入水中的 COD 总量大幅度增加，大大超过水体本身的自净能力，引起水质恶化。同时由于农药化肥的大量使用，使得水体富营养化问题也凸现了出来。水质的污染，已影响到投资环境及旅游业的发展，成为扬州市不容忽视的重大生态与环境问题。

三、耕地退化

因长期施用化肥和农药，造成土壤物理形状变差，区域土地养分失衡、肥力下降，土地退化严重。全市耕地面积持续下降，土壤盐渍化程度增加。1990~2000 年，全市耕地面积损失累计达到 264715 公顷，耕地盐渍化面积达到 1000 公顷。

四、水土流失

由于局部地区毁林开荒、开采矿石、建窑取土等，造成水土流失比较严重。到 2001 年，丘陵山区水土流失面积达 105 平方公里，其中轻度水土流失为 102.2 平方公里，中度水土流失面积 3.9 平方公里。主要表现为仪征和邗江等丘陵山区，建材用矿石料的开采，严重破坏森林植被和景观。1986 年，全市矿产开发破坏的土地面积为 355 公顷，到 2000 年，全市矿产开发破坏的土地面积达到 810 公顷，14 年间增长了 1.28 倍（见图 1-1）。仪征市因开矿造成的水土流失面积曾达到 20.4 平方公里，造成河道和水库严重淤塞。矿产开发不仅破坏土

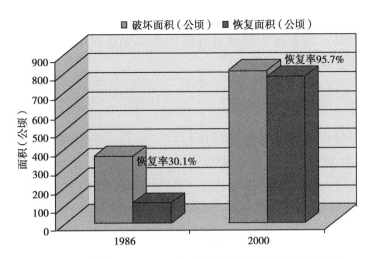

图 1-1　扬州市 1986~2000 年矿产开发破坏土地及恢复情况

地和植被，还导致水土流失、有毒有害水流出和尘土飞扬，造成矿区附近水体淤积和环境污染等次生影响。另外分布在全市各地的窑业取土，严重破坏耕地和其他土地资源。目前，矿产开发破坏土地已经得到扬州的重视，主采区仪征市政府已下令停止开采砂石矿，破坏土地恢复率从 1986 年的 30.1% 增长到 2000 年的 95.7%。

五、湿地问题

湿地具有重大的生态功能和环境效益，被誉为"地球之肾"。在防御洪水、调节径流、蓄洪防旱、控制污染等方面具有重要作用。由于扬州市人口的增长与经济的快速发展，以及人们对湿地认识上的偏差，长期以来忽视或者淡化了湿地保护工作，对湿地生态环境造成了强烈的冲击，致使湿地受到不同程度的破坏，湿地生态趋于恶化。

（一）滩地面积显著减少

20 世纪 70 年代，里下河地区有滩地 4 万多公顷。因围垦种植、挖塘养鱼，目前已开发殆尽，尚存滩地不足 0.4 万公顷；沿江滩涂原有 0.4 万多公顷，因建船厂、码头及无序开垦养殖，滩涂面积缩小，目前还剩 0.3 万公顷。

（二）湿地污染日益突出

全市利用水体进行围网养殖面积达 2 万多公顷，其中湖泊围网养殖 1.4 万公顷，河道围网养殖 0.6 万公顷。围网养殖、滩地开发，不仅影响行洪蓄洪，同时污染了水体、降低了水质。

水面和湿地面积的减小，引起生态系统在结构和功能关系上的错位和失谐，导致景观结构破碎、功能板结，生态系统脆弱性增强，部分生物群落消失，自然系统服务功能减弱，生物多样性降低。

六、噪声污染

区域环境噪声的主导因素为交通噪声。生活噪声和交通噪声构成百分比总和在 73%~87%。"九五"期间，市区交通昼间噪声平均值为 69.6 分贝，与"八五"相比，略有降低，但仍超出国家标准。2002 年区域环境噪声平均 54.5 分贝，交通干线噪声平均 68.9 分贝，与上年相比，有所上升。随着城市建设进程的加快和城区机动车辆的不断增加，噪声污染仍然是影响城市环境质量的重要问题之一。

七、热岛效应

从扬州城市热场分布图及其对应的城市行政区来看，扬州城市热场的平面展布与城市建筑面积区轮廓基本一致。城市热岛效应显著，已经形成一个由众多热岛组成的大热岛。

在市区，强热岛分布区集中，热中心集中影响范围约 159.25 平方公里，占新规划城市建设用地面积的 63.19%，影响范围远远超出现有建城区面积 53.5 平方公里。以老城区、东部分区和东北分区的南部是强热岛效应核心分布区；西北、西部、西南三个分区的东部地区为次强热岛效应区。沿城市边缘区、城郊结合部和郊区热岛效应逐渐减弱。

扬州城市热辐射场存在明显的梯度分布特点。热辐射值由高到低为老城区、新城区、郊区，且离老城区越近，热岛效应越明显。以 2002 年 8 月份热场值比较，老城区比郊区的热场值高 13.98，老城区比新城区热场值平均高 6.52，新城区比郊区又高出 7.46，这也是造成市区温度明显高于郊区的主要原因。

从热岛分布特点看，热岛分布的强度区主要是建筑物多且密集、人为活动频繁的市中心、商业区和高密度人口居住区。城市边缘区、城郊结合部、郊区等范围，由于农作物、森林植被覆盖度高，热岛效应逐步减弱。

第三章　扬州市林业发展现状分析

一、森林资源现状

到 2004 年底，扬州市现有林地面积 46667 公顷，其中生态公益林 13333 公顷，用材林 14334 公顷，经济林 9000 公顷，（桑 4000 公顷、茶 2000 公顷、果 3000 公顷），花卉苗木 1 万公顷；农田林网 15.45 万公顷；绿色通道建设总长度 8667.9 公里，其中，县级以上公路绿化 1379.9 公里，大中型圩堤绿化 5022.3 公里，大中型河道绿化 2265.7 公里；四旁林木保存总株数达 8200 万株；活立木总蓄积 350 万立方米；森林覆盖率 14.5%。

除上述林业资源以外，扬州城区绿地总面积 6312.2 公顷，绿化覆盖率 15.7%。建城区绿地总面积 2115.4 公顷，绿化覆盖率 33.3%；其中公共绿地面积 347.7 公顷，人均公共绿地 8.1 平方米。所辖的江都、宝应、高邮、仪征四县（市）城区绿地总面积 1520 公顷，平均绿化覆盖率为 29%，其中公共绿地总面积 263.89 公顷，人均 5.1 平方米。

二、林业取得的成就

（一）林业发展步伐加快

扬州林业以实现"全国平原绿化先进市"为目标，突出重点，实施以农田林网、里下河滩地速生丰产林、江滩"兴林抑螺"林、围庄林建设、丘陵山区茶果开发为主的五大林业工程，形成了"点、线、片、网"相结合的平原林业生态体系。2001~2004 年，全市新增成片造林近 2 万公顷，公（道）路、江、河、湖堤绿化 3000 多公里，植树 2000 多万株；林苗及常绿花卉 1 万公顷；新拓茶果园 1000 公顷；围庄林建设 255 个，栽种以银杏、桃、梨、枇杷为主的经济林木 54 万株。

城市绿化通过从抓基础设施建设入手，狠抓大环境和硬环境建设，实施绿化配套，建成了一批新的公园景点、景区；城市道路、河道、街头绿地建设得到加强；单位庭院和居住小区绿化达标工作取得新进展。2004 年扬州市区新增绿地 160.2 公顷，其中公共绿地新增 73.7 公顷。四县（市）城区新增绿地 70 公顷，其中公共绿地新增 19.9 公顷。为创建园林城市，扬州市对古运河市区段进行改造，建设古运河绿化风光带，目前已完成了市区四期工程和城郊示范段工程，沿河新建了东关古渡、古河新韵等景点。城市环境综合治理进展顺利，取得初步成效，受到了广大市民的欢迎和好评。2004 年，扬州城区荣获国家林园城市称号和全国最佳人居环境奖。

（二）区域化布局特色明显

全市林业基本形成了三大区域布局。一是里下河速生丰产林基地。里下河地区宝应、高邮、江都通过开发滩地，营造池杉、意杨速生丰产林，同时实行林农、林牧、林渔、林经相结合的人工复合经营，共营造速生丰产林 6667 多公顷，并涌现出一批重点林业乡镇，如宝应范水、高邮周巷、马棚、郭集、江都昭关等乡镇造林面积都在 200 公顷以上，其中宝应范水镇连片造林达 1667 公顷。昔日茫茫的芦苇荒滩，变成了今日片片林海。二是丘陵山区经济林果生产基地。共营造茶园、银杏、板栗、水果等经济林 3334 公顷。仪征市谢集镇与江苏省农科院、仪征市农业开发局共同组建了江苏省首家股份制农业科技示范园——江苏省苏园科技示范园。该园占地 20 公顷，分桃、梨、李、柿、枣、石榴 6 个分区，共有45 个品种。三是沿江常绿林苗花卉生产基地。扬州市沿江现有常绿林苗花卉基地 9000 多公顷。常绿林苗花木品种门类多、规格全，远销全国 10 多个省市，2004 年花木销售总产值 6 亿多元。江都是扬州传统的花木生产经营大市，2004 年实现花木销售总产值 5 亿元，其中丁伙镇花木产值达 2.5 亿元，占该市花木产值的 50%。

（三）林业科技水平不断提高

通过与高校、科研院所开展合作研究，选育了一批适宜扬州生长的优良品种，研究和总结出复合经营、兴林抑螺、标准化育苗、定向培育、长江中下游低丘岗地综合治理与开发等一批先进适用的林业技术。在江泽慧、彭镇华教授的主持下，扬州市与安徽农业大学合作，利用江、湖滩地，推广实施"以林为主，兴林抑螺，综合治理与开发滩地"的国家"八五"科研重点项目，建成江滩、湖滩"兴林抑螺"林 2667 公顷，该项目获原林业部科技进步一等奖，国家科技进步二等奖。20 世纪 80 年代初，扬州市与南京林业大学合作，结合里下河地区湖、荡滩地资源多的特点，通过引进水杉、池杉、意杨等速生优质树种，研究推广林农复合经营新技术，在里下河地区开发荒滩荒地，营造速生丰产林，改善了里下河地区的农业生态环境，增加了林业资源。该研究项目，获原林业部科技进步一等奖，江苏省人民政府科技进步三等奖。目前，扬州市正在组织实施由中国林科院江泽慧院长主持的长江中下游低丘、滩地综合治理与开发科研项目，建立了邗江区沿江村和仪征市马坝村两个示范点，进行林—草—牧、林—果—茶等模式示范试验。

（四）木材加工业初具规模

近几年来，木材加工业正在扬州迅速发展，并初具规模。木材加工产品主要有胶合板、中密度纤维板、细木工板、刷柄、体育用品和建筑装饰材料。2004 年，全市共有木材加工企业 200 多家，年耗用木材 100 多万立方米，年产值 12.48 亿元，利税 2000 多万元，出口创汇 6000 多万美元。其中，年耗用木材在 1 万立方米、产值 1000 万元以上的木材加工企业 10 家，年总产值达 10.07 亿元。

（五）森林旅游开发开始起步

随着人民生活水平的提高以及节假日休闲时间的增多，野外休闲、郊外度假已成为城市人追求的时尚。为了满足人们到野外休闲度假的需求，近几年来，扬州市在森林旅游开发方面也开始起步，并取得了一些突破。全市建成省级森林公园 4 个，市级自然保护区 2 个，以森林旅游为主的度假村 5 个。

1994 年，原林业部授予扬州"全国平原绿化先进市"称号；2004 年先后获得"国家园林城市"、"国家环保模范城市"和"最佳人居环境奖"等称号。全市建有省级和市级"生态村"11个，最佳环境优美乡镇 1 个，"环境与经济协调"示范镇 6 个，江都、宝应、高邮、仪征已被国家环保总局命名为"国家级生态示范区"。

三、林业发展存在的问题

（一）林业的发展跟不上经济、社会发展的步伐

一是森林资源总量不足。目前扬州市森林覆盖率只有 14.5%，与全国森林覆盖率18.21% 相差近 4 个百分点，与满足扬州城乡发展对林业的需求也有较大差距。二是森林资源分布不均。从全市来看，森林资源北部多于南部，农村好于城市。三是林业结构不尽合理。

（二）林业服务体系建设薄弱

市、县级林业技术服务机构实力不强，后劲不足，对基层的指导、服务能力下降；乡镇林业队伍不稳，人员少，素质低，技术力量薄弱，服务手段落后，资产平调现象严重，很不适应全市林业事业快速发展的需要。

（三）林业用地保护不力

毁林开发、毁林养殖现象时有发生；电信、电力、广电等部门架设线路，侵占林地现象严重。

（四）林产品的深度加工和林业资源的综合开发利用滞后

尽管全市木材加工企业数量较多，达 200 多家，但多数规模小，加工能力低，产品档次不高、附加值低，缺乏竞争力。

第四章　扬州市林业发展必要性及潜力分析

一、必要性

（一）现代林业建设是 21 世纪现代城市生态建设的重要内容和主要标志

城市作为人口主要集中居住的地区，其生态环境的日益恶化已经引起普遍关注。建立人与自然和谐相处、健康、安全和可持续发展的现代城市是全球人类的共同理想。通过建设现代林业来改善城市环境，维持和保护城市生物多样性，提高城市综合竞争力，促进城市走可持续发展道路，是现代城市生态环境建设的重要内容和主要标志。扬州作为国家环保局"生态示范市"的先行试点市，理应把林业建设为生态环境建设的重要一环。

（二）现代林业建设是城乡建设进程中急需解决的关键问题

"绿杨城郭是扬州"，随着扬州市城乡一体化进程的加快，城乡所面临的环境问题日益突出，作为城乡建设重要组成部分的生态林业建设，无论是建立农田林网化还是建立城市周边的"绿肺"，都是改善城乡生态环境的主要途径，是当前急需解决的关键问题。

（三）现代林业建设是改善扬州市生态环境，提高城市综合竞争力的重要保障

环境是生产力，也是竞争力。发展经济，既要金山银山，也要绿水青山；有了绿水青山，才有金山银山。改善城市生态环境就是改善投资环境，提高城市品位。扬州作为历史文化名城，有着深厚的文化底蕴；如果再能形成具有良好的森林生态和森林景观的城市，就能创造更适宜的投资环境和更适宜的人居环境。所以现代林业的建设，对改善城市投资环境、加快城市经济发展速度、提升人民生活质量等诸多方面都将起到积极的推动作用。

（四）现代林业建设是"把扬州建设成为古代文化与现代文明交相辉映的名城"的重要手段和途径

2000 年，江泽民同志在视察扬州时要求扬州人民"把扬州建设成为古代文化与现代文明交相辉映的名城。"就目前而言，扬州市绿地系统分布极不均衡，总体上看"北重南轻"；缺少大面积能够为城市提供生态服务的片林；缺少森林休闲的场所。而现代林业的建设能在一定意义上能解决上述问题。要想把扬州建设成为古代文化和现代文明交相辉映的名城，建设现代林业是重要的手段和途径。

（五）扬州现代林业建设是落实《中共江苏省委江苏省人民政府关于推进绿色江苏建设的决定》的具体行动

2004 年，江苏省委、省政府下发了《中共江苏省委江苏省人民政府关于推进绿色江苏建设的决定》，制定了"绿色江苏现代林业发展总体规划"，提出以"构筑绿色屏障，发展

绿色产业，建设绿色文化"为核心的建设理念，确立了以十大林业重点工程为载体，实现从木材生产为主向以生态建设为主的历史性转变的战略途径，推进林业跨越式发展。扬州作为二大城市群的重要城市，又是江苏省沿江开发战略的重要地区，为加快扬州林业发展提供了良好的机遇。2005年扬州市委市政府做出《关于加快林业发展的意见》。因此，制定《扬州市现代林业发展规划》，是落实"绿色江苏"的具体行动。

（六）扬州是中国森林生态网络体系建设研究中非常具有代表性的城市，现代林业建设所取得的经验将对东部经济比较发达地区的城市起到一定的示范作用

中国森林生态网络系统建设是新世纪我国森林生态环境建设的一项重大工程，它由点、线、面组成，是一个完整的巨系统。这个巨系统最大限度地利用时间与空间，面向整个国土，营建一个全国分布均衡、结构合理、功能完备、效益兼顾的森林生态环境，从而实现我国国土长治久安和经济社会可持续发展。扬州市地处我国东部森林相对缺少地区，是长江三角洲冲积平原上的一座城市，坐落在京杭大运河沿线，境内有平原、低丘、湿地等多样的生境类型，如果扬州通过现代林业建设，成功地建成和谐完美、城乡一起的森林生态系统网络，必将对我国经济发达的长江三角洲地区具有重要的示范作用。

二、发展潜力

（一）自然条件优越

扬州地处北亚热带北缘向暖温带过渡地带，属副热带湿润气候，境内土壤肥沃，光能雨水充沛，造林成活率高，树木生长快，成材早，十分有利于林木的生长。

（二）社会经济的快速发展对林业提出更高的需求

扬州地处长江三角洲，经济发展迅速。2004年，全市国内生产总值505.47亿元，人均国内生产总值11205元。扬州经济的快速发展为林业的发展提供了有力保障。同时，随着城市化进程的加快，社会对林业提出更高的要求。通过江河湖防护林、绿色通道和农田林网等绿色屏障建设，通过商品林基地、花木基地、茶果基地和林产品加工等绿色产业建设，通过森林旅游、自然保护区等绿色文化建设，建立起完善的扬州现代林业体系，必将为扬州经济社会发展提供良好的生态条件和投资环境，增强对外资吸引力和国际竞争力，加快经济的健康、快速发展。

（三）造林潜力较大

一是宜林荒地较多。经调查，全市可用于造林的土地达3.34万公顷，其中"三荒"（荒山、荒滩、荒地）0.85万公顷；"四沿"（沿水、沿路、沿城、沿厂）0.72万公顷；全市未达到Ⅰ级（13.3公顷一个网格）标准林网的农田有14万公顷，按江苏省林业局制定的Ⅰ级林网折算林地标准（8亩林地/100亩农田）计算，未达标农田林网可用绿化面积有0.8万公顷；镇村宜绿化地0.97万公顷。二是有良好的社会基础。扬州素有植树造林、栽花种果的传统，全社会办林业、全民搞绿化的氛围基本形成。

（四）政府高度重视

扬州市委、市政府对林业工作十分重视。前不久，出台了《关于加快林业发展的意见》，要求各级政府要将林业作为一项重要的公益事业和基础产业来抓,在投入、税收等方面予以扶持,并明确政府主要负责同志是林业建设第一责任人,分管负责同志为林业建设的主要责任人。与此同时,各县市也相继出台了一系列发展林业的优惠政策。

(五)林业科技支撑能力较强

通过长期的生产实践,扬州市积累了丰富的造林绿化技术和经验,培养了一批懂生产、能管理、会经营的林业人才队伍。同时,扬州市一直与中国林科院、南京林业大学、江苏省林科院、扬州大学等大专院校、科研院所保持着良好的科研协作关系,这就为扬州市现代林业建设提供了强有力的人才支持和技术保障。

(六)林业产业拉动强劲

近几年来,许多大型木材加工企业来扬州市安家落户,其中年耗用木材在 10 万立方米以上的木材加工企业有 4 家。台湾丰裕公司在扬州市投资新建纸浆企业,年耗木材 100 万立方米。预计扬州木材加工企业年消耗木材在 200 万立方米以上。木材加工企业对木材的大量需求必将拉动扬州林业的快速发展。

三、限制因素

(一)林业用地相对紧张

一是扬州地处东部经济较发达地区,人多地少;二是扬州属平原农区,绿化造林以河道、圩堤、道路为主,拿出成片的土地用于造林限制性因素较多。

(二)管理体制不够顺畅

扬州市现有的林业管理体制是,农村绿化和城市集镇绿化分别由扬州市林业局和扬州市建设局管理,造成城乡绿化管理割裂,城乡结合部和农村集镇绿化管理不到位现象时有发生,管理体制不够顺畅。

(三)城乡建设缺乏统一规划

随着经济的发展,城乡一体化步伐也随之加快。但城市建设规划与乡村建设规划缺乏有机的统一,特别是城市绿化规划与农村绿化规划常常分离,各自独立进行,这已成为限制扬州市现代林业建设的一个重要因素。

(四)城市林业建设技术与人才缺乏

近几年,扬州市城市林业建设力度较大,但现有的城市林业建设技术与人才已不能适应城市林业建设的需要,一是复合型人才数量不足;二是缺乏现代城市林业建设的先进实用技术;三是城市林业建设机制不活。

(五)财政投入不足

林业是一项重要的公益事业和基础产业,需要大量投入。尽管当前各级政府对林业工作十分重视,财政投入加大,但仍适应不了林业发展的需要,特别对是林业工程建设和基层林业服务体系建设的投入明显偏少。对林业绿化的投入重城市、轻农村的现象十分严重,影响了全市林业的均衡发展。

第五章　扬州市林业发展理念

一、指导思想

以科学发展观为指导，确立生态建设、生态安全、生态文明的总体战略，在扬州生态市建设中赋予林业以首要地位，在全面实现小康社会中赋予林业以基础地位，在生态文化建设中赋予林业以重要地位，以"打造绿杨城郭，建设生态扬州"为基本理念，使林业更好地服务于扬州经济社会的全面、协调、可持续发展。其核心是：发展生态林业以构筑绿色屏障，发展特色林业以壮大绿色产业，发展人文林业以弘扬绿色文化。

二、基本定位

在扬州生态市建设中赋予林业首要地位，在全面实现小康社会中赋予林业基础地位，在生态文明建设中赋予林业重要地位。

（一）在扬州生态市建设中赋予林业首要地位

《中共中央　国务院关于加快林业发展的决定》中指出："森林是陆地生态系统的主体，林业是一项重要的公益事业和基础产业，承担着生态建设和林产品供给的重要任务"，"在贯彻可持续发展战略中，要赋予林业以重要地位；在生态建设中，要赋予林业以首要地位；在西部大开发中，要赋予林业以基础地位。"根据《决定》精神，扬州林业在扬州生态市建设中具有重要的基础性地位。发展现代林业是扬州生态市建设的重要内容和基本要求。森林是扬州生态系统的主体，构筑点、线、面结合的森林生态网络体系，是建设生态市的基本骨架。发展林业，提升森林固碳释氧、减低噪音、减少热岛效应、净化空气、调节小气候等生态功能，可以为扬州人民提供适宜的人居环境。在扬州市发展林业，实现林网化、水网化，将增强森林保持水土的能力，维护国土生态安全；同时，发展林业，保护湿地，将有利于扬州生物多样性的保育。因此，发展扬州林业，对提高扬州的生态环境质量，促进经济社会可持续发展，将进一步发挥积极而重要的作用。

（二）在扬州全面实现小康社会中赋予林业基础地位

扬州林业不仅是以生态建设为主体的公益林业，还应是以兴林富民为目的的高效林业和以高科技为支撑的现代林业。目前，虽然扬州市林业建设已得到了长足发展，但是林业发展仍面临着严峻挑战。扬州的林业建设与社会经济发展和人民群众的需求还不相适应。自然生态环境仍比较脆弱；林业产业化进程缓慢，传统结构尚未得到有效改变；投资管道不畅，筹资管道偏窄；科技含量偏低，技术装备落后；市场开拓不力，产业素质和管理工作与日趋激烈的竞争要求不相适应。林业基础设施建设薄弱，保障能力仍需加强。林业科研、技术推广和林木种苗建设等还不完全适应新形势的发展要求，造林绿化良种使用率偏低，森林资源培育管护工作滞后。林业基础设施对生态体系和产业体系建设还未形成强有力的支撑。大力发展绿色产业，实施林业富民工程。坚持绿化造林与产业发展相结合，与农业产业结构调整相结合，促进经济发展、农民致富。特别是实施林板一体化建设、特色经果林建设、花木基地建设和森林旅游开发等产业建设工程，在扬州市林业发展中还有很大的发展空间。

根据扬州市未来发展的形势和要求，扬州林业将在扬州绿色产业发展中发挥主导性的作用。随着生活水平的不断提高，人们对林业产品需求的多元化，木材、经济林果及其产品加工业，在扬州的绿色产业中具有不可或缺的地位。林业的持续快速和优先发展，生态环境的巨大改善，必将对扬州投资业产生积极而重要的影响，从而间接地带动区域经济的发展。总之，发展扬州林业，对增加扬州人民的经济收入，兴林富民，在全面建成小康社会进程中将进一步做出重要贡献。

（三）在扬州生态文化建设中赋予林业重要地位

判断一个国家、一个地区、一个民族、一个城市的生态文化发达程度，会有很多指标和标准，其中，最重要的一个指标，就是看森林文化内涵的丰富程度如何。

森林文化是人类文明的重要内容，是传承扬州历史文化遗产和建设生态文明社会的重要组成部分，也是扬州全面建设小康社会的必然要求。随着城市化进程的加快和人民生活水平的提高，人们对改善生态环境、保护生物多样性、森林旅游观光等方面的要求也越来越高，在扬州园林、古运河绿化、名胜古迹林等为代表的文化林发展模式的基础上，建设城市森林，大力发展森林公园、自然保护区、动物园、植物园等集科普教育、休闲观光、旅游度假等多种功能为一体的文化传承林，正在成为林业建设的新领地。

以扬州深厚的历史文化底蕴为依托，融入现代林业理论和生态文明的理念，通过加快自然保护区、森林公园及城乡人居森林建设，大力弘扬城市园林文化、森林旅游文化、花文化、竹文化、茶文化等，构建历史文化与现代文明交相辉映的新型的绿色生态文化，这是扬州现代林业的丰富内涵。发挥森林的文化功能，增强扬州人的生态意识，提高人的审美能力和促进人的全面发展，倡导公众积极参与保护和培育森林的各种活动，是扬州生态文化建设的基本目标。

三、基本理念

（一）发展生态林业构筑绿色屏障，是扬州经济社会发展对林业提出的主导需求

随着国家可持续发展战略的实施和扬州经济社会的快速发展，国民生态意识普遍增强，生态优先、生态安全必然成为新世纪扬州林业发展的主导思想。

生态环境系统是构成社会经济发展的物质基础，人类的生存、进步和发展，都离不开水、土、森林、空气等生态环境要素的综合支持。但是，自然生态环境系统长期维护人类社会经济可持续发展是需要一定条件的，这就是任何自然生态系统都具有自身恢复能力的"阈值"，一旦对生态环境的破坏超出其阈值，就会出现生态安全问题。

随着国民经济的快速增长，生态环境破坏加剧，因生态环境破坏造成的经济损失也将正比增长。国内外的相关研究成果表明，因生态不安全造成的经济损失值，一般约占 GDP 的 5%~10%。需要指出的是，上述测算只是生态破坏的直接经济损失和部分间接经济损失，没有包括基因、物种消失等许多难以测算的潜在经济损失。据联合国环境规划署评估，这种损失远大于生态破坏造成的直接经济损失，有时为其 2~3 倍，甚至 10 倍。

（二）发展特色林业以壮大绿色产业，是扬州以生态兴产业、以产业促生态的新的经济增长点

在过去的几十年中，我国经济增长主要是一种粗放的外延式扩张。这种以高投入、高消耗为特征的粗放型经济，不仅大量消耗资源，而且造成生态的破坏和环境的污染，使我国经济增长的效率长期难以提高。由于资源承载力的限制，我们实际上已不具备继续沿用粗放外延扩张的发展模式，必须走出一条以提高效益和质量为中心的资源节约型和生态经济协调型的发展道路。

扬州市自然和经济社会条件优越，不仅具备生态产业的条件，而且已经有了一定的生态产业基础。如杨树产业，花卉苗木产业，银杏产业等。还有一些发展潜力很大的产业，如特色水果产业、茶叶产业、森林旅游产业等。结合扬州经济发达和林业产业基础较好的特点，在加大森林资源培育力度，为扬州绿色产业发展提供优质原料的基础上，要大力推动林业高新技术产业化，重点是在林板、林纸领域，建立一定规模、技术含量高、附加值高的扬州林产加工业体系，大大增强扬州绿色产业的实力，提升扬州绿色产业在经济社会可持续发展中的地位和作用。

通过大力发展绿色产业，使产业化程度在更高水平上发展，不仅可以取得良好的经济效益，同时还可产生巨大的生态效益，实现生态与经济的协调发展。

（三）发展人文林业以弘扬绿色文化，是扬州全面建设小康社会的重要内容

先进文化是人类文明进步的结晶，它顺应历史进步潮流，代表未来发展方向，促进人类社会发展。由竹文化、花文化、茶文化以及林业哲学、森林美学、园林文化、森林旅游文化等构成的"绿色文化"，在新时期扬州现代化建设和小康社会建设中，具有十分重要的地位和作用。大力发展扬州"绿色文化"，就是要坚持先进文化的前进方向，就是要在实现林业跨越式发展的同时，大力推动新时期的森林文化建设，更加充分地显现林业在经济社会可持续发展中的重要战略地位和作用。

发达的林业是国家强盛、经济繁荣、民族兴旺、社会文明的重要标志。人类数千年文明史，充分论证了森林与人类相互依存、不可分割的亲密关系。"森林是人类文明的摇篮"。"树叶蔽身、摘果为食、钻木取火、构木为巢"是森林孕育人类文明的写照。在中华文明、希腊文明、印度文明、埃及文明和罗马文明这五大人类文明中，中华文明是东方文明的代表，中华文明与森林的依存演变史，也是人类森林文明史的缩影。森林文化不仅影响着远古与现代的物质文明、农耕文明、工业文明和精神文明，而且涉及自然科学与社会科学的许多领域。由森林文化而引申出来的若干分支，构成了森林文化完整的架构体系。森林文化的重要性集中表现在,森林的盛衰与人类文明的进程是息息相关的。回顾一下人类的文明进程,不难发现,森林的繁茂曾为人类文明带来光明,森林的衰亡亦曾把人类文明推向黑暗。

四、建设原则

(一)统一规划、协调发展

从系统论的观点看,现代林业属于整个"生态—经济—社会"系统的一个组成要素,因此林业发展规划要与其他要素(如农业、交通、水利、城建、园林、工业等)统筹规划、协调建设。在规划中根据各地自然状况、林业资源、森林生态系统结构、生物多样性和经济社会条件等情况的差异性,因地制宜,顺应自然地分步实施,建设具有扬州特色的林业生态体系和产业体系。而且,随着扬州经济的发展,城乡差别日趋缩小,对城乡做统一规划成为必然。统一规划的原则,要求使林业与农业发展统筹兼顾、协调平衡。扬州属于平原水网地区,农业与林业都是占用土地最多的行业。农业的健康发展,有利于保障粮食安全,维护国家安定的政治局面。同时农业的高产、优质、高效发展,又要求林业为其提供生态防护保障。林业的发展,不仅为农业提供防护作用,提供肥料,而且可以保障国土与生态安全。因此,坚持统一规划、协调发展的原则,可以形成生态经济良性循环,充分满足人们对森林的多种需求,促进人与自然和谐,有利于实现经济社会可持续发展。

(二)以人为本、生态优先

森林是陆地生态系统的主体,是经济社会可持续发展的重要物质基础和生态保障。扬州林业建设要体现以人为本、生态优先的原则,有效发挥森林在改善生态环境、提高人居环境质量中的重要作用。森林的生态、经济、社会、文化作用是全社会的公共财富,与人类社会的生存发展密切相关。扬州市必须牢固树立"生态建设、生态安全、生态文明"的发展理念。按照生态优先的原则,把造林绿化作为生态建设的首要任务,确立森林植被在国土生态安全体系中的主体地位,建设山川秀美的生态文明,构筑扬州经济社会可持续发展的绿色屏障。

(三)科教兴林、依法治林

扬州新时期的林业发展和生态建设,要靠政策、靠投入、靠机制,最根本的还是要靠科学技术。坚持尊重自然和经济规律,因地制宜,乔灌草合理配置,城乡林业协调发展。坚持科教兴林。科学技术是第一生产力。不断研究、引进和推广应用国内外高新技术成果,加大对扬州现代林业建设的科学性、可行性和预见性的科技支撑,在保证质量的前提下,全面加快造林绿化步伐。通过科技创新有效解决制约扬州现代林业发展的技术"瓶颈",以科技进步支撑绿色扬州的生态建设和产业建设,以技术跨越推动扬州林业的跨越式发展。坚持以法治林。在加快造林绿化步伐同时,必须增强法制观念,强化造林与管护并重的意识,加强和改进森林资源保护管理工作,巩固造林绿化成果。依法治林是世界各国林业健康发展的成功经验,也是我国必须要长期坚持的一项重要原则。同时,扬州市还应根据需要加强地方性林业政策的修改和完善工作。加强林业执法队伍建设。坚持依法严格保护、积极发展、科学经营、持续利用森林资源。

（四）分类经营、分区突破

坚持政府主导和市场调节相结合，实行林业分类经营和管理。深化林业分类经营改革，按照森林主导功能分别建立相应的管理体制、经营机制、投入管道和发展模式，切实落实《中共中央　国务院关于加快林业发展的决定》要求，实行林业分类经营管理。在充分发挥森林多方面功能的前提下，按照主要用途的不同，将林业区分为公益林业和商品林业两大类，分别采取不同的管理体制、经营机制和政策措施。改革和完善林木限额采伐制度，对公益林业和商品林业采取不同的资源管理办法。公益林业按照公益事业进行管理，以政府投资为主，吸引社会力量共同建设；商品林业按照基础产业进行管理，主要由市场配置资源，政府给予必要扶持。凡纳入公益林管理的森林资源，政府将以多种方式对投资者给予合理补偿。加强分类指导，形成区域特色，努力攻坚克难，实施分区突破。

（五）政府主导、全民参与

加快现代林业建设，意义重大，任务艰巨，是一项复杂的系统工程。因此，政府应在林业建设中积极发挥主导性作用。在社会主义市场经济条件下，政府职能主要是经济调节、市场监管、社会管理和公共服务。新时期，林业在很大程度上已成为一项社会公益事业，各级政府要从国民经济和社会发展的大局出发，承担起林业建设的责任。属于政府该管的事，责无旁贷，故一定要管好。政府要协调好决策、执行和监督的职能。坚持政企分开，按照精简、统一、效能的原则，进一步转变政府职能，调整政府机构设置，理顺部门职能分工，减少行政审批，提高政府管理林业的水平，努力形成行为规范、运转协调、公正透明、廉洁高效的林业行政管理体制。履行政府职责，坚持依法行政，从严治林，维护法律尊严，搞好林业建设，保护好群众的生态、经济和文化利益。全民参与林业建设，是完成新时期林业建设任务的重要保证。有利于凝聚社会共识，得到公众对林业的关心、重视和支持；有利于充分吸引社会生产要素，壮大林业建设力量；有利于启动林业内部的运行机制，使林业成为有义务、有责任、有利益、有活力的事业；有利于促进林业部门的职能不断向提供公共服务和执法监管转变。因此，在林业建设中，应该将发挥政府的主导作用与积极动员全民广泛参与林业建设很好地结合起来。

五、总体目标

扬州市现代林业发展规划实施完成后，将初步建成生态林业优良、特色林业发达、人文林业先进的现代林业体系，达到森林资源总量实现跨越，林业产业发展稳步推进，森林生态网络基本健全，森林文化内涵更加丰富。基本满足经济和社会可持续发展的需要，充分发挥林业在"绿杨城郭、生态扬州"建设中的主体作用。

森林资源总量实现跨越。到 2010 年，实现"1234"的奋斗目标，即扬州市森林覆盖率平均每年提高 1 个百分点，达到 20%，城市新增绿地 3 万亩，城区绿化覆盖率达到 40%。

林业产业发展稳步推进。加大里下河速丰林基地、沿江花卉苗木基地和低丘岗地经果（茶）林基地建设力度，巩固林业第一产业的基础地位；积极发展木材加工业、经济林果（茶）加工业，以规模化、集约化实现林业综合效益的最大化；加快发展以森林旅游为主的服务业，提高林业"三产"建设水平。

森林生态网络基本健全。以低丘岗地、里下河等现有的大面积森林、湿地为主体,以大江、大河、大湖、交通干线的防护林为骨架,以城市森林、森林公园、自然保护区、村庄绿化、集镇绿化为节点,以农田防护林为联机,大力推进商品林基地和生态公益林建设,构筑健全的森林生态网络。

第二篇　扬州现代林业发展总体规划

第六章　规划原则

一、统一性原则

扬州现代林业发展规划必须与绿色江苏现代林业发展规划相统一，与扬州社会经济可持续发展的总体目标和生态市建设相统一，结合扬州地区水网优势，以森林生态学原理为指导，按照林网化与水网化相结合的林业建设理念进行现代林业发展规划。

二、保护性原则

根据生态学原理，能对一个区域总体生态环境起决定性作用的大型生态要素和生态实体称为生态敏感区。其保护、生长、发育的好坏决定区域生态环境质量的高低。生态敏感区一旦受到人为干扰或破坏将很难有效恢复，并对生态环境和经济的持续稳定发展造成影响。因此，需要加以控制或保护。扬州市现有生态敏感区及其分布区域主要包括：

自然保护区：包括江都渌洋湖自然保护区、宝应运西自然保护区。

风景名胜区：包括蜀岗—瘦西湖风景名胜区、茱萸湾—凤凰岛风景名胜区、江都水利枢纽风景名胜区、仪征登月湖风景区和扬子津风景区。

森林公园：仪征铜山森林公园、扬州西郊森林公园、高邮马棚东湖水上森林公园、江都渌洋森林公园和润扬森林公园。

水源保护区：包括南水北调（东线源头）水源保护区、扬州长江瓜州段和廖家沟水源保护区、仪征长江潘家河段水源保护区以及宝应、高邮、江都城市饮用水水源保护区。

湿地保护区：邵伯湖、高邮湖、宝应湖、里下河湿地保护区和长江、夹江湿地保护区。

三、综合性原则

现代林业建设既要突出生态优先的原则，同时也要兼顾森林的经济、文化功能。要在绿色江苏现代林业发展规划提出的"构筑绿色屏障、发展绿色产业、建设绿色文化"现代林业建设发展理念的指导下，建设以生态林为主，生态与经济并举的现代林业，促进区域森林旅游业、特色经果林等林业产业的发展，为地方经济发展做出更多的贡献。

四、特色性原则

扬州地处江淮水网地区，历史悠久，自然人文景观众多，具有优越的自然环境和悠久的历史文化。要充分利用区域内水网发达的"江南"水乡景观，把现代林业建设与古典园林保护、城市水体恢复等结合起来，依水建林，以林、水串联历史文化景观，突出扬州"水乡生态"与"历史文化"的特色，再现"绿杨城郭"的风采。

第七章 规划目标

一、森林覆盖率确定依据

（一）计算方法及其原理

1. 碳氧平衡法

森林具有吸收 CO_2、释放 O_2 的功能，在维护区域碳氧平衡方面具有重要作用。成为目前确定现代林业发展目标的常用方法之一。从扬州情况来看，主要燃料为煤和液化石油气，加上居民呼吸、排泄等生理活动耗氧，其耗氧系数分别为：煤的耗氧系数为 2.133，液化石油气耗氧系数 3.636，呼吸耗氧系数每人 0.292 吨 / 年，排泄物分解耗氧每人 0.0146 吨 / 年。计算所选取的森林制氧参数为 0.07 吨 / 公顷，即 1 公顷阔叶林在生长季每日照小时释放 $70KgO_2$。按照陆生植物对大气氧平衡度的贡献系数（约为 0.6），从而概算出森林对维持碳氧平衡的合理规划值。

以 2002 年为基准年，根据该方法，扬州市所需阔叶林理论值为 M，则

$$M=K/c\div(a\times b\div d)=dK/abc$$

其中，K——各项人类活动的年总耗氧量(吨 / 年)；d——365 天；a——年无霜期天数(222 天)；b——年日照小时数（2176.7 小时）；c——阔叶林制氧参数（0.07 吨 / 公顷）。

表 2-1　不同城市范围内城市耗氧量计算（单位：吨 / 年）

城市区	工业能源（吨标准煤）	液化石油气（吨）	人口（万人）	呼吸耗氧（吨 / 年）	排泄物耗氧(吨 / 年)	总耗氧量（吨 / 年）	呼吸、排泄耗氧占总量 %	需要阔叶林总面积（公顷）
市域	7038508	74509	452.22	1320482	65391	16669926	8.31	107921
市区	4454213	21507	110.76	323419	16016	9918471	3.42	64212

计算结果见 2-1。从理论计算结果来看，在市域和市区范围内，维持区域碳氧平衡所需的理论阔叶林面积分别为 107921 公顷和 64212 公顷，占区域总面积的 16.27% 和 65.52%。按照计算结果，在市域范围通过林业建设达到区域碳氧平衡具有较强的可行性；但在市区范围，由于受市区燃料消耗量大的影响，仅仅依靠市区土地资源和环境背景，受城市建设用地的限制，不可能达到森林覆盖率 65%。所以，一方面说明了建设森林只是改善区域碳氧平衡的途径之一，同时也充分说明了城市是一个开放的系统，与外界环境存在较强的依存关系，城市森林生态系统的建设空间也是超出本区域的开放空间。

2. 生态阈值法

目前，国内外用于尝试计算区域林业发展面积常用的方法有碳氧平衡法、氧气需求法、热补偿法等不同方法。本规划在考虑区域土地利用现状的基础上，根据区域生态系统平衡的阈值原理，利用土地承载力和碳氧平衡两组生态要素作为绿地规划的共轭限制因子，从保障区域粮食消费中的土地承载力和林业用地的一对矛盾关系上，计算维持区域生态平衡所要求的农业用地与森林面积，以期能够为林业建设找出发展潜力与方向。其中，土地承载力是指在不破坏生态环境的条件下，合理投入物质、能量和劳务后单位耕地面积的产出水平所能供养的人口数。

具体研究思路如下：

（1）计算扬州市域碳氧平衡制氧林面积理论值：

$$M=dK/abc$$

其中，K——各项人类活动的年总耗氧量（吨／年）；

d——365 天；

a——年无霜期天数（222 天）；

b——年日照小时数（2176.7 小时）；

c——阔叶林制氧参数（0.07 吨／公顷）。

（2）从粮食安全角度，计算扬州理论上所需最小耕地面积：

$$R=G×I/15f$$

其中，R——最小耕地面积，单位为公顷；

G——规划区当年总人口（人）；

I——区域粮食自给率；

f——土地承载力系数（人／亩）。

（3）计算实有耕地面积、林地面积、城市绿地面积根据等效阔叶林换算系数折合计算制氧林总面积：

$$N=R_1·J_1+R_2·J_2＋R_3·J_3+\cdots$$

其中：R_1——市域实有农田面积（公顷）；

R_2——园地与林地面积（公顷）；

R_3——园林绿地面积（公顷）；

J_1——农田等效阔叶林换算系数 0.2；

J_2——林地、园地等效阔叶林换算系数 1.0；

J_3——园林绿地等效系数 1.0。

（4）计算绿地空间的大气平衡贡献率：

$$Q=N/m×100\%$$

从陆生植物提供大气氧平衡贡献率看，理论上应该保持到 60% 以上。

（5）计算在保证粮食安全的前提下潜在的非农用地，探索林业发展潜力。

（6）计算维持区域 CO_2-O_2 平衡超出或需要补偿的森林面积。

结合扬州市域实有耕地面积、林地面积、城市绿地面积等利用现状，按照国家保证区域粮食安全的政策，若在规划期内保证粮食供给自给和供求平衡，则 I 取值 1.0。扬州市粮食平均亩产量为 558 公斤，土地承载力为 0.78~1.03（人／亩），取平均值 f=0.905。计算结果见表 2-2。

表 2-2　满足粮食供求平衡所需最小耕地面积及制氧林面积计算

	总量	扬州市区
所需阔叶林理论值（公顷）	179868	107020
所需阔叶林理论值 *0.6	107921	64212
实有制氧林面积（公顷）	99956	17027
市域实有耕地面积（公顷）	312866	38550
市域理论耕地面积（公顷）	333127	81591
大气氧平衡系数 %	55.57	15.91
维持粮食安全后潜在非农用地（公顷）	−20261	−43041
维持 CO_2-O_2 平衡需要补偿森林面积（公顷）	7965	47185

从计算结果来看，扬州市整个区域的大气氧平衡系数接近 60%，区域碳氧关系基本平衡，在保持现有区域土地承载能力的前提条件下，若维持扬州市域碳氧平衡，可通过区域农林复合经营或在不占用农业用地的情况下增加森林面积 7965 公顷，提高折合的制氧林面积总量，基本维持行政区范围内碳氧平衡。城市化水平较高的扬州市区远不能满足最低大气氧平衡系数，市区成为碳氧失衡最为严重的地区，大气氧平衡系数仅为 15.91%，改善区域生态环境，已经到了刻不容缓的地步。

3. 氧气需求法

在城市化程度较高的地区，建设用地占了城市的绝大部分面积，城市森林建设空间已受到很大限制，运用碳氧平衡法和生态阈值法所计算的森林面积总量指标不适合城市建城区的土地利用实际。随着城市发展中对城市环境改善的日益重视，许多任务矿企业相继迁往城郊，建城区内城市耗氧主要以满足城市居民生活需求。所以，以城市居民为核心，可以确定建城区满足城市居民生活需求的最基本的城市森林建设目标。

从满足城市居民氧气需求计算，采用常用的健康阔叶林单位面积制氧参数为 0.07 吨／公顷，即 1 公顷阔叶林在生长季每日照小时释放 70 公斤 O_2。按照陆生植物对大气氧平衡度的贡献系数（约为 0.6），在扬州建城区范围，2002 年城市人口 54.82 万人，满足城市居民生理需求的氧气量需要 1088 公顷森林面积所提供。建城区面积 53.5 平方公里，城市森林覆盖率占建城区面积的 20.33%。按照扬州城市总体规划，到 2010 年，建城区城市人口达到 75 万人，建城区面积 90 平方公里条件下，满足建城区城市居民氧气需求所需阔叶林为 1489 公顷，城市森林面积占建城区面积 16.53%。

4. 城市热中心补偿法

城市森林能够发挥多种生态功能，其中城市森林缓解热岛效应的作用已为人们所认识。城市热辐射场可以综合表现城市的建筑、人口、能耗、污染等负荷和水体、绿地等生态结构。利用热红外遥感研究城市热岛的分布及其不同时相和不同区域的热辐射差异，通过森林对热辐射补偿效应估算补偿城市热岛所需绿地面积，目前在国内的城市规划中已得到日益关注。

从 2002 年热场影像图中提取扬州城市城镇热中心面积 159.25 平方公里，在现有的城市热状况条件下，根据 8 月份热场值、热场均值和热场差值的区域差异，在城市内外建立相应的生态补偿林地，平衡城市内外的热辐射差值。计算结果见表 2-3。

表 2-3 扬州市区热补偿需要森林面积计算表

指标	（8+2）月热场均值	指标	（8+2）月热场均值
郊区热背景均值	123.1	森林与郊区热场差值	4.10
市区热背景均值	128.5	单位热中心补偿所需森林面积	1.317
森林热背景值	119	市区森林覆盖率 %	21.40

根据现有的城市热中心面积预测，在扬州市区 980 平方公里范围，城市森林面积占总面积的 21.40% 时，才能补偿目前城市热中心的热场负荷。

（二）扬州不同尺度上森林覆盖率最小需求

以 2002 年为基准年，根据不同区域范围内森林建设能够满足的环境需求程度，总结上述不同的计算结果，见表 2-4。

表 2-4 不同区域尺度上森林最小覆盖率确定

计算方法	指标	市域	市区	建城区（2010）
	区域面积（平方公里）	6634	980	90
碳氧平衡法	森林面积（平方公里）	1079	642	
	森林覆盖率（%）	16.30	65.5	
氧气需求法	森林面积（平方公里）			1489
	森林覆盖率（%）			16.53
热中心补偿法	森林面积（平方公里）		210	
	森林覆盖率（%）		21.40	

根据城市森林发展与区域城市发展的关系，在扬州市域范围内，森林的发展既要满足区域环境需求，又不能危及粮食安全，同时受到农业用地和维持区域碳氧平衡两方面共轭限制因子的制约。根据前面所述,扬州市域范围在农业用地和林业用地两限制因子的制约下，基本能够维持区域碳氧平衡。选择碳氧平衡法，在考虑氧气平衡指数为 60% 的情况下，市域森林面积至少达到区域总面积的 16.27% 才能满足区域碳氧平衡。显然，2004 年扬州地区森林覆盖率 14.5% 还不能满足环境需求。而且，随着工业燃料消耗量和扬州市人口总量的

不断递增，维持区域碳氧平衡还需不断增加森林面积。

　　建城区是城市环境问题最严重的区域。根据前面的计算可知，在建城区内部通过城市森林建设既不能实现碳氧平衡，也不能补偿严重城市热岛现象。只能从改善城市环境的较低要求上规划满足建城区城市森林发展的目标。采用氧气需求法计算建城区满足城市居民氧气供应所需最低城市森林面积，确定 2010 年城市森林覆盖率不低于 16.53%。

　　扬州市区是扬州地区的发展中心，经济高度发达、人口密集、工业能源使用量大，耗氧多。因城市以建设用地为主，制氧林面积相对较少，很难满足碳氧平衡。但市区范围内城市森林建设不仅仅是满足市区对氧气的需求，更重要的是通过市区城市森林建设特别是建城区外围的城市森林建设来有效地补偿日趋严重的热岛效应所造成的负面影响。以 2002 年的扬州热背景为基础采用热中心补偿法，计算补偿扬州市区热中心所需的最小城市森林覆盖率为 21.40%。

（三）现有规划中相关林业发展目标总结

　　参考我国林业发展和城市绿化的阶段性发展目标，现将扬州城市发展规划中所涉及的林业发展目标和城市绿化指针进行总结，结果见表 2-5。

表 2-5　扬州市阶段性绿化目标

	绿化指标	扬州城市总体规划（2002~2020）	扬州生态市规划（2002~2020）	江苏省小康目标	建设部（2001）
2002	绿地率（%）	34.3			
	绿化覆盖率（%）	37.9			
	森林覆盖率（%）	13.8			
	人均公共绿地面积（平方米）	9.21			
2005	绿地率（%）	35	37.0		
	绿化覆盖率（%）	38			
	森林覆盖率（%）		15.0		
	人均公共绿地面积（平方米）	9.5	12.0		
2010	绿地率（%）	37	42.0	35	35
	绿化覆盖率 %	40		40	40
	森林覆盖率 %		20.0		
	人均公共绿地面积（平方米）	11	15.0	7.55	10
2020	绿地率（%）	40	45.0		
	绿化覆盖率（%）	45			
	森林覆盖率（%）		25.0		
	人均公共绿地面积（平方米）	13	20.0		

从表中看出，扬州市在目前的城市绿化水平下，已经达到了国家园林城市的标准，对于实现 2010 年扬州城市总体规划中的阶段性目标也有较强的可行性，总体上来看城市绿化水平较高。

扬州市正在创建"国家级生态示范市"。扬州生态市规划中已经对森林建设发展提出了明确的阶段性目标，2010 年城市绿地率为 42%，森林覆盖率达到 20%。显然与达到扬州城市中长期总体规划（2002~2020）及江苏省小康社会的目标相比要求更高。

（四）区域林业发展目标的确定

改善区域生态环境所需森林面积的确定，除了需要在林业和城市绿化现状条件下，从理论方法上探讨林业发展目标，将理论值用于实际规划中；还必须充分参考同一时期已经完成的土地利用规划、生态城市建设规划等与现代林业发展密切相关的规划发展目标。特别是城市森林发展目标的确定一定要服从同期的城市总体规划，否则规划的目标将成为空中楼阁。

以扬州不同区域范围内森林资源现状为基础，参考文中对不同尺度范围通过林业发展短期内能够满足的环境需求，结合扬州相关的规划目标和我国现代林业发展的阶段性目标，将林业发展目标加以整合，在扬州地区建立以森林覆盖率和森林面积为主要规划控制的林业发展目标（表 2-6）。

表 2-6 2010 年扬州市林业发展总体目标的确定

区域	规划面积 （平方公里）	现状		规划目标	
		森林（绿地） 面积（公顷）	森林（绿化） 覆盖率 %	森林面积（公顷）	森林（绿化） 覆盖率 %
市域	6634	46667	14.5	78167	20
市区	980	6312.2	15.7	24500	25
建城区	90	2115.4	33.3	3845.5	42.7

注：森林面积不包括四旁树折算面积；全市现有四旁树 8200 万株，按国家林业局制定的四旁树 1650 株折算 1 公顷的标准，全市四旁树折算面积为 49697 公顷。

通过对森林现状分析和发展目标的整合，2010 年，扬州全市森林面积达到 78167 公顷，森林覆盖率达到 20%；市区森林面积达到 24500 公顷，绿化覆盖率达到 25%；建城区的森林面积达到 3845.5 公顷，绿化覆盖率达到 42.7%。基本上能够与现有规划中的绿化要求一致，满足生态市阶段性环境目标。

二、总体目标

在中国森林生态网络体系工程建设理论和绿色江苏现代林业发展规划指导下，以建设国家级生态市为目标，进行扬州森林生态网络体系建设，将生态环境、建筑空间与文化环境有机结合，坚持以生态优先、生态效益与经济效益兼顾为主线，突出"水乡生态"与"历史文化名城"两大特点，点、线、面结合，实行"城乡一体，相互联动，整体推进，协调发展"，建成总量适宜、生态优良、景观优美、与扬州古城文化协调、区域特色明显的森林生态网络系统。

2010 年，扬州市域森林面积新增 31500 公顷，达到 78167 公顷，其中生态公益林达到 31100 公顷，商品林 47067 公顷（用材林达到 23667 公顷，经济林达到 15133 公顷，其他 8267 公顷）；农田林网化面积达到 233334 公顷；苗木培育面积达到 13334 公顷；总活立木蓄积量达到 500 万立方米；林业产值达到 26 亿元，其中花木产值达到 10 亿元；森林公园总数达到 10 个，自然保护区总数达到 6 个；森林覆盖率达到 20%。

扬州市区森林面积达到 24500 公顷，绿化覆盖率达到 25%。建城区绿地总面积达到 3845.5 公顷，绿化覆盖率达到 42.7%；下辖四县（市）建城区森林面积达到 1800 公顷，森林覆盖率达到 20%，绿化覆盖率达到 40%。

第八章 扬州市现代林业规划空间布局

一、布局依据

（一）综合自然地貌确定扬州林业主要目标类型

扬州地势西高东低，以贯穿扬州南北的京杭大运河为界，区域主要地貌类型分为西南部的低丘缓岗区、中部和东部的里下河洼地区和南部沿江的长江冲积平原区。平原面积占区域总面积的84%。西北和东北部还分布着成片的水库湖泊和滩涂群，运河以西自北向南主要有宝应湖、高邮湖、邵伯湖3大湖泊。京杭大运河、古运河与境内各个大小水库、河流共同形成面积庞大的水网系统。结合自然地貌特点发展适宜的目标林型是林业布局的基本依据。

（二）针对生态环境问题布局重点防护林

通过现代林业建设解决区域生态环境问题，保障区域生态安全是林业发展的重要目标之一。扬州地区主要的生态环境问题包括水环境污染、土地退化、水土流失、城市及郊区环境质量问题、城市热岛现象等。针对目前存在和随着区域发展趋势潜在发生的环境问题，因害设防，在河湖渠等水网沿岸加强水岸林建设，有利于防洪固堤、净化水质、改善土壤；在低丘岗地、工矿区等土地退化区营造生态公益林，有利于涵养水源，保持水土，防止水土流失；在城市内部和城郊结合部结合季风特征、路网分布特征和水网优势，加强森林公园、湿地公园、自然保护区和城郊隔离带建设，提高城市森林建设水平，缓解热岛效应，保证城外清洁空气向城内输送通畅，改善城区环境。

（三）综合生态敏感区确定生态保护林布局

生态敏感区是对区域总体生态环境起决定性作用的大型生态要素和生态实体，是环境功能分区之一。生态敏感区的划定是林业生态建设规划布局的重要依据之一。

根据扬州现有的调查资料统计，结合扬州市总体规划及自然保护区建设思想，扬州地区生态敏感区主要有：城乡结合部、工矿周边区、自然保护区、风景名胜区、水源保护区、湿地保护区。

（四）根据区域发展态势改善相应的环境空间

根据扬州中长期总体规划，扬州未来东西方向将形成一个沿宁通交通走廊、沿江岸线展开的沿江组团城市格局。以扬州市区为核心，东西连接江都和仪征市区，形成"一体两翼"沿江城市发展带；南北方向以京沪高速公路和京杭大运河为纽带，将宝应县、高邮市及有关乡镇相连，形成沿运城镇聚合区。加强城镇及其周边的林业建设，满足生态环境需求和产业发展的需要，改善城市及其周边的环境，建立以防护、分割城市为主的永久生态隔离带。

（五）依据森林资源分布优化森林生态网络

以实现森林资源空间布局均衡，建立完善的森林生态网络为发展目标，综合考虑社会、经济、历史、文化、心理、美学等多种因素，满足区域生态安全、林业产业发展、休闲旅游、风水文化、运河文化、森林美学、园林文化等森林建设需求，确定森林的类型、规模、空间布局、植物配置。

从扬州森林资源总体分布来看，一方面，森林资源总量不足，森林覆盖率仅为14.5%，低于全国森林覆盖率18.21%的水平。另一方面，森林资源分布不均，破碎化程度高，林地面积变异大。全市森林资源主要分布在低丘岗地和里下河平原两大区域，其他地区森林相对较少，森林生态功能薄弱。根据景观生态学原理，按照"点、线、面"相结合的布局原则，规划建立起完善的森林生态网络体系，既能充分发挥生态功能，又可以满足当地居民休闲娱乐需求，体现园林文化和森林美学的内涵。

二、市域林业发展规划布局

根据上述对扬州市域范围与林业发展主要相关要素的综合分析，提出了扬州市林业发展总体布局框架，即"二带、两片、三网"。

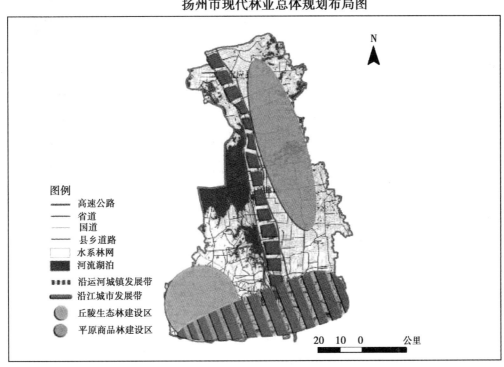

扬州市现代林业总体规划布局图

（一）两　带

根据绿色江苏现代林业发展规划，扬州市地处江苏省两大城市群之一的沿江宁镇扬泰城市群中，是江苏经济发达、城市化水平高、人口密集的地区，也是落实江苏省加快沿江开发的战略部署、实现两个"率先"目标的先导地区。因此，扬州市现代林业建设要围绕上述总体目标并结合扬州城市发展趋势，重点加强东西走向的"沿江城市发展带"和南北走向的"沿运城镇发展带"的城市林业建设。林业建设目标是既要改善城市及周边生态环境，又要突出区域林业发展特色。重点是建设与悠久的园林文化和城市特色相结合的城市森林，以自然林为主的生态风景林；加强森林公园、自然保护区、沿江生态保护区、丘陵生态保护区和生态旅游区的保护和建设，促进区域旅游业的发展；并在城市间建立以防护、分割城市为主的永久生态隔离带。

沿江城市发展带绿化建设：扬州市沿江地区经济发达，以扬州市区为核心，东西连接江都和仪征市区，形成"一体两翼"主城区沿江城市发展带。沿江城市发展带中，有扬州市政治、经济和文化中心，全国重要的旅游城市和历史文化名城扬州市区，以水乡园林特色的重要水陆交通枢纽城市江都市、以优越的滨江区位优势和港口条件而成为该区域的重要工业城市仪征市，应成为扬州城市森林建设的重点。利用长江丰富的自然资源和优美的自然风光，合理建设沿江湿地森林公园；积极引种抗污染乔木、灌木树种，大力发展成片林，营建城市功能区之间的隔离林带，充分发挥森林的减灾、治污、调节气候、净化空气、美化环境的生态功能。

沿运河城镇发展带绿化建设：南北方向以京沪高速公路和京杭大运河为纽带连接宝应县、高邮市和江都市有关乡镇，形成沿运河城镇发展带，并与沿江城市发展带在江都交汇。沿运城镇发展带林业建设中，除了加强城镇森林建设外，还必须加快特色明显的工业原料林和经济林果建设，同时大力发展经济林果及木材加工业。依托高邮湖、邵伯湖、宝应湖丰富的湿地资源，积极发展沿湖生态防护林和湿地自然保护区及具有水乡特色的森林公园。

（二）两　片

在扬州行政区内，根据城市地貌特点和区域内森林分布特点，以京杭大运河和通扬运河为界，分为西南部的低丘岗地生态林和里下河地区的商品林建设。

低丘岗地生态公益林：根据不同地域生境特点，低丘岗地片林主要分布在仪征市、邗江区、维扬区和高邮市。在低丘岗地加强以常绿落叶阔叶林为主的山地生态风景林建设，构建以保持水土、涵养水源为主，包括生物多样性保护、休闲旅游等多种功能的重点生态公益林建设区，加快森林植被恢复，同时发展一些具有地方特色的经济茶果林和苗木培育基地。

里下河地区商品林：里下河地区的宝应、高邮和江都水资源丰富，灌溉条件便利，是扬州主要的商品粮和水产品生产基地。该区应围绕湿地生态系统的恢复与保护，结合农村产业结构调整，把滩地开发与林、农、渔、牧、副相结合，根据因地制宜和生态效益与经济效益兼顾的原则，以该区域重点林业乡镇为核心，建设以杨树为主体的生态公益林和速生丰产林，从而形成杨树资源集聚效应，促进木材加工业的发展。同时发展一些具有地方特色的经济林果。

（三）三　网

即水系林网、道路林网和农田林网。

水系林网：以大江、大河、大湖沿线等生态环境脆弱区为主体，结合湿地保护，沿水体建设防护林带，形成网、带、片、点相结合的多功能、多层次、多效益的综合水网防护林体系。主要起到涵养水源、净化水质，保持水土，固堤护岸，促进疏导，抵御台风等作用。

道路林网：在尚未绿化或绿化未达标的县级以上公路两侧营建防护林带，形成道路林网系统。起到保护道路、减轻污染、净化汽车尾气、防尘滞尘和减低噪声、美化景观、兼具廊道作用。

农田林网：在沿江和里下河平原农区，利用沟、渠、圩、路，新建和完善农田防护林体系，使扬州的Ⅰ级农田林网（200亩一个网格）率达到80%。建设完备的农田防护体系，既为扬州农业优质高产稳产提供重要的生态屏障，又是增加农民收益的重要途径。

三、市区城市森林规划布局

在对扬州市域范围的林业发展进行总体规划和分析扬州市区森林资源分布、结构、功能等特点的基础上，提出了市区范围城市森林总体布局框架，即"一环、四楔、两廊、多核"。

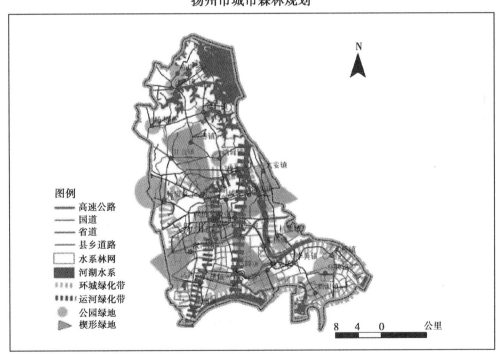

扬州市城市森林规划

（一）一　环

是指由润扬大桥北接线、西北绕城公路、大运河（廖家沟）和长江围合成的扬州城区的外环。重点构建由城东廖家沟滨河生态防护林，城西润扬大桥北接线及西北绕城公路风景林带和南部长江沿岸及滨江大道绿化带，共同构成以自然林为主的大面积环型生态林带，以防护、分割、优化作用为目标,有效补充城内绿地不足,并在沿江城市间建立起生态隔离带,防止城市无限扩展。

（二）四　楔

依托长江、京杭大运河、古运河和夹江、仪扬河等市区主要的水体,分别从市区西南、东南、东北、北部4个方向规划渗入城市内部的楔形绿地,直接补充市区绿量不足,将城市外围清新的空气引入城区内部,有效改善城市生态环境。具体布局分别为西南部润扬大桥滨江森林公园、东南部的夹江自然保护区、东北部的茱萸湾-太安凤凰岛风景区和北部的瘦西湖-蜀岗风景区。

（三）两　廊

借助古运河和京杭大运河贯穿城区并直达长江的水环境优势,依水建林,构建林水结合的绿色廊道,成为连接城市内外森林斑块的重要纽带。古运河是扬州城市的"主脉",将文化、政治、经济（经商）、旅游融为一体,是孕育扬州历史文化名城的母亲河,具有较高的人文景观价值。古运河生态环境林和绿色文化观光林建设,是强化历史名城的整体形象和环境价值的一条重要的观赏走廊。京杭大运河是南北贯穿扬州市域和市区,连通扬州市域湖泊群与长江航线的重要水上交通要道,在扬州城市发展中具有重要的地位。以城区丰富的水网为脉络,古运河和京杭大运河为主脉、城河水系为辅脉,依托水网建设城市森林网络,实现扬州市区林网化、水网化的城市森林网络系统,连接片状和带状城市森林,并将沿线及城市区域内历史文化景观串联起来,形成富有扬州自然景观和文化特色的城市森林生态体系。

（四）多　核

在上述城市森林骨架基础上,通过古运河和主要河流等形成的水网,串联沿河分布的个园、何园、普哈丁墓等历史文化名园,并扩建荷花池公园、茱萸湾公园、竹西公园等主要公园。根据扬州城市总体规划,因地制宜地新建一些区级公园和森林生态园;补充建城区内部城市森林的不足,调整城市绿地分布的均匀性。

第九章　扬州现代林业发展工程规划

按照上述提出的市域林业发展规划和市区城市森林发展规划的布局框架,紧紧围绕现代林业发展的总体目标,将现有各项林业工程整合为8大重点工程。具体包括城市森林建设、低丘岗地植被恢复、湿地保护和绿色通道等4项生态建设工程;林业产业化建设、特色经果林建设、花木基地建设和森林旅游开发等4项产业建设工程。现对各项工程的规划内容进行简单叙述。

一、城市森林建设工程

城市森林工程是落实本规划的重点工程之一,以扬州建城区为核心,以市区四个区为重点,把城市地域内的建城区、近郊区、远郊区等地区的森林生态环境建设作为一个整体,进行区域系统布局设计,规划城市森林,补充城市绿量不足,改善城市环境质量,满足生态城市发展的环境要求。并将扬州市区城市森林规划与下辖四个市(县)建城区的森林建设规划同步进行,将城市森林建设与名城保护、旅游开发密切结合,保护传统名胜区、历史名园、文物古迹及其周边森林,将扬州城市历史文化内涵和园林造园手法应用到城市森林建设,形成具有扬州特色的城市森林生态网络系统,突出江南水乡自然景观特色和扬州历史文化内涵。

(一)建设范围

广陵区、维扬区、邗江区、开发区。

(二)建设内容

根据城市森林规划布局和沿江城市发展带城市森林建设要求,以扬州市区为例,建设城市森林重点实施以下工程,增加城市森林建设总面积1885.5公顷,这对4个下辖县市的城市森林工程建设具有重要的借鉴作用。现分述如下:

1. 廖家沟风景林建设工程

建设范围:廖家沟。

建设内容:在廖家沟两侧建设以意杨、马褂木、黄山栾树、喜树、无患子等树种为主的风景林290公顷,其中草坪40公顷。工程建设长度14.5公里、每侧林带宽度100米。

2. 润扬大桥北接线及北绕城公路风景林建设工程

建设范围:润扬大桥北端至京沪高速连接点,全长30.48公里。

建设内容:工程建设总面积345公顷。工程分二段实施:南线工程从沿江立交桥至南绕城立交桥，长 9.89 公里；公路两侧各建宽 50 米的景观林带，面积 99 公顷；同时在沿江立交桥、南绕城立交桥两侧建长 1000 米、宽 100 米的森林景观区，并配建人造景点，面积 40 公顷。北线工程从南绕城立交桥至京沪高速公路连接点，长 20.59 公里；公路两侧各建宽 50 米的景观林带，面积 206 公顷。树种主要有垂柳、银杏、琼花、大叶女贞、杨树、水杉、落羽杉、栾树、马褂木、松柏和各种花灌木。

3. 沿江大堤扬州段风光带建设工程

建设范围：长江江堤扬州段。

建设内容：长江江堤扬州段全长 22.4 公里。利用湿地建设宽 50~80 米的团状森林 176 公顷，树种主要有马褂木、香樟、银杏、垂柳、广玉兰、红叶小檗、小叶女贞等。

4. 京杭运河扬州段风景林建设工程

建设范围：京杭运河扬州段。

建设内容：建设长度 20 公里。在京杭大运河两侧建设各宽 50~100 米不等的风景林带 82.3 公顷。树种主要有意杨、重阳木、白蜡、金丝垂柳、池杉、落羽杉、桂花等。

5. 古运河风光带建设工程

建设范围：古运河。

建设内容：古运河北段黄金坝至通扬桥，全长 6.5 公里，在完善提高西侧的同时，抓好东侧的规划建设。古运河南段，全长 13.5 公里，在两侧营造各宽 50~100 米的风景林带 94.5 公顷。另建与之配套的草坪和人造景点。树种主要有银杏、垂柳、松柏、花木等。

6. 太安凤凰岛风景区建设工程

建设范围：邗江区太安乡境内，北至邵伯湖，西邻京杭运河，东至凤凰河（包括凤凰河），南至万福闸。

建设内容：总面积 480 公顷。整个风景区分六个景区：凤凰岛森林生态植物观赏区，规划面积约 50 公顷；壁虎岛森林民俗村游览区，规划面积约 5 公顷；山河岛生态体育运动休闲区，规划面积约 200 公顷；聚凤岛森林野生动物散养观赏区，规划面积约 47 公顷；垂钓区、农业观光示范区分别为 50 公顷和 30 公顷。栽植各类常绿、落叶乔木和花灌木。

7. 扬州润扬森林公园

建设范围：邗江区瓜州镇，润扬大桥北桥头堡两侧。

建设内容：该森林公园以保护江滩湿地资源和植树造林为主，选用 100 种以上适宜在扬州生长、并能体现扬州文化底蕴的常绿、落叶乔木和花灌木以及草本植物，建设 200 公顷森林公园。工程建设分四个区：文化体育风貌区：主要建设润扬大桥观光塔楼、润扬大桥奠基纪念广场、江滨市民立体广场、沿江千米花堤、瓜洲古镇一条街、淮扬名人七色大道、体育运动区、青少年活动区、野趣休闲区和人工湖等，面积 68 公顷。自然生态区：利用公园内外分布的低洼地和已有的湿地植被及水杉林，增加具有观赏效果的湿地（水生）花卉、生态林和特色经济林果，以引导游客回归自然，享受野趣，面积 90 公顷。商务休闲度假区：主要建设别墅群，用于商务活动和休闲度假，面积 20 公顷。公园服务管理区：主要建设服务、维护和管理森林公园的设施，面积 2 公顷。

8. 夹江自然保护区生态林建设

建设范围：邗江区霍桥镇和沙头镇境内，夹江东西大坝之间。

建设内容：在保持夹江湿地资源前提下，进行恢复性建设生态林 300 公顷。树种主要有枫杨、杂交柳、垂柳、池杉、水杉、杂交落羽杉、白榆、重阳木、意杨等。

除上述工程以外，扬州市区已经完成城市森林生态园和蜀岗风景区规划。其中，位于扬州开发区施桥镇市森林生态园规划面积 202 公顷；扩大蜀岗瘦西湖风景区的楔入面积，规划包含 5 个景区：笔架山森林生态旅游区、保障湖湿地森林生态休闲区、蜀岗西峰特色林果品赏区、唐城遗址古迹游览区及十字街至西华门段与唐城遗址之间的树木观赏区，总面积 195 公顷。

二、低丘岗地植被恢复工程

低丘岗地森林植被恢复工程是"两片"林业建设的重要内容。在低丘岗地建设常绿落叶阔叶混交林，构建以保持水土、涵养水源为主的生态防护林，保持生物多样性保护、增强该区休闲旅游等多种功能的重点生态公益林建设区，加快森林植被恢复，使该区低丘岗地森林生态系统基本得到恢复。同时发展一些具有地方特色的经济果木林和苗木培育基地

（一）建设范围

仪征、高邮、邗江和维扬区的 16 个乡镇。

（二）建设内容

根据丘陵岗坡地不同的立地条件和林木现状以及当地群众的林木种植习惯，确定森林植被恢复规划和布局。建设总面积 6000 公顷，其中依托现有规模较大的制茶场、果品生产基地，充分利用水源较好的荒岗坡地发展茶叶、梨、葡萄、桃等经济林 1000 公顷；充分利用立地条件较好地荒岗坡地发展栾树、意杨、苦楝、乌桕用材林 1000 公顷；围绕荒山荒地、砂石矿复垦地等立地条件较差、生态脆弱交叉地区以及森林公园、风景区发展松、柏、栎、栗、刺槐、女贞、黄檀等适应性较强的生态公益林 4000 公顷。

三、湿地保护工程

湿地保护工程是总体规划"两片"中平原区湿地保护的重要内容。该工程主要在高邮、宝应、邵伯这三大湖泊的环湖地区和里下河浅水滩区，进行环湖堤岸防护林的营造和宝应、高邮、江都、邗江境内的里下河地区实施浅水滩区湿地生态公益林的营造。

（一）湖泊湿地保护工程

建设范围：高邮市、宝应县、江都市和邗江区。

建设内容：总面积 18600 公顷，其中生态防护林 1500 公顷。进行湿地植被生态恢复与重建，恢复和保护高邮、宝应、邵伯这三大湖泊的湿地生态系统，加强湿地保护与管理。

1. 湿植地被恢复与重建

16600 公顷。其中，新造环湖大堤护岸生态公益林 600 公顷，浅滩湿地防浪生态林 700

公顷，鸟类栖息繁衍生态林 200 公顷；水生植被恢复 15100 公顷，其中退渔还湖 8000 公顷，恢复芦苇等挺水、水生植物 7100 公顷。

2. 湿地保护与管理建设

新建高邮、宝应湖浅滩湿地保护区 1000 公顷；划定禁渔区 1000 公顷；拟建管护码头 8 个，购置水生植物收割船 4 艘；新建珍稀鸟类放养中心，面积 1000 平方米；新建湿地野生动植物种苗繁育基地，面积 1500 平方米。

树种配置：垂柳、杂交柳、意杨、枫杨、杞柳、池杉、杂交落羽杉、水杉等。

（二）里下河湿地保护工程

建设范围：宝应县、高邮市、江都市的里下河地区。

建设内容：总面积 18500 公顷，其中生态防护林 2000 公顷。①营造湿地生态防护林 2000 公顷。②退耕还湿、恢复挺水植物 16500 公顷。③设立监测站（点）10 个。充分挖掘本区未利用的滩地、河堤、圩堤、沟渠、路旁、庭院等土地资源进行造林绿化，同时因地制宜地实行林渔、林农、林牧、林经等综合生态工程。栽植水杉、池杉、落羽杉、意杨、杂交柳、榆、榉、楝、槐、紫穗槐、杞柳等。

四、绿色信道建设工程

绿色信道建设工程是实现区域范围城市森林生态网络体系建设的重要内容，是落实"三网"规划的具体工程。扬州现有 1564 公里的公路、2201 公里的大中型圩堤和 1259 公里的大中型河道尚未绿化或绿化未达标，区域内县级（不含京沪、宁通高速）以上的公路、大中型圩堤（不含江堤湖堤）实施道路林网建设，在沿江、沿运、环湖和大中型河道两侧实施河道防护林建设，实施农田林网配套建设，共同构建总规划面积为 7000 公顷的扬州城市森林生态网络的骨架。

（一）道路林网建设

建设范围：扬州行政区范围内所有高速公路、铁路、国道、省道、市县乡级道路两侧，涉及宝应、高邮、江都、仪征 4 市（县），共 98 个镇（乡）。

建设内容：建设以增加森林植被、减少空气污染、降低噪音危害，集景观、生态和社会效益为一体的道路林网工程。根据不同等级道路的防护需求，设计建设相应宽度的林带，工程总面积 1500 公顷。树种主要为意杨、水杉、池杉、落羽杉、泡桐、杂交柳、重阳木、枫杨、垂柳、银杏、刺槐等。

（二）水系林网建设

扬州地区一个很大的特点是水网密布，林水结合，依水建林、以林涵水，既能够节省土地，也有利于提高生态效益，是落实"三网"规划当中水系林网建设的主体工程。扬州全市江、河、湖泊总长度 7345 公里，沿水体两岸建设沿河防护林工程，能够减少水土流失，减轻水体污染，保护河岸地带，形成网、带、片、点相结合的多功能、多层次多效益的综合防护林体系。

建设范围：沿江和沿运地区。

建设内容：以江都水利枢纽工程为中心，分别在长江扬州段、京杭大运河扬州段以及高邮湖、邵伯湖、宝应湖堤岸和其他河流两岸营造以意杨、水杉、落羽杉、枫杨等为主的水源涵养林，其中临城镇地段营造以垂柳、香樟、紫薇、大叶女贞等为主的风景林。长江防护林带宽120米，京杭大运河以及高邮湖、邵伯湖、宝应湖防护林带宽80米，仪扬河等主要河流两侧营造各宽30米的生态防护林带。工程建设总面积3000公顷。

（三）农田林网建设

建设范围：宝应、高邮、江都、邗江县（市、区）境内。

建设内容：在大中型圩堤规划建设宽30m左右的防护林带，工程总面积2500公顷。树种主要为意杨、水杉、池杉、落羽杉、泡桐、杂交柳等。

五、林板一体化工程

杨树速生丰产林等商品林基地建设是扬州城市森林发展"两片"中平原重点商品林生产区的主体，也是"三网"建设的重要内容。

（一）工业原料林基地建设

建设范围：宝应、江都、高邮里下河地区和仪征、邗江丘陵地区。

建设内容：主要结合农业结构调整和湿地保护，利用低洼地和低丘岗地建设工业原料林10000公顷，其中高密度工业原料林3000公顷。

树种主要为意杨、水（池）杉、落羽杉、杂交柳、苏桐3号、枫杨等。

（二）木材加工产业基地建设

建设范围：市开发区、江都、高邮、宝应和邗江。

建设内容：①拟在开发区规划2平方公里的木材加工园区，建立木材开发研发中心、加工制造中心、物流中心。②整合木材加工企业，提高质量。培育年产值亿元以上木材深度加工企业5家，其中5亿元以上1家；新建132台套人造板、中密度板生产线。③发挥扬州港木材集散优势，发展加工出口。

六、特色经济林果建设工程

积极发展茶、果、桑等经济林，建立高质量的名特优新经济林产品生产和出口基地。在总体布局"两带"和"两片"中都涉及这部分内容。

（一）茶叶基地建设

建设范围：仪征、邗江、郊区和高邮的丘陵地区。

建设内容：拓植以福鼎大白茶、龙井系列品种为主的茶园1000公顷，其中名优绿茶基地953公顷，无性系茶树良种示范园40公顷，茶叶无性系繁育圃7公顷。同时培育茶叶龙头加工企业5家。

（二）干（水）果基地建设

建设范围：扬州市各县（市、区）。

建设内容：建设以日本"三水"梨、藤稔葡萄、扬桃、水蜜桃、板栗、大佛子银杏等为主的干（水）果基地2000公顷，其中里下河地区建设以优质梨为主的水果基地600公顷、以银杏为主的干果基地 200 公顷；在仪征、高邮、邗江及郊区等丘陵山区发展水果 400 公顷、干果 800 公顷。

（三）桑园基地建设

建设范围：各县（市、区）。

建设内容：①建立"育 711"高产桑园 2000 公顷；②建设单处共育量 50 张以上的电气化共育室 100 个，改扩建小蚕共育室 2730 座，方格簇推广应用每季 10 万张。③加强蚕桑加工、市场流通体系和技术服务体系建设，进一步完善市、县、乡三级服务体系建设。

七、花木基地建设工程

花木盆景等花卉产业是扬州地区城乡特色产业之一，是扬州市林业产业发展的重要内容。实施花木基地建设工程能够为扬州林业建设和城市森林建设提供充足的苗木资源，有利于促进农村产业结构调整。

（一）建设范围

江都、仪征、邗江、维扬沿江地区。

（二）建设内容

建立花木生产基地 3334 公顷，其中盆花盆景、常绿地景、鲜花观叶和林苗培育基地四个，面积 2694 公顷；市级林苗花木良种繁育中心 1 个，面积 30 公顷；现代花木产业园区一个，面积 600 公顷；广陵芍药园一个，面积 10 公顷。同时改扩建江都二个花木市场，新增交易场所面积 4 万平方米。

八、森林旅游开发工程

扬州是"古代文化和现代文明交相辉映"的历史文化名城和著名的休闲旅游城市。境内水网密布、江河湖相连，沼泽湿地生态环境良好，优美的自然景观和丰富的人文景观成为扬州旅游资源的主要特色。合理开发和充分利用丰富的自然景观、人文景观、历史遗址和动植物资源，积极发展森林旅游业，是扬州森林文化建设的重要内容。

（一）建设内容

结合城市森林建设，在扬州构建"**一城、三带、五区**"的城市森林旅游布局。以扬州城区为中心，形成以运河、长江和仪征丘陵三条旅游主线为纽带，将扬州城区历史文化旅游、仪征低丘岗地旅游、古运河风情、滨江现代观光和环高邮湖、邵伯湖、宝应湖"三湖"湿地观光五大风景区相连，形成"蜀岗—白洋山—登月湖""润扬大桥—瓜洲古渡—古运河—茱萸湾——凤凰岛—聚凤岛—邵伯湖—高邮湖—宝应湖—京杭大运河—邵伯古镇—江都水利枢纽""沿江长江风光和山水文化"3 条森林旅游观光带，交汇于古代文化与风景名胜最集中的扬州城区。形成扬州地区自然水上风光宜人，并与众多的历史人文景观相得益彰的特有的旅游景观带。

（二）建设重点

是增加森林公园的数量，强化景点风景林和连接景点之间的生态防护林建设，丰富城市森林文化内涵，形成景观丰富、布局合理、功能齐全、效益良好的森林旅游网络。

上述八大工程实施完成后，将在扬州城区增加绿地面积 1885.5 公顷。市域范围新增农村成片林 31500 公顷，使全市的成片林达到 78167 公顷；其中生态公益林达到 31100 公顷，用材林达到 23667 公顷，经济林达到 15133 公顷，农田林网发展到 233334 公顷，活立木蓄积达到 500 万立方米，林业产值达到 26 亿元；常绿花木林苗培育达到 13334 公顷，花木产值达到 10 亿元。

第三篇 扬州现代林业发展关键技术

改革开放以来，扬州林业发展很快。自 20 世纪 80 年代初到现在，成片林由 1.8 万公顷增加到 4.7 万公顷，森林覆盖率由 6.5% 增加到 14.5%。扬州林业的快速发展，除了各级党委、政府对林业的高度重视外，也与扬州市全体林业技术人员在长期的林业工作中，坚持结合林业生产，研究总结引进推广林业新技术的努力分不开。20 多年来，扬州市各级林业技术推广部门，先后与南京林业大学、安徽农业大学、中国林科院和江苏省林科院合作，进行了"里下河林农复合经营""意杨培育试验""沿江'兴林抑螺'"和"长江中下游低丘滩地综合开发与治理"等项目研究，取得了一批科研获奖成果，总结形成了农田林网建设、林农复合经营、滩地林培育和杨树定向培育等 10 项成熟的林业经营培育技术，为扬州市实施现代林业建设目标提供了坚实的技术保障。

第十章 城市森林培育技术

一、树种选择

从城市可持续发展战略出发，城市绿化植物的选择应以我市自然生长的植物为基础，积极挖掘和利用本市的乡土植物，大力引进可以适应本地生态环境的外来植物。既要体现历史文化名城的风貌，又要满足现代化城市生态和旅游事业发展的要求。

从城市各类园林绿地的功能出发，选择适宜的植物材料合理配置，体现各类绿地的特点，植物配置要符合生物学和生态经济学原理，兼顾观赏、生产、环保、保健等功能。在城市绿化中，突出市树、市花，巩固和发展传统特色花木、盆景，体现扬州园林绿化的特点。

1. 扬州城市绿化基调树种

城市绿化基调树种，是充分表现当地植被特色、反映城市风格、作为城市景观重要标志的应用树种。我市主要选用黄连木、无患子、水杉、广玉兰、垂柳、银杏、杨树、竹类、桧柏、改造后的悬铃木等作为基调树种。

2. 扬州城市绿化骨干树种

城市绿化骨干树种，是在各类绿地中出现频率较高、使用数量大、有发展潜力的树种。

我市主要选用:龙柏、湿地松、女贞、石楠、罗汉松、青桐、杜英、栾树、桂花、垂丝海棠、榉树、枫杨、水杉等为绿化骨干树种。

扬州市乡土特色骨干树种为桑树、槐树、榆树、香椿、枫杨。

园林特色骨干树种为银杏、垂柳、水杉、琼花、桂花、紫薇、梅、碧桃、竹。扬派盆景特色骨干树种为罗汉松、圆柏、榔榆、瓜子黄杨、鹊梅、银杏、六月雪。水生植物特色品种为荷花、睡莲、野菱、石菖蒲、茭白、水葱。

3. 扬州市绿地乔木种植比例控制指标

为了有效遏制城市热岛效应的扩散蔓延,既要在建成区内加大绿地面积,也要在绿地中配置适当的树种、加大乔木种植比例以增加绿量,改善下垫面的吸热与反射热性状,根据有关的科学研究,在扬州城市绿地中控制比例:

裸子植物与被子植物(株数)为 2:8。

常绿树种与落叶树种为(5-5.5):(4.5~5)。

木本植物与草本植物为(8.5-9):(1~1.5)。

乔木与灌木(株数)比例在街道绿地中为 1:9,居住区绿地为 1:6,工厂绿地为 1:3,风景林绿地为 1:1。

二、配置模式

城市绿化树种配置模式主要依据近自然模式,结合扬州园林特色,依据生态位原理,体现群体生态高效、景观多样、个性明显、主题突出、格调高雅的原则,进行以乔木树种为主,乔、灌、草结合的模式进行合理配置。

根据城市森林的防护功能,不同区域配置不同的模式。

1. 道路绿地建设

城市道路是一个城市的骨架,道路绿化是城市森林建设的重要组成部分,以"线"的形式广泛地分布于全城,联系着城市中分散的"点"和"面"的绿地,组成完整的城市森林绿地系统,城市道路绿化景观的好坏,直接影响城市形象。市区道路绿化,既要注重其美化功能,形成主要道路的绿化特色;又要注重其综合生态效益,形成多功能复合结构的城市森林网络。

在道路绿化中要做到市区重点路段美化与市域道路普遍绿化相结合;主要干道两侧树种的选择及种植方式,除突出道路绿化的生态及防护作用外,应结合重点地段加以美化,使之各具特色;市区的道路绿化,应主要选择能适应本地条件生长良好的植物品种和易于养护管理的乡土树种。同时,要巧于利用和改造地形,营造以自然式植物群落为主体的绿化景观。

扬州市道路绿地基调树种为广玉兰、雪松、香樟、悬铃木、槐树。

扬州市道路绿地骨干树种为榉树、女贞、栾树、朴树、桂花、蜡梅、琼花、红枫、合欢、刺槐、榆树、山茶、青桐、桃树。

2. 居住区绿地建设

居住小区是城市的细胞,居住区绿化是城市点、线、面相结合中的"面"上绿化的一环，居住区绿化为人们创造了富有生活情趣的生活环境，是居住区环境质量好坏的重要标志。我市在城市森林建设中，对居住区绿化给予了高度的重视，小区环境不断得到提高，对于新建小区更是做到高起点、高标准。

居住区绿地建设要严格遵循国家颁布的《城市居住区规划设计规范》按局部建设指标要求配套。除了要满足规划绿地率的指标外，还应达到国家技术规范中所规定的居住区绿地建设标准。新建居住区绿地率大于40%，其中10%以上为公共绿地；居住区、居住小区和住宅组团，在新城区的，不低于30%；在旧城区的不低于25%。其中公共绿地的人均面积，居住区不低于1.5平方米，居住小区不低于1平方米，住宅组团不低于0.5平方米，居住区绿地绿化种植面积应不低于其用地总和的75%。

扬州市居住区绿地的基调树种为广玉兰、樱花、栾树、乌桕、香樟。骨干树种为榉树、玉兰、桂花、天目琼花、蜡梅、琼花、石楠、红枫、合欢、紫叶李、榆树、山茶、青桐。

3. 滨水绿地的建设

滨水地区的带状绿地，既是市区的城市特色景观之一，又是结合防汛、防台风的河岸堤防。在滨水绿带的规划建设中，要结合滨河道路的建设，兼顾考虑市民的游憩使用要求和美化城市景观的功能，结合布置防汛、防风设施，发挥堤岸防风林和水土保持绿地的作用。尤其是古运河景观绿带的规划建设，既要考虑绿化景观美化功能和游人亲水、近水的活动要求，又要结合防洪设施，满足防灾要求，达到足够的安全系数。同时，针对可能发生的地震及震灾后引起的二次灾害，利用城市广场、绿地、文教设施、体育场馆、道路等基础设施的附属绿地，建立避灾据点与避灾通道，完善城市的避灾体系。

扬州市滨水绿地基调树种为水杉、垂柳、意杨、女贞等。骨干树种为夹竹桃、珊瑚树、白蜡、白榆、合欢、石楠、水杉、金合欢、楝树、黑松、枫杨、刚竹、鹅掌楸。

4. 广场绿化建设

休闲景观为主的广场绿化，绿地率应达到65%上，其他性质广场绿化应结合实际，尽可能提高绿地率；广场绿地植物配置应配合广场的主要功能，使广场更好地发挥其作用。广场绿地布置和植物配置要考虑广场规划、空间尺度，使绿化更好地装饰，衬托广场，改善环境，利于游人活动与游憩。铺装场地应从气候条件和功能实际需要出发，预留栽植穴，形成部分林荫覆盖硬地空间。

扬州市广场绿化基调树种为垂柳、银杏、槐树、雪松、广玉兰、悬铃木。骨干树种为龙柏、湿地松、女贞、石楠、罗汉松、青桐、杜英、栾树、桂花、垂丝海棠、榉树、枫杨、水杉。

三、养护技术

1. 树体保护

树体保护应贯彻防重于治的方针，做好宣传教育工作，提高市民"保护树木、人人有责"的意识。做好对各种自然灾害的预防工作。对树体上出现的伤口清理后应用药剂消毒，涂保护剂或抹灰膏，做到早治，防止扩大。发现树洞要及时修补、防止腐朽进一步扩大；对腐烂部位应按外科方法进行处理。

2. 灌溉与排水

各类绿地应有各自完整的灌溉与排水系统。应根据不同树种和不同的立地条件进行适期、适量的灌溉，保持土壤中的有效水分。对水分和空气湿度要求较高的树种，需在清晨或傍晚进行浇水，有条件的可进行叶面喷雾。浇水前应先松土，并围堰做好积水坑。夏季浇水宜早、晚进行；冬季浇水宜在中午进行。浇水要一次浇透，特别是春、夏季节。浇水水流不能过急，以防止地表径流。对于名贵树木、引种树木及新种植树木，视天气干旱情况和植物生长情况对树干和树体进行喷雾。树木周围雨后积水应及时排除。

3. 松土、除草

乔、灌木下的大型杂草应铲除，特别是对树木危害严重的各类藤蔓，例如菟丝子等寄生植物必须铲除。树木根部周围的土壤要保持疏松，易板结的土壤在蒸腾旺季须每月松土一次，松土深度以不伤根系生长为限。种植在草坪内的树木须每年在树穴周围对草坪切边。松土除草应选在晴朗或初晴天气，且土壤不过分潮湿（一般在土壤含水 50%）的时候进行，不得在土壤泥泞状态下进行，以免破坏土壤结构。使用化学除草剂必须保证园林植物的安全，不对其产生危害。除掉的杂草要及时清理，运走、掩埋或异地制作肥料。

4. 施　肥

树木休眠期和种植前，需施基肥，生长期可按植株的生长势施追肥，花灌木应在花前、花后进行施肥。施肥量根据不同树种、树龄、生长势和土壤理化性状而定。各类绿地应以施有机肥为主，有机肥应腐熟后施用。应用微量元素和根外施肥技术。推广应用复合肥料和长效缓释肥料。树木施肥应先挖好施肥环沟。其外径与冠幅相适应。环沟深、宽均为25~30厘米。除根外施肥外，肥料不得触及树叶，施肥宜在晴天进行。

5. 修剪整形

修剪能调整树形，均衡树势，调节树木通风透光和肥水分配，促进树木茁壮生长。整形是通过人为的手段使植株形成特定的形态。各类绿地中的乔木和灌木修剪以自然树形为主，凡因观赏要求对树木整形，可根据树木生长发育的特性，将树冠或树体培养成一定形状。乔木类：主要修剪内膛枝、徒长枝、病虫枝、交叉枝、下垂枝、扭伤枝及枯枝烂头。道路行道树枝下高度根据道路的功能严格控制。遇有架空线按杯状形修剪、分枝均匀、树冠圆整。灌木类：灌木修剪应促枝叶繁茂、分布均匀。花灌木修剪要有利于短枝和花芽的形成，遵循"先上后下、先内后外、去弱留强、去老留新"的原则进行。绿篱类：绿篱修剪应促其分枝、保持全株枝叶丰满；也可作整形修剪。线条整齐，特殊造型的绿篱要逐步修剪成形，修剪次数视绿篱生长情况而定。地被、攀援类：地被、攀援类植物的修剪要促进分枝，加速覆盖和攀援的功能。对多年生攀援植物应清除枯枝、删除老弱藤蔓。枝条修剪时，切口必须靠节，剪口应在剪口芽的反侧呈 45° 倾斜，剪口要平整、并涂抹园林用的防腐剂。对于粗壮的大枝应采取分段截枝法、防止扯裂树皮。休眠期修剪以整形为主，可稍重剪；生长期修剪以调整树势为主，宜轻剪，修剪要避开树木伤流盛期。在树木生长期要进行剥芽、去蘖、疏枝等工作、不定芽不得超过 20 厘米、剥芽时不得拉伤树皮。修剪剩余物要及时清理干净，保证作业现场的洁净。

6. 死树的处理和补植

主要干道和街头绿地以及公园、广场等主要景区的死树应连同根部及时挖除，并填平坑槽。补植树木应选用原树种，规格也应相近，若改变原树种或规格，则须与原来的景观相协调。补植行道树树种必须与原路段树种相一致，规格要尽量一致。补植季节与绿化种植季节相同。

四、古树名木保护

1. 抗旱浇水

根据古树名木的生长立地环境、树种的生物学特性和季节的不同决定抗旱浇水。一般讲，在正常年份则无需浇水抗旱，因为古树名木的根系发达，根冠范围较大，根系很深，靠自身发达的根系完全可以满足树木生长的要求，无需特殊浇水抗旱。但生长在市区主要干道及烟尘密布、有害气体较多的工厂周围的古树名木，因其尘土飞扬、空气中的粉尘密度较大，影响树木的光合作用。在这种情况下，需要定期向树冠喷水、冲洗叶面正反两面的粉尘，利于树木的"同化"作用，制造养分，复壮树势。如遇特殊干旱年份，则需根据树木的长势、立地条件和生物学特性等具体情况进行抗旱。这里要特别强调几点：①不要紧靠树干开沟浇水，需远离树干，最好至树冠投影外围进行，因为吸取水分的根主要是须根，而主根只起支撑的作用，这一点要特别注意；②浇则浇透，抗旱一定要彻底，不能马马虎虎，可分几次浇，不要一次完成；③抗旱要连续不断，直至旱情解除为止；④坡地要比平地多浇水。

2. 抗台防涝

台风对古树名木危害极大，台风前后要组织人力检查，发现树身弯斜或断枝要及时处理，暴雨后及时排涝，以免积水。扬州的古树大部分为松柏类、银杏，均忌水渍，若积水超过两天，就会发生危险。忌水的树种有：银杏、松柏、蜡梅、广玉兰、白玉兰、桂花、枸杞、五针松、绣球、樱花等，忌干的树种有罗汉松、香樟等。

3. 松土施肥

古树名木绝大部分生长在游人密集、丘陵山坡、建筑物、道路旁，地面大多水泥封闭而硬化，立地条件极差，影响古树名木的正常生长发育，加之常年缺乏管理，无人过问，长期处于自生自灭状态。所以，有必要定期对古树名木进行松土施肥。首先要拆除水泥封闭的地面，清除混凝土等杂物，换上新土，再铺上草皮和其他地被植物。而游人密集处可改水泥地面为站砖地面，增加地面的通透性，有利于根系正常生长。每年冬季结合施肥进行一次松土，深度至 30 厘米以上，范围在树冠投影外 1 米，没有条件的至少要在投影的一半以上。根系裸露的需覆土保护。地下施肥则以有机肥为主，如饼肥、人粪等，切忌用化肥。对生长势特别差的古树名木，施肥浓度要稀，切忌过浓，以免发生意外。对它们可先进行叶面施肥，用 0.1%~0.5% 尿素和 0.1%~0.3% 磷酸二氢钾混合液于傍晚或雨后进行，以免产生药害或无效。喜肥的树种有香樟、榉、榆、广玉兰、白玉兰、鹅掌楸、桂花、银杏等。

4. 修剪、立支撑

修去过密枝条，以利通风、加强同化作用，且能保持良好树形。对生长势特别衰弱的古树，一定要控制树势，减轻重量；台风过后及时检查，修剪断枝；对已弯斜的或有明显危险的树干要立支撑保护，固定绑扎时要放垫料，以免发生缢束，以后酌情松绑。

5. 堵洞、围栏

古树上的孔洞要及时补好，以便树皮愈合。先将空洞扫除杂物，刮除腐烂的木质，铲除虫卵，先涂防水层，可用假漆、煤焦油、木焦油、虫胶、接蜡等，再用1%浓度的甲醛液（福尔马林）消毒。也可用1%浓度的波尔多液（硫酸铜10克+生石灰10克+2斤水混合而成）或用0.05%硫酸铜溶液消毒。消毒后再填入木块、砖、混凝土，填满后用水泥将表面封好。洞的宽度较狭时，先对空洞涂防水层，消毒后再用铜、铁、锌板等薄片复被，以利于愈合。填洞这项工作最好在树液停止流动时即秋季落叶后到翌年早春前进行为宜。

6. 防治病虫害

古树名木因生长势衰退，极易发生病虫害。要专人定期检查，做好虫情预测预报，做到治早、治小，把虫口密度控制在允许范围内。主要虫害有松大蚜、红蜘蛛、吉丁虫、黑象甲、天牛等，主要病害有梨桧锈病、白粉病等。

7. 装置避雷针

凡没有装备避雷针的古树名木，要及早装置，以免发生雷击，损伤古树名木。

第十一章　里下河地区林农复合经营技术

里下河林农复合经营技术是由南京林业大学与扬州林业部门在20世纪80年代初期联合研制而成的。主要根据生态经济学的原理，运用现代生物学和生态工程技术，把林业与农业、牧业、渔业等产业有机结合而成的、具有整体功能的经济系统。林农复合经营系统能有效地提高生态空间的利用率，实现整个系统对时空的高效利用，以提高系统的生产力，并促进整个系统的良性循环。与传统林业相比较，林农复合经营在指导思想上更重视生态、经济的协调发展。

根据地势、地下水位高低以及利用方式大致可以分为五类：

一、林—农结合

地面真高1.2米以上的滩地，已经框圩开垦，具有排灌条件的，可直接整地造林，实行林粮间作，综合利用。一般埂宽1~3.5米，埂上栽池杉1~2行，株行距1.5米×3米，品字形栽植，林带南北走向；田宽5~10米，种栽农作物。

二、林—渔结合

地面真高0.8米以上的滩地，经开沟、筑垛，使垛面真高达1.4米以上。沟、垛规格大致分三种。

1. 自然型

利用水利工程河沟养鱼，在河堤用杨树、青坎用水池杉、堤坡栽植紫穗槐（迎水坡可栽杞柳）等造林。

2. 以林为主

筑12~20米宽垛田、8~10米的垛沟，用水池杉在垛田上以2米×3米或3×4米的密度造林。

3. 以渔为主

垛宽20米，垛沟宽20~40米，用水池杉在垛田上以2米×3米或3米×4米的密度造林。

三、林—渔—农结合

地面真高1.2米以上的滩地，在不影响泄洪滞涝的情况下，四周开河筑圩，圩堤高不低于2.5米，中间开十字河或井字河，河沟养鱼，圩内滩地造林。造林树种有池杉、落羽杉。具体有三种情况。

1. 宽水面

垛宽 20~40 米,垛沟宽 15~20 米。一般冬季筑垛整地,春季造林,株行距有 1.5 米 ×4 米、2 米 ×4 米、1.5 米 ×5 米、2 米 ×6 米,也可采用宽窄行,宽行 5 或 6 米、窄行 2 米、株距 2 米。定植穴 60 厘米见方。林下间作农作物。

2. 中等水面

垛宽 15~20 米,垛沟宽 5~10 米。株行距有 2 米 ×3 米、2 米 ×4 米,林下间作农作物。

3. 小水面

垛宽 10~15 米,垛沟宽 2~5 米。株行距有 2 米 ×3 米、2 米 ×4 米,林下间作农作物。

四、林—经（经济作物）结合

地面真高 1 米左右的滩地,挖低田,筑堤或垛田,低田宽 20~40 米,埂宽 2~5 米,或垛宽 5~10 米,埂或垛上造林,株行距 2 米 ×3 米、2 米 ×4 米。大型圩堤种植杨树。低田中荷、慈姑、茭白等水生作物。

五、林—牧—渔结合

地面真高 1.4 米左右的滩地,在林—渔—农结合的基础上进行,利用林下杂草或种植的耐阴牧草作饲料,也可在林下放牧。

第十二章　低丘岗地植被恢复技术

扬州市低丘岗地为下蜀系黄土母质发育而成，土壤为黏性黄棕壤，质地黏重，土质中性偏酸，土层瘠薄，透水、透气性差，有效土层薄，土壤有机质含量低。

该技术主要适用于仪征的青山、月塘、马集、陈集、大仪、刘集、谢集，高邮的天山，邗江的赤岸、甘泉、方巷、酒甸以及维扬的西湖、平山等乡镇。

一、树种选择

1. 经济林

茶、梨、板栗、桃、银杏等。

2. 防护林与用材林

刺槐、意杨、香樟、女贞、栾树、南酸枣、杂交柳、火炬松、水杉等。

二、造林技术

1. 整地方式

（1）经济林。按照田块地势走向，于每年冬季进行整地，开好定植沟，茶叶开沟标准：上口宽60厘米、下口宽50厘米，沟深70厘米；梨、板栗、银杏、桃等果树品种开沟标准：上口宽80厘米、下口宽60厘米，沟深100厘米。

（2）用材林与防护林。按照因地制宜、适地适树的原则，以开塘整地造林为主，意杨开塘标准为80厘米×80厘米×80厘米，香樟、女贞、栾树、金丝垂柳、杂交柳、水杉、刺槐、南酸枣50厘米×50厘米×50厘米，火炬松30厘米×30厘米×30厘米。

2. 造林密度

（1）茶叶。播种造林选择宽窄行穴播，大行距1.5米，小行距20厘米，播种穴梅花型配置，株距15厘米，每穴3~5粒；无性系栽植株行距为1.5厘米×15厘米。

（2）果树。梨、银杏、桃株行距4米×5米，板栗2米×3米。

（3）用材林。意杨4米×4米、4米×5米。

（4）防护林。火炬松株行距1米×1米，意杨+银杏块状混交株行距4米×4米×8米、香樟与女贞块状混交株行距2米×2米×3米、香樟与栾树块状混交3米×3米×4米、板栗与茶块状混交板栗株行距为4米×6米、南酸枣与茶混交南酸枣株行距为4米×4米、银杏与茶混交银杏株行距为6米×6米。

3. 栽植（播种）时间

茶栽植时间为 2 月中下旬至 3 月中旬。意杨、香樟、女贞、栾树、水杉、梨、板栗、桃、银杏、杂交柳、水杉、南酸枣、火炬松以深秋初冬和春季栽植为主，火炬松可在梅雨季节采用营养钵造林。

三、抚育管理

重点是松土除草、抗旱灌溉、排水降渍、防病治虫、适时修剪、翻土施肥等，同时加强幼林林间套种，促进林木生长，提高经济效益。幼林林间套种主要模式有：林农复合经营型、林经复合经营型。林农复合经营模式有板栗（意杨、梨、银杏等）与玉米间作＋蚕豆、板栗（意杨、梨、银杏等）与黄豆间作＋油菜、板栗（意杨、梨、银杏等）与花生间作＋苕子等；林经复合经营模式有板栗与茶、梨与茶、银杏与茶、林与银杏等组合，林间可套种花生、大豆、油菜等农作物。

第十三章　农田林网建设技术

农田林网是平原林业的重要组成部分。建设高标准的农田林网，能降水防渍、防风减灾、固土护坡、保持水土、减少淤积、改善气候，不仅有较高的生态防护效益；同时也能促进粮食高产稳产，提供木材，有较高的经济效益。

一、设计标准

遵循"因地制宜、因害设防""沟、渠、田、路、林统一规划，综合治理""生态效益与经济效益并重""乔、灌结合""长期效益与短期效益相结合"及"胁东不胁西、胁南不胁北"的原则。

农田林网以降低旷野风速20%作为确定农田林网林带有效防风范围的标准进行设计。根据扬州地区的具体情况，网格大小分为三级：Ⅰ级200亩以下、Ⅱ级200~300亩、Ⅲ级300~400亩。农田水利基本建设配套的地方，以Ⅰ级林网为主，其他以Ⅱ、Ⅲ级林网为主。

二、林带设计

1. 林带设置及走向

（1）基干林带。设置在运堤、湖堤、大中型河堤、渠堤上，其走向和运堤、湖堤、大中型河堤、渠堤走向一致。

（2）主林带。设置在大中沟、公（道）路、机耕路（有效路面6米宽）、一二级渠堤、生产河两旁。主林带走向和本地区主风向垂直，本地区以东西向为主。

（3）副林带。设置在与主林带垂直的生产路两旁（有效路面3米左右）、支渠、大中沟上。副林带和主林带垂直，以南北向为主。

（4）辅助林带。设置在主、副林带之间的田间沟、渠、路边，其走向因地制宜设置。

2. 林带宽度

基干林带一般栽植5行以上乔木和若干行灌木，林带宽度一般为30~50米。主林带一般栽植3~5行乔木和2~3行灌木，林带宽度一般为10~20米。副林带因地制宜栽植1~2行乔木和灌木，林带宽度一般为5米左右。辅助林带因地制宜。

3. 树种布局

林带配置时应注意多树种、多品种、多层次相结合，同时采取减少林带胁地的综合技术措施，最大限度发挥林带的综合效能。

（1）基干林带。河堤、湖堤迎水坡营造防浪林；背水坡营造以防护为主的用材林、经济林和灌木林；青坎以乔木为主，可根据立地条件营造丰产林、矿柱林、经济林等。正常水位线以上的堤坡种植耐水湿的树种，实行乔灌混交。

（2）主林带。正常水位线以上的堤坡种植耐水湿的树种，以乔木为主；迎水坡底部可配植 2~3 行灌木。实行乔灌混交。

（3）副林带。因地制宜配植 1~2 行乔木和灌木。

（4）辅助林带。配置 1~2 行乔木和灌木。

4. 林带结构

主林带应采用疏透型或通风型结构，适宜疏透度为 0.25~0.35（或最适透风系数 0.5~0.6）。水杉林带受本身树形限制，疏透度可放宽到 0.45（或透风系数 0.7）。沿民居营造的主林带，可采用紧密结构，背风面应营造辅助林带，以弥补防护效果的不足。

5. 林带间距

主林带间距以林带设计高度的 15~20 倍（即 20H）为标准。林带设计高度以主栽树种 1/2 轮伐期的高度为依据，副林带间距一般为主林带间距的 1.5~3.0 倍。根据上述标准，主林带一般南北间距 300 米，东西间距 300~400 米。

三、造林技术

首先按设计要求放样，然后开挖种植穴。苗木选用根系完整、顶芽饱满、干型通直的一二级苗木。栽植前可将苗根沾上掺有适量磷肥的泥浆，以提高成活率。栽植时要浇足底水，并切实做到"三填两踩一提苗"。缺株必须于当年冬或次年春选用同种健壮苗木补齐。

扬州大部分区域属平原水网地区，地下水位高，土壤偏碱。因此，建设农田林网应选择生长快、材质好、抗性强、树冠窄、耐水湿的树种。根据土壤、地下水位高低、气候等情况，扬州全市可分为沿江、里下河和丘陵三个区域。其农田林网的树种选择分别为：沿江地区可选择水杉、池杉、落羽杉、杨树、柳树、紫穗槐、杞柳、枫杨、泡桐、银杏及枇杷等部分水果树种；里下河地区可选择水杉、池杉、落羽杉、杨树、柳树、紫穗槐、杞柳、泡桐、银杏；丘陵地区可选择水杉、池杉、落羽杉、意杨、柳树、银杏等。下面重点介绍水杉、池杉、意杨造林技术要点。

1. 水杉

栽植从晚秋和春节均可。但一般以春节为好，切忌在土壤冻结的严寒时节栽植。单行栽植株距 2 米，两行以上株行距 2 米 ×3 米，采用大穴栽植，穴径 50 厘米见方，栽植时注意保持根系舒展，分层填土，然后拍紧。

2. 池杉

春节栽植，一般要求在 3 月中旬前结束造林，单行栽植株距 2 米，两行以上栽植株行距 2 米 ×2 米或 2 米 ×3 米（三角形配置）。

3. 杨树

晚秋或春季栽植，3 月中旬前后栽植结束。栽植杨树关键是要做到"三大一深"，即大苗、大塘、大株行距、深栽。大苗造林成活率高、抗逆性强、当年生长量大,苗木高度大于 3 米、地径大于 2.5 厘米。大塘有利于生根和吸收水分、养分,有利于苗木成活和林木生长,大塘标准为 80 厘米见方。大株行距一般单行株距 4 米,2~3 行株行距 4 米 ×5 米,成片造林 5 米 ×5 米以上。栽植深度一般为 80 厘米,深栽可减少风倒,加大根系分布深度,促进苗木成活和生长。

四、抚育管理

农田林网抚育管理包括林带的抚育间伐、改造更新及病虫害防治三个方面。

1. 抚育间伐

抚育间伐是调节和改善林带结构的重要手段,林带郁闭后要及时进行。修枝应坚持晚修、轻修和适当控制大枝的原则。缺少灌木或灌木尚未长起来的林带,乔木树种要禁止修枝,以免林带空隙过多,降低防护作用。间伐要掌握"次多、量少",以不破坏林带结构为原则。为了便于根据疏密情况调节透风系数,间伐以晚秋落叶后为好。

2. 更新改造

根据林带具体情况采取相应的更新改造措施。

(1)林网面积过大,不能起到足够防护作用的林网,应按增设林带。

(2)林带过窄,可增加行数。

(3)对缺株断垄的林带,用大苗进行补植。

(4)对小老树林带,根据形成小老树的原因,采取相应的措施。有的可采用平茬,加强抚育管理,使其复壮;也可采用除草、松土、行间挖沟,行内培土、翻压绿肥的办法,改善立地条件,促进林木生长。

(5)当林带中的主要树种进入衰老期,或因树种不对路形成小老林,防风效果显著降低,以及林木达到成材需要采伐利用时,必须适时更新。更新时要因地制宜,分别对待,做到后继有林,持续发挥其防护作用。为了保证林带防护效果,可采用隔带或半带更新。不管采用哪种方式,都要用健壮的大苗及时栽植,并注意采取有效措施,防止原有林木对更新幼树的生长产生不利影响。

第十四章　花木标准化育苗技术

一、主要培育的特色花木品种

乔木类:龙柏、蜀桧、大叶女贞、棕榈、桂花、广玉兰、香樟、银杏、重阳木、马褂木。花灌木类:龙柏球、蜀桧球、大叶黄杨、瓜子黄杨、花柏球、玉边黄杨、紫薇、碧桃、寿星桃、琼花、春梅、海棠、红叶李。

二、花木标准化培育技术

（一）花木繁育

1. 播种育苗

（1）种子处理:根据种子的大小、坚硬程度采用适当的水温（一般控制在 30~60℃之内），浸泡时间根据不同的种子，以 2~24 小时为宜。播种前用适当浓度杀菌剂和杀虫剂对种子进行浸种或拌种，可杀死种子携带的病虫以及播种后免遭土壤病虫的侵害。

（2）播种地选择与做床:播种地要求土壤疏松、平整。苗床一般南北走向，床宽 1.2~1.4 米，床面高于步道沟 20~30 厘米，步道宽 40~60 厘米，要搞好水系配套设施，苗床土粒细碎均匀，并进行土壤消毒。

（3）播种时期:一般分为春播和秋播。春播以 3 月上旬 ~4 月上旬为宜，秋播在 9 月下旬 ~10 月下旬为宜。

（4）播种方法与密度:播种方法有点播（大粒种子）、条播（中粒种子）和撒播（中小粒种子）。播种密度视品种习性、移苗期而定，对移植期长、生长快、枝叶扩展的品种，要稀播，保证苗木在移植前有足够的生长发育空间。

（5）播后管理:播种后出苗前应经常检查床面湿度，根据土壤湿度及时洒水，使土壤充分湿润;对粗放品种，一般播种后，用稻草均匀覆盖。发芽后应保持床面土壤疏松、湿润、无杂草，根据出苗情况及时间苗、定苗。要注重防病治虫，促进苗木生长，提高抗性。对不耐强光、炎热的品种要适当给予遮阴。随着苗木的生长，要勤施薄肥。

2. 扦插育苗

播种地选择与做床:扦插对土地的选择、插床的整理同播种苗床，床高要高于播种床。

扦条:硬枝扦插选择木质化程度高、发育充分、芽眼饱满、无病虫侵害的健壮枝条，嫩枝扦插选择当年生长发育健壮的半木质化枝条。落叶树种一般以 10~15 厘米为宜，常绿树种一般均采用短枝遮阴扦插法，插条长度 5~8 厘米。

扦插苗的管理 落叶树种扦插深度一般以上剪口平地面为宜，常绿树种一般扦插深度为插条长的 1/3~1/2 为宜。扦插后，应浇足一次透水，除插后浇足透水外，要视土壤、空气干燥程度经常补水，保持土壤湿润，插条生根萌芽后，要保持土壤疏松、湿润、田间无杂草。根据穗条萌芽数量及时进行抹芽、定芽、除萌等，并根据苗木长势情况及时追肥。另外还需做好防病治虫工作。夏扦应搭塑料棚或草帘棚适当遮阴，并根据生长和天气情况拆除遮阴棚。

3. 组织培养育苗

（1）组织培养的应用价值：组织培养，就是分离花卉苗木植物体的一部分，如茎类、茎段、叶、花、幼胚等，在无菌试管，并配合一定的营养、激素、温度、光照等条件，使其产生完整植株。由于其条件可以严格控制，生长迅速，1~2 个月即为一个周期，因此在花卉苗木生产上有重要应用价值。

（2）组织培养对实验室及设备的要求：组织培养是在人工控制的条件下培养花卉苗木，是一种花卉苗木现代工厂化生产新技术，所以其对实验室及设备有一定的要求。

实验室方面：

① 化学实验室：主要承担配制培养基的任务。要求具有各种化学药品试剂、各种玻璃器皿、称量天平等。

② 洗涤室：主要进行玻璃器皿的洗涤，要求有自来水装置，同时有烘箱，以便洗后烘干。

③ 灭菌室：主要进行培养基和用具的消毒。要有高压灭菌锅，具有水源和电源。

④ 接种室：是花卉材料分离、消毒接种和转移的场所。要求密闭、清洁、整齐、装有紫外灯，能随时灭菌。有的也可用接种箱或超净工作台代替。

⑤ 培养室：是花卉材料培养生长的地方。要求清洁，保温好，室温均匀一致，并有绝热、防火性能。

设备方面：

① 天平：供配制培养基时称量药品和激素用。大量元素用普通天平；微量元素和激素用分析天平。

② 酸度计：测定培养基的 pH 用。

③ 高压灭菌锅：是供培养基和器械用具灭菌用。

④ 烘箱：洗净的玻璃器皿干燥灭菌用。

⑤ 蒸馏水制造装置：得到纯净水供培养用。

⑥ 冰箱：供贮放母液和植物材料用。

⑦ 接种箱或超净工作台：为植物材料接种或转移的操作场所。

⑧ 空调机：控制室温用。

（3）花卉组织培养对培养基的要求：培养基是花卉苗木植物组织培养中十分重要的基质，目前应用的有好多种，但其主要成分大体相同，主要成分是水，其他还有大量元素、微量元素、维生素、生长调节物质、蔗糖和琼脂等。

目前,花卉苗木组织培养中应用最多的为 MS 培养基。其组成是在配制 1 升(1000 毫升)培养基时,加硝酸铵 1.65 克、硝酸钾 1.9 克、氯化钙 0.44 克、硫酸镁 0.37 克、磷酸二氢钾 0.17 克、碘化钾 0.83 毫克、硼酸 5.2 毫克、硫酸镁 22.3 毫克、硫酸锌 3.6 毫克、钼酸钠 0.25 毫克、硫酸铜 0.025 毫克、氯化钴 0.025 毫克、硫酸铁 27.8 毫克(17)惠? 0 克和琼脂 7 克。其他生长调节物质要根据花卉的种类和培养目的而确定。MS 培养基中大量元素浓度过高,为此常采用 1/2、1/4 大量元素浓度作培养用,这样生长效果列好。

配制培养基前要准备好三角瓶、试管、烧杯、量筒、吸和等玻璃器皿,预先用天平称好药品。配制时先将琼脂溶化,再加入在水中深解的各种营养元素和蔗糖,然后用氢氧化钠或盐酸调整培养基的 pH,一般掌握在 5.7 左右。以后可分注到培养瓶中,盖好瓶盖。培养基配好要经高压灭菌。冷却后放到培养室预培养 3 天,如没有杂菌污染,才可进行花卉苗木材料的接种。

(4)组织培养过程:花卉苗木植物组织培养即无菌培养,也就是要求培养的材料不带有杂菌。从田间或温室等地切取花卉苗木材料时,应选择健壮无病虫母株,取幼嫩、分生能力强的部位,以利生长。

对取来的组培材料,接种前应进行表面灭菌。通常先用自来水冲洗十几分钟,有泥的应刷去。冲洗干净后,用 70% 的酒精浸泡 10~15 秒钟消毒。接着用无菌水(经高压灭菌的蒸馏水)冲洗两次,再用 10% 的漂白粉澄清液浸泡 20 分钟消毒,最后用无菌水冲洗 3~4 次。带有茸毛不易湿润消毒的材料可加些洗衣粉。上述操作皆应在接种箱或超净工作台等无菌环境条件进行。经过表面灭菌的材料,用无菌滤纸将水吸掉。再用解剖刀切取所需部位,通常几毫米大小,培育无病毒苗则应在 1 毫米以下,然后用解剖针或枪式镊子将材料接种到培养瓶上培养。工具用完即应在 95% 酒精中蘸一下,或用火焰消毒法消毒,避免工具带菌造成交叉污染。操作时应穿工作服、戴工作帽,事先洗净手,后再用酒精棉擦拭一遍。

(5)花卉苗木组织培养材料的培养:花卉苗木材料接种后放到培养室培养。培养室是花卉苗木材料培养生长的场所,一般几到十几平方米皆可。高度约 2 米左右,空间小,可节省控温能源。培养材料放在培养架上培养。培养架可有木材或金属制成,有 4~5 层,每层高 40~50 厘米,日光灯装在上方。架长 1.2 米左右,与 40 瓦日光灯长一致,宽 80~90 厘米。每一层可装两支日光灯,这样培养时的照度约为 3000 勒克斯。培养室的温度大多采取昼夜恒温培养,保持在 25±2℃,也有采取昼夜变温培养的,夜晚温度可低些,这应根据花卉苗木生长需要而定。每天日光灯照明 12~16 小时。

(6)组织培养苗的移植:花卉苗木试管苗由于人工提供各方面优越条件,一般生长发育好,根系也多,可往往由于没掌握其特性,造成移栽时成活率不高。这是因为试管苗在瓶中湿度很高的条件下培养,人为提供蔗糖等碳源,花卉材料是处一起异养生活状态,可以说比温室生长的花卉还要娇嫩得多。而突然从瓶中移到土壤让其过自养生活,往往由于变化太剧烈而造成损伤甚至死亡。为此,花卉试管苗开始移出时,仍应罩上玻璃瓶,或盖上薄膜袋(上开几个小孔),1 周后去掉。有喷雾条件则更理想。开始 7~10 天要遮阴,以后逐渐见阳光。移植基质以沙与蛭石各半为好,要排水、通风好,隔一天浇一次营养液。这样逐步锻炼，让其适应环境。2~3周后经驯化锻炼苗即可移至培养土中栽植。

（二）幼苗移植

1. 苗圃地选择与苗床制作

苗圃地选择地势较高、排水良好，土壤肥沃的地块。苗床高度20~30cm，墒沟宽度30~50cm，苗圃地应在头年的冬季进行深翻，施足基肥，翌年早春再行整地做床。

2. 移植时间

大田移植以春季移植为佳，移植时，剔除弱苗、病苗，以及根系不完整和发育不健全的苗。苗木移植后，及时浇灌一次透水。缓苗期内，要经常浇水，保持土壤湿润。

3. 幼苗移植密度

以苗木出圃前或二次移植前有足够的生长空间为前提，生长迅速、冠幅较大的品种，要适当稀植；生长较慢、培养期长的品种可适当密植，2~3年后再进行第二次移植。

（三）苗圃管理

（1）松土除草：每年不少于5次。

（2）整形修剪：落叶乔灌木在苗木生长过程中，要及时除萌修剪，保证苗木的高生长和通直的外形；常绿树种，尤其是松柏类和球型类品种，在日常管理中，根据各自独特的外形，定期进行整形修剪。

（3）病虫防治：发现病虫要及早防治，在苗木生长期内每20~30天喷药一次。

（4）施肥：在每年冬季对苗圃地重施一次基肥，每亩以5~8吨为宜。在苗木生长季节，追施速效化肥，每年2~3次，追肥时间应在5~8月之间。

（5）浇水灌溉：在苗木生长季节，保持充足的水分供应，干旱少雨季节及时浇水灌溉，多雨季节应注意排水，进入秋季要注意水分控制，防止苗木徒长。

第十五章 杨树定向培育技术

随着天然林资源保护工程的实施，国家对木材采伐的控制，木材生产量在减少。而经济的快速发展，对木材的需求量却越来越大，木材供需矛盾日益突出。选用具有生长快、产量高、用途广、易于更新的杨树，实施定向培育，是解决木材供需矛盾有效措施。扬州市从 20 世纪 70 年代初引进了黑杨派无性系，经过区域化栽培试验，其生长表现优良。"八五"期间，南京林业大学围绕国家下达的"短周期工业用材定向培育技术研究"，在宝应县进行了大量的试验研究，并取得成功。

一、小径材定向培育技术

主要选择 NL-80351、I-69、I-72 三个杨树优良无性系。其苗木培育严格按照《江苏省杨树育苗技术规程》规定实施。3 月中旬前后造林结束。小径材定向培育采用高密度造林，密度一般为 1111、833 株 / 公顷。造林要用大苗，苗木高度大于 3 米、地径大于 2.5 厘米。栽植应开挖大塘，大塘有利于苗木生根和吸收水分、养分，大塘的标准不低于 80 厘米见方。栽植深度一般 80 厘米，深栽可减少风倒，加大根系分布深度，促进树木成活和生长。小径材定向培育，其轮伐期 4~5 年，缩短或延长轮伐期均应对造林密度作相应调整。采伐后，可采取伐根萌芽方法进行更新，以降低造林成本。造林地可选用滩地、高亢地、圩堤、道路两旁。

二、胶合板材定向培育技术

杨树胶合板材定向培育主要选择 NL-80351、NL-895、NL-95、I-69、I-72 等杨树优良无性系。其苗木培育严格按照《江苏省杨树育苗技术规程》规定实施。3 月中旬前后栽植结束。栽植关键要做到"三大一深"，即大苗、大塘、大株行距、深栽。苗木高度要大于 3 米、地径大于 2.5 厘米，大苗成活率高，抗逆性强。大塘有利于苗木生根和吸收水分、养分，有利于苗木成活和林木生长，大塘的标准一般不低于 80 厘米见方。大株行距单行株距一般不低于 4 米，2~3 行株行距 4 米 ×5 米，成片造林 5 米 ×5 米以上，造林密度为每公顷 256~278 株。采用宽窄行造林的株距 3~5 米，一二行行距 3~5 米，二三行行距 20~25 米，以下依次类推。深栽深度为 80 厘米，深栽可减少风倒，加大根系分布深度，促进树木成活和生长。轮伐期 10~12 年。造林地可选用滩地、高亢地、圩堤、道路两旁。

杨树胶合板定向培育主要是培育主干高大、通直的无节良材。因此，修枝是关键。造林后 2~3 年应尽量避免修枝，第一次修枝应修去 1/3 高度范围内的侧枝，剪口要平、紧贴主干。以后根据树木生长情况适时抚育管护。

第十六章　特色经济林果培育技术

扬州市特色经济林培育技术主要是：茶园培育技术、果园培育技术和桑园培育技术。

一、茶园培育技术

1. 品种选择

福鼎大白茶、龙井。

2. 整地

（1）开沟。按照茶园拓植田块地势走向，于每年冬季进行整地，开好定植沟。茶叶定植沟距离为 1.5 米，开沟标准：上口宽 60 厘米、下口宽 50 厘米，沟深 70 厘米，开沟时，表土与心土分开堆放。

（2）回填土与基肥。第二年 2 月中上旬回填土，回土时下足基肥，为播种或无性系茶苗栽植做好准备工作。回填土之前，每公顷添埋稻草 400~600 担，均匀铺在定植沟内，至回填表土一半时，每公顷再施家积肥 2~3 吨，然后再将表土心土全部填入沟内，做好定植行，准备播种或栽植茶苗。

3. 拓植茶园

（1）茶籽直播。

①选种。选用发育充分、无病虫害、籽粒饱满的茶籽。

②贮藏。用湿藏法贮藏茶籽，一层茶籽一层沙子。

③浸种。播种前先将沙藏茶籽用袋子装好，放入水中，浸泡一周左右，待茶籽吸足水分后去除空壳和杂质。

④播种时间。2 月中下旬至 3 月中下旬。

⑤播种方法。采用双行梅花型穴播配置，小行距 20 厘米，株距 15 厘米，每穴茶籽 3~5 粒，每公顷用种量 350~400 公斤。

（2）无性系苗栽植。

①选苗。选用根系发达、生长良好的无性系茶苗

②栽植时间。2 月中下旬至 4 月上旬。

③株行距。行距 1.5 米，株距 10~15 厘米，每公顷用苗量 70000~80000 株。

④截干。栽植后及时进行截干，截干时保留两个芽，同时浇足定植水。

4. 抚育管理

（1）覆草。新拓茶园在定植行内覆盖 2~3 厘米厚的稻草保湿、保温。

（2）松土除草。新拓茶园当年除草不少于 3 次，次年可根据杂草生长情况适时进行除草。

（3）抗旱保苗。新拓和幼林茶园要结合除草适时进行抗旱，提高土壤墒情，促进茶苗生长。

（4）病虫害防治。茶园病虫害多发生于每年夏季，需及时采取必要措施，加大防治力度，提高防治效果。

（5）修剪。第二年 3 月份开始修剪，高度为 15 厘米，以后分别于 3 月茶叶采摘前和 5 月茶叶采摘后，根据茶园生长情况，进行适当修剪，播种茶园每年抬高 5~10 厘米、无性系茶园每次抬高 10~15 厘米修剪，2~4 年后茶叶即可成园。茶叶成园后每年春季都要修剪，修剪高度应控制在 80 厘米左右。

（6）施肥。每年冬季结合茶园翻土施足基肥，每公顷施鸽粪、鸡粪等有机肥料 10~15t 或复合肥 1~2 吨，春季修剪前施速效肥 1~2 吨。

二、果园培育技术

1. 品种选择

水果栽培品种有：

（1）桃：雨花露、霞晖 1 号、霞晖 2 号、安农水蜜、早甜桃。

（2）梨：日本"三水一高"系列。

（3）葡萄：藤稔、京亚。

（4）猕猴桃：中华猕猴桃。

干果栽培品种有：

（1）银杏：大佛指、七星果。

（2）板栗：青扎、焦扎、九家种。

2. 整地

（1）开沟。按照果园拓植田块地势走向，于每年冬季进行整地，开好定植沟，开沟标准：上口宽 100 厘米、下口宽 80 厘米，沟深 100 厘米，开沟时，表土与心土分开堆放。

（2）回填土与基肥　来年 2 月中上旬回填土，回填土之前，每公顷添埋稻草 400~600 担，均匀铺在定植沟内，回填表土至 2/3 时，每公顷再施家积肥 2~3 吨，然后将表土心土全部填入沟内，做好定植行和栽植的准备工作。

3. 拓植果园

（1）栽植时间。2 月中下旬至 3 月中下旬。

（2）株行距。梨、桃、银杏、李、杏株行距为 4 米 ×4 米，板栗、葡萄株行距为 2 米 ×3 米。

（3）定干。梨、桃、板栗定干高度为 60~80 厘米。

4. 抚育管理

（1）覆草。在定植行内覆盖 2~3 厘米厚的稻草保湿、保温、保墒。

（2）松土除草。新拓果园当年除草不少于 5 次，以后可根据杂草生长情况适时进行除草。

（3）抗旱保苗。新拓和幼林果园要结合除草适时进行抗旱，提高土壤墒情，促进苗木生长。

（4）病虫害防治。见森林病虫害综合生物防治技术。

（5）修剪。分冬季和春季修剪两种方法，冬季修剪是在果树落叶进入休眠后进行，梨、银杏、板栗冬季修剪采用三主枝疏散多层形方法修剪，桃、葡萄可采用自然开心形方法修剪。夏季修剪方法有抹芽、扭梢、拿枝、拉枝等。

（6）施肥。每年冬季结合果园翻土施足基肥，每公顷施鸽粪、鸡粪等有机肥 10~15 吨或复合肥 1~2 吨，春季修剪前追施速效肥 1~2 吨。

三、桑园培育技术

1. 品种选择

育 711。

2. 整地

（1）开沟。按照桑园拓植田块地势走向，于每年冬季进行整地，开好定植沟，开沟标准：30 厘米 ×30 厘米，开沟时，表土与心土分开堆放。

（2）回填土与施肥。回填土之前，每公顷添埋稻草 100~150 担，均匀铺在定植沟内，先回填表土至一半时，每公顷再施家积肥 1 吨，然后将表土心土全部填入沟内，做好定植行和栽植的准备工作。

3. 拓植桑园

（1）栽植时间落叶后至翌春发芽前，土壤冰冻时期不栽。

（2）株行距。株行距为 60 厘米 ×100 厘米，每公顷用苗量 15000 株。

4. 抚育管理

（1）松土除草。新拓桑园当年除草不少于 5 次，以后可根据杂草生长情况适时进行除草。

（2）抗旱保苗。新拓和幼林桑园要结合除草适时进行抗旱，提高土壤墒情，促进苗木生长。

（3）病虫害防治。桑园病虫害主要是桑天牛、红蜘蛛、桑疫、桑蓟马、桑螟、桑蟥、黑枯病等，可选用低毒、高效、无污染、残留量低的农药进行防治。

（4）树干养成。桑园树干养成主要有低干养成法和中干养成法两种。

低干养成法：桑苗栽植后，在离地面 15~20 厘米处剪去苗干，当新枝长到 10~15 厘米时进行疏芽，保留 2~3 个饱满芽。第二年，在早春发芽前，离地面 35~50 厘米处剪定。主枝条剪伐的高度应在同一水平面上，发芽后每个侧枝选留 2~3 个新梢芽生长，其余疏去。第三年，在离地面 50~70 厘米处剪伐，每个枝干选留 2~3 个芽。每株养成主干和第一、第二枝干的树型，8~12 根枝条。

中干养成法：桑园栽植后，在离地面 35 厘米剪定，留 2~3 个芽。第二年，在发芽前离地面 65~70 厘米处剪定，每个侧枝留 2~3 个芽。第三年早春发芽前，离地面 95~105 厘米处剪定，每个支干选留 2~3 个饱满的芽，每株枝条总数 8~12 根。

（5）施肥。桑园每年施肥四次，春季施催芽肥，夏天施夏伐肥，秋季施长叶肥，冬季施腊肥。每年每公顷需施纯氮680公斤，氮、磷、钾比例为10：4：5。其中，夏伐肥要重点施，施肥量应占全年施肥量的40%。

第十七章　围庄林改造技术

围庄林改造就是在充分利用家前屋后土地和空间的基础上，将村庄范围内不适宜生长、经济效益较低的树种、品种更换成生长快、经济效益高、实用价值大的树种、品种，以提高村庄绿化的经济效益和绿化效果。围庄林改造要根据立地条件、地方特色、群众传统习俗形成规模，采取一村一品、一乡一品的模式。

一、树种选择

主要选择银杏、桃、梨、枇杷、葡萄、猕猴桃、柿、杨树、花木类、竹类和优良的乡土树种。

二、配置方式

根据村庄、庭院的具体特点和不同树种的具体要求，确定最佳的配置模式，其主要模式有：纯用材类如枫杨、杨树，纯果类如银杏、桃、柿子、猕猴桃、葡萄等，林果类如杨树—柿—枇杷、银杏—枫杨、银杏—香樟等，干水果结合类如银杏—枇杷、银杏—葡萄等，花木类等。银杏单行株距5~6米，双行株行距5~6米×6~8米。桃、梨等株行距3~4米×4~5米，葡萄采用棚架式栽培株距2米，沿河或庄台边种植的株距2~3米。定植穴50~80厘米见方。苗木定植以根茎处略高于地面为宜。

三、成功范例

经过多年摸索，扬州已成功探索出围庄林改造的多种范例。

1. 果树型

（1）江都市永安镇永安村，该村2000年实施围庄林改造，当年村庄周围仅栽植猕猴桃120亩左右，发展至今已达3000亩。2004年年收益较好的户已达5000元左右。

（2）江都市浦头镇袁滩村，有百年以上的银杏25株，于1990年进行大面积的围庄林改造，种植银杏。至目前，全村320户利用家前屋后和自留地，共种植银杏2000多株，平均每株年效益达200元左右。

（3）邗江区红桥镇红桥村，全村住宅周围种植银杏达1000亩。

2. 林果型

仪征市谢集乡丁公村，其形式为梨—杨树—梨园。2000年谢集乡与省农科院、仪征市开发局合作，建立优质示范梨园300亩。2003年该村实施围庄林改造，利用家前屋后及自留地种植优质梨 1600 株、杨树 800 株。

3. 花木型

江都市丁伙镇于 20 世纪 80 年代开始种植花木，目前全镇花木面积已达到 48000 亩。尤其是双华村，其家前屋后、自留地和粮田都已种上花木，成为名副其实的无粮村。2004 年，该村亩年收益达 2000 元以上。

4. 用材型

（1）高邮市菱塘回族乡菱塘村，2001 年，菱塘村利用 2500 米老庄台及家前屋后自留地、高岗地种植优质新品种杨树，全村仅围庄林建设栽植杨树 11.4 万株，人均植树 45 株。

（2）宝应县范水镇运西片（原范光湖乡）、安宜镇运西片（原中港乡），自 20 世纪 70 年代种植杨树，80 年代普遍推广，其家前屋后、自留地、小产地等全部栽植了杨树，户均达 80 多株。至目前，最多的户已采伐三茬，平均每株销售额 160 元以上，平均每株每年效益 20 元左右。

第十八章　滩地林培育技术

扬州市有长江、京杭大运河及高邮湖、邵伯湖、宝应湖及里下河滩地，湿地资源丰富。多年来，林业技术推广部门对各种湿地类型的造林技术进行大量的研究和试验，并取得了成功的造林技术成果。

扬州市主要类型有：一是长江滩涂湿地，以长江主江堤向外到水面的湿地。二是以宝应湖、高邮湖、邵泊湖为主的湖滩湿地，包括湖堤以及滩涂和湖内大小不等的滩涂。三是里下河滩涂湿地，包括江都北部、高邮和宝应东部，大部分为历史上的一些浅滩湿地。

一、长江滩涂造林

杨树—枫杨—柳树模式　树种选择 NL-80351、35、I-69、I-72 等杨树品种及枫杨、柳树等。树种布局正常水位以上营造杨树，临水处营造枫杨，正常水位以下营造柳树。造林密度杨树、枫杨株行距 2~3 米 ×3~4 米，柳树 2 米 ×2~3 米。苗木规格 2.5 米以上高度、地径 2.5 厘米。造林技术采用浅栽技术，栽植穴 40~70 厘米见方。实行春季造林。抚育管理：杨树、枫杨第 3~4 年间伐，强度 50%，柳树 1.6~1.8 米处截干，以后每年修剪。

二、湖滩造林

杨树—池杉、水杉、落羽杉—柳树、杨树造林模式。杨树选择 351、35、69、72、土耳其杨等杨树，柳树、杂交落羽杉、池杉、水杉及乡土树种。堤顶栽植杨树，临界水位处植池杉、水杉、落羽杉，枯水滩地植柳树。密度采用杨树株行距 4 米 ×5 米，池杉、水杉、落羽杉株行距 2 米 ×3 米，柳树株行距 3 米 ×4 米。杨树规格 3.5 米以上、地径 3 米以上，池杉、水杉、落羽杉 2.5 米以上，杂交柳树 2~2.5 米。造林技术（见农田林网建设技术）。杨树第 5~6 年进行间伐，强度 50% 以下，柳树三年后在高度 1.6~1.8 米处截干，以后每年修剪，保持树型。

三、里下河滩地造林

里下河湿地造林主要采用抬田造林技术。抬田造林就是在地势低洼的造林地块开挖沟渠，取出泥土加到田面上，形成垛田，以达到抬高地面、降低地下水位的目的。使该地块符合造林要求。抬田造林形式根据造林地的地下水位等情况，主要有以下两种形式。

垛、沟等宽：根据培育目的，将造林地开挖成 4~5 米的沟渠和垛田，沟渠深度根据地面抬高所需要的土方确定，在垛田上按培育目的实施造林，沟、垛一般为 4 米、5 米、6 米宽，最宽可达 8~10 米，这种类型一般适用于地下水位较高的造林地。

垛、沟不等宽：沟宽一般 1~2 米，垛宽 4~5 米，在垛田上按培育目的实施造林，这种类型一般适用于地下水位较高的造林地。树种一般选择 NL-80351、35、I-69、I-72 等杨树及枫杨、杂交柳。树种规格 3 米以上高度、地径 2.5 厘米。造林技术等见农田林网建设技术。

第十九章　森林病虫害综合防治技术

一、主要病虫害

1. 虫害

主要食叶害虫有刺蛾类、舟蛾类（杨扇舟蛾、杨小舟蛾等）、大袋蛾、舟形毛虫、樟巢螟、银杏超小卷叶蛾、野蚕、金星尺蠖、槐尺蠖、叶甲类等。主要蛀干类害虫有桑天牛、松褐天牛、光肩星天牛、松梢螟、桃蛀螟等。主要地下害虫有蛴螬、地老虎、金针虫等。主要刺吸性害虫有红蜘蛛、蚜虫类、蚧壳虫类、草履蚧、蝉。

2. 病害

杨树溃疡病、杨树黑斑病、杨树锈病、松材线虫病、水杉赤枯病、竹杆锈病、竹丛枝病、桧柏梨锈病、煤污病、白粉病、雪松根腐病、猕猴桃炭疽病、桃缩叶病、松针褐斑病。

二、测报检疫

扬州市现已建立杨树、花木、果树病虫害及松材线虫测报站点，分别监测杨树、花木、果树病虫害及松材线虫害发生情况，并向全市及周边地区发布信息，提出防治方案，同时，扬州及下辖的县市区均成立了森检站，对全市的森林植被进行产地和调运检疫，控制病虫害的进出，及时组织防治。

三、防治措施

1. 人工防治

人工摘除虫卵、蛹或虫苞；结合秋冬季修剪整枝工作，清除枯枝、病枝、落叶及其林下杂草，集中烧毁；结合复合经营，秋冬季进行林下土地翻耕，破坏病虫害越冬的环境，杀死越冬病虫害；人工清除转主寄生的中间寄主，切断传播环节，控制病害的发生。

2. 物理防治

利用昆虫的趋旋光性，在林间或林缘设置黑光灯诱杀害虫。有鱼塘的地方，可采用林—水—虫—鱼模式，即在鱼塘上方架设黑光灯诱杀害虫养鱼，架设黑光灯时间为4~8月，每天从19：00~22：30开灯诱杀害虫。阻隔法防治杨树草履蚧：在杨树主干部1.3米处，用20厘米宽的塑料胶带环贴，环贴处将树皮刮平。

3. 生物防治

保护鸟类，严禁捕杀，通过筑巢引鸟，以鸟食虫，控制虫口密度；林下养殖鸡、鸭、鹅，通过林禽复合经营，控制森林害虫。

4. 化学防治

药物喷洒防治法，主要用于对幼树、苗圃及低矮树木病虫的防治，药物根据病害和虫害的种类一般选用敌杀死、除虫菊酯、氧化乐果、多菌灵等，配制比例一般为 800~1000 倍；药物注射防治法，主要用于蛀干害虫，用注射器向虫孔注射溴甲烷等熏蒸性药剂，药物配制比例一般为 1∶1 兑水；根部浸药防治法，用乐果等内吸性农药配置后环树盘（树冠垂直投影的四周）浇入树木根部防治病虫害，药物配制比例一般为 500 倍。

5. 营林防治

通过营造混交林，把不同树种进行块状、带块混交，减少病虫害大面积传播，抑制其大面积发生，营造混交林比例大于 30%。

参考文献
REFERENCE

1. 常勇，刘照胜，孙希华．山东省城市可持续发展指标体系研究［J］．山东师大学报（自然科学版），2001（2）：43~48.

2. 陈成忠，林振山．中国1961~2005年人均生态足迹变化［J］．生态学报，2008，28（1）：338~344.

3. 戴星翼，唐松江，马涛．经济全球化与生态安全［M］．北京：科学出版社，2005.

4. 董险峰，丛丽，张嘉伟．环境与生态安全［M］．北京：中国环境科学出版社，2010.

5. 封志明，刘宝勤，杨艳昭．中国耕地资源数量变化的趋势分析与数据重建：1949~2003［J］．自然资源学报，2005，20（1）：35~43.

6. 冯科，郑娟尔，韦仕川，等．GIS和PSR框架下城市土地集约利用空间差异的实证研究：以浙江省为例［J］．经济地理，2007，27（5）：811~815.

7. 傅伯杰．土地可持续利用的指标体系与方法［J］．自然资源学报，1997（2）：17~23.

8. 高甲荣．生态环境建设规划［M］．北京：中国林业出版社，2006.

9. 高珊，黄贤金．基于PSR框架的1953~2008年中国生态建设成效评价［J］．自然资源学报，2010.

10. 古春晓．构建生态城市评价指标体系［J］．生态学报，2005（8）：32~35.

11. 顾传辉．生态城市评价指标体系研究［J］．环境保护，2001（11）：24~26.

12. 郭辉．新疆可持续发展指标体系与综合评价分析［D］．乌鲁木齐：新疆大学资源与环境学院，2008.

13. 郭旭东，邱扬，连纲，等．基于"压力—状态—响应"框架的县级土地质量评价指标研究［J］．地理科学，2005，25（5）：579~583.

14. 黄光宇，陈勇．生态城市理论与规划设计方法［M］．北京：科学出版社，2002.

15. 江泽慧．中国现代林业，北京：中国林业出版社，2000.

16. 蒋有绪．国际森林可持续经营的标准和指标体系研制的进展．世界林业研究，1997，10（2）：9~14.

17. 蒋有绪．森林可持续经营与林业的可持续发展．世界林业研究，2001，14（2）：1~7.

18. 兰国良．可持续发展指标体系的建构及其应用研究［D］．天津：天津大学管理学院，2004.

19. 雷鸣著．绿色投入产出核算——理论与应用［M］．北京：北京大学出版社，2000.

20. 雷孝章，王金锡，彭沛好，等．中国生态林业工程效益评价指标体系．自然资源学报，1994，14（2）：175~182.

21. 李波，杨明．贵州生态建设评价指标体系研究［J］．贵州大学学报（社会科学版），2007，（11）：39~45.

22. 李朝洪，郝爱民．中国森林资源可持续发展描述指标体系框架的构建．东北林业大学学报，2000，28（5）：122~124.

23. 李洪远．生态恢复的原理与实践［M］．北京：化学工业出版社，2005.

24. 李晖，李志英．人居环境绿地系统体系规划［M］．北京：中国建筑工业出版社，2009.

25. 李坷．"生态建设"的提法是科学的—黎祖交教授专访［J］．绿色中国，2005（11）：50~53.

26. 李秀娟．上海生态城市建设综合评价及比价研究［D］．上海：上海师范大学旅游学院，2007.

27. 李勇进，陈文江，常跟应．中国环境政策演变和循环经济发展对实现生态现代化的启示［J］．中国人口．资源与环境，2008，18（5）：12~18.

28. 廖福霖．生态文明建设理论与实践［M］．北京：中国林业出版社，2003.

29. 刘丹．森林可持续经营的标准与指标：加拿大的观点．世界林业研究，1995，8（5）：64~66.

30. 刘骏.城市绿地系统规划与设计［M］.北京：中国建筑工业出版社，2004.

31. 刘萍，郝帅.南昌市生态城市评价指标体系的研究［J］.江西农业学报，2007（1）：99~106.

32. 柳兴国.生态城市评价指标体系实证分析［J］.城市发展论坛，2008，（6）：15~20.

33. 罗上华，马蔚纯，王祥荣，等.城市环境保护规划与生态建设指标体系实证［J］.生态学报，2003（1）：45~55.

34. 吕洪德.城市生态安全评价指标体系的研究［D］.哈尔滨：东北林业大学林学院，2005.

35. 马世骏，王如松.社会—经济—自然复合生态系统持续发展评价指标的理论研究.生态学报，1995，15（3）：1~9.

36. 莫霞.适宜技术视野下的生态城指标体系建构—以河北廊坊万庄可持续生态城为例［J］.现代城市研究，2010，（5）：58~64.

37. 彭镇华，江泽慧.中国森林生态网络系统工程.应用生态学报，1999，10（1）：99~103.

38. 秦伟伟.生态城市评价指标体系设计［J］.工业技术经济，2007，（5）：122~124.

39. 邱微，赵庆良，李崧，等.基于"压力—状态—响应"模型的黑龙江省生态安全评价研究［J］.环境科学，2008，29（4）：1148~1152.

40. 沈渭寿.区域生态承载力与生态安全研究［M］.北京：中国环境科学出版社，2010.

41. 宋荣兴.城市生态系统可持续发展指标体系与实证研究——以青岛市为例［D］.青岛：中国海洋大学环境规划与管理学院，2007.

42. 宋永昌，戚仁海，由文辉，等.生态城市的指标体系与评价方法［J］.城市环境与城市生态，1999，（5）：18~21.

43. 孙永萍.广西生态城市评价体系的构建与实证分析［J］.建设论坛，2007，（10）：18~21.

44. 王根生，卢玲.镇江生态城市评价指标体系与生态城市建设对策研究［J］.江苏科技大学学报，2005，（9）：49~54.

45. 王明涛.多指标综合评价中权数确定的离差、均方差决策方法［J］.中国软科学，1999，（8）：100~107.

46. 王宁.天津生态城市评价指标体系研究［D］.天津：天津财经大学商学院，2009.

47. 王婷.西安生态城市建设研究［D］.西安：西安建筑科技大学管理科学与工程学院，2007.

48. 王文彤.我国生态城市建设探索［J］.城市规划汇刊，1993，（5）：12~23.

49. 王祥荣，等.论上海郊区环境保护与生态建设指标体系的构建——以崇明岛为例［J］.上海城市管理职业技术学院学报，2006，（4）：26~28.

50. 王祥荣.生态建设论：中外城市生态建设比较分析［M］.南京：东南大学出版社，2004.

51. 王彦鑫.太原市生态城市建设及评价体系研究［D］.北京：北京林业大学林学院，2009.

52. 王云才，陈田，等.生态城市评价体系对比与创新研究［J］.城市问题，2007（12）：17~27.

53. 吴琼，王如松，等.生态城市指标体系与评价方法［J］.生态学报，2005，（8）：2090~2095.

54. 吴人坚.生态城市建设的原理与途径 - 兼析上海市的现状和发展［M］.上海：复旦大学出版社，2000.

55. 吴志华.泗阳县生态城镇建设评价指标体系实证研究［D］.南京：南京航空航天大学经济与管理学院，2006.

56. 夏晶.生态城市动态指标体系的构建于分析［J］.环境保护科学，2003，（4）：48~50.

57. 谢花林，李波，刘黎明.基于压力—状态—响应模型的农业生态系统健康评价方法［J］.农业现代化研究，2005，26（5）：366~369.

58. 谢金生，徐秋生，曹建华.区域可持续林业评价指标体系及评价标准的研究.江西农业大学学报，1999，21（3）：443~446.

59. 谢鹏飞，周兰兰．生态城市指标体系构建与生态城市示范评价［J］．城市发展研究，2010，（7）：12~18.

60. 徐雁．上海生态型城市建设评价指标体系研究［D］．上海：华东师范大学资源与环境科学学院，2007.

61. 杨根辉．南昌市生态城市评价指标体系的研究［D］．乌鲁木齐：新疆农业大学林学，17（5）：541~548.

62. 杨学民，姜志林，张慧．徐州市林业可持续发展评价．福建林学院学报，2003，23（2）：177~181.

63. 叶文虎，唐剑武．可持续发展的衡量方法及衡量指标初探．北京：北京大学出版社，1994.

64. 叶亚平，刘鲁军．中国省域生态环境质量评价指标体系研究［J］．环境科学研究，2000（3）：36~39.

65. 叶振国．扬州生态市建设指标体系的研究［D］．南京：南京工业大学环境工程学院，2005.

66. 殷阿娜．城市可持续发展指标体系及方法研究—以石家庄市为例［D］．石家庄：石家庄经济学院，2007.

67. 尹伯悦．城市可持续发展评价指标体系的研究与应用［D］．北京：北京科技大学环境工程学院，2003.

68. 俞孔坚，李迪华，刘海龙．"反规划"途径［M］．北京：中国建筑工业出版社，2005.

69. 原会秀．武汉生态城市的综合评价和可持续发展研究［D］．武汉：华中师范大学自然地理学院，2008.

70. 张洪民．构建和谐西安评价指标体系研究［D］．西安：西安理工大学环境工程学院，2010.

71. 张坤民，温宗国，杜斌，等．生态城市评估与指标体系［M］．北京：化学工业出版社，2003.

72. 张坤民，温宗国．生态城市评估与指标体系［M］．北京：化学工业出版社，2003.

73. 张浪．特大型城市绿地系统布局结构及其构建研究［M］．北京：中国建筑工业出版社，2009.

74. 张晓明．典型县域生态建设规划的初步研究——以济宁市金乡县和任城区为例［D］．青岛：青岛大学环境科学学院，2007.

75. 张新瑞．环境友好型城市建设环境指标体系研究［D］．重庆：重庆大学建筑与环境工程学院，2007.

76. 张智光．江苏省林业产业结构调整的战略体系研究．林业科学，2004，40（5）：197~204.

77. 赵春荣．山地城市生态安全评价指标体系理论探讨——以绵阳市为例［D］．重庆：重庆大学建筑与环境工程学院，2009.

78. 赵焕臣，许树柏，和金生．层次分析法．北京：科学出版社，1986.

79. 赵跃龙，张玲娟．脆弱生态环境定量评价方法的研究［J］．地理科学，1998（1）：67~72.

80. 郑凤英，张灵，等．生命周期评价方法学在生态城市评价体系中的应用研究［J］漳州师范学院学报，2008（4）：103~107.

81. 中国环境监测总站．中国生态环境质量评价研究［M］．北京：中国环境科学出版社，2004：1~24.

82. 中国环境与发展回顾和展望课题组．中国环境与发展回顾和展望［M］．北京：中国环境科学出版社，2007，15~35.

83. 中国科学院可持续发展研究组．2001中国可持续发展战略报告．北京：科学出版社，2001.

84. 周炳中，杨浩，包浩生，等．PSR模型及在土地可持续利用评价中的应用［J］．自然资源学报，2002.

85. 周生贤．我国环境与发展关系正在发生重大变化［N］．人民日报，2006~04~20（8）.

86. 周志宇．干旱荒漠区受损生态系统的恢复重建与可持续发展［M］．北京：科学出版社，2010.

附　件
APPENDIX

附件一 "扬州现代城市森林发展"
项目组人员名单

组　长
彭镇华　中国林业科学研究院首席科学家教授
纪春明　扬州市人民政府副市长高级农艺师

成　员
王　成　中国林业科学研究院博士、研究员
刘国华　中国林业科学研究院博士、研究员
单启宁　扬州市林业局局长
王学武　扬州市林业局高级工程师
蔡春菊　国际竹藤网络中心博士
贾宝全　中国林业科学研究院博士、研究员
邱尔发　中国林业科学研究院博士、副研究员
郄光发　中国林业科学研究院博士
高红芽　江都市农林局高级工程师
孙羊林　高邮市农林局高级工程师
于重安　扬州市林业局副局长
丁翠柏　扬州市林业局高级工程师
樊宝敏　中国林业科学研究院博士、副研究员
宋绪忠　中国林业科学研究院博士

附件二　扬州市绿化造林植物名录

1. 常绿乔木

雪松、罗汉松、湿地松、白皮松（富贵松）、龙柏、铅笔柏、蜀桧柏、广玉兰、香樟、金合欢、杜英、棕榈、枇杷、木荷、青冈栎、深山含笑、银海枣（引进耐寒热带植物）、加拿利海枣（引进耐寒热带植物）

2. 落叶乔木

银杏（扬州市市树之一）、垂柳（扬州市市树之二）、水杉、池杉、墨西哥落羽杉、杨树、枫杨、枫香、山核桃、板栗、朴树、榔榆、珊瑚朴、杜仲、悬铃木、鹅掌楸（马褂木）、垂丝海棠、红叶李、桃花、梅花、日本樱花、刺槐、合欢、臭椿、香椿、楝树、黄连木、乌桕、三角枫、七叶树、鸡爪槭、栾树、青桐、喜树、柿树、无患子、泡桐、楸树、梓树

3. 常绿灌木和小乔木

桂花、石楠、十大功劳、南天竺、含笑、火棘、瓜子黄杨、大叶黄杨、枸骨、木本绣球、杜鹃花类、茶花类、金丝桃、金丝梅、柽柳、红花继木、胡颓子、瑞香、金叶女贞、大叶女贞、接骨木、夹竹桃、栀子花、小叶栀子、海桐、六月雪、珊瑚树、凤尾兰、丝兰、洒金桃叶珊瑚、八角金盘

4. 落叶灌木和小乔木

琼花（扬州市市花）、龙爪槐（盘槐）、紫薇、木瓜树、丝绵木、木槿、紫珠、石榴、红瑞木、丁香、迎春、无花果、白玉兰、木笔、蜡梅、太平花、八仙花、木芙蓉、结香、麻叶绣球、珍珠梅、绣线梅、山楂树、西府海棠、贴梗海棠、锦带花、白鹃梅、紫荆、棣棠、月季、玫瑰、红叶小檗、连翘、金钟花、刺桐、卫矛、溲疏

5. 竹　类

毛竹、刚竹、淡竹、紫竹、凤凰竹、凤尾竹、箬竹、黄金间碧玉竹、碧玉间黄金竹

6. 藤　本

蔷薇、木香、紫藤、扶芳藤、络石、常春藤、爬山虎、五叶地锦、南蛇藤、猕猴桃、凌霄、金银花

7. 一二年生花卉

鸡冠花、千日红、一串红、凤仙花、各类地被菊、福禄考、三色堇、二月兰、 石竹类、花叶羽衣甘蓝、美女樱

8. 宿根类

芍药（扬州市名花）、牡丹、玉簪花、万年青、麦冬、沿阶草、大花萱草、菊花类

9. 球根类

唐菖蒲、水仙、郁金香、美人蕉、百合花、葱兰、鸢尾、苍兰、晚香玉

10. 草坪地被

马尼拉草（暖季型）、矮性高羊茅草（冷季型）、百慕达草＋黑麦草（组合常绿型）、结缕草、细叶结缕草、狗牙根

国家林业局重点出版工程　国家出版基金资助项目
"十二五"国家重点图书出版规划项目——中国森林生态网络体系建设出版工程

▦ 内容简介

　　党的十八大把生态文明建设放在突出地位，将生态文明建设提高到一个前所未有的高度，并提出建设美丽中国的目标，通过大力加强生态建设，实现中华疆域山川秀美，让我们的家园林荫气爽、鸟语花香，清水常流、鱼跃草茂。

　　2002 年，在中央和国务院领导亲自指导下，中国林业科学研究院院长江泽慧教授主持《中国可持续发展林业战略研究》，从国家整体的角度和发展要求提出生态安全、生态建设、生态文明的"三生态"指导思想，成为制定国家林业发展战略的重要内容。国家科技部、国家林业局等部委组织以彭镇华教授为首的专家们开展了"中国森林生态网络体系工程建设"研究工作，并先后在全国选择 25 个省（自治区、直辖市）的 46 个试验点开展了试验示范研究，按照"点"（北京、上海、广州、成都、南京、扬州、唐山、合肥等）"线"（青藏铁路沿线，长江、黄河中下游沿线，林业血防工程及蝗虫防治等）"面"（江苏、浙江、安徽、湖南、福建、江西等地区）理论大框架，面对整个国土合理布局，针对我国林业发展存在的问题，直接面向与群众生产、生活，乃至生命密切相关的问题；将开发与治理相结合，及科研与生产相结合，摸索出一套科学的技术支撑体系和健全的管理服务体系，为有效解决"林业惠农""既治病又扶贫"等民生问题，优化城乡人居环境，提升国土资源的整治与利用水平，促进我国社会、经济与生态的持续健康协调发展提供了有力的科技支撑和决策支持。

　　"中国森林生态网络体系建设出版工程"是"中国森林生态网络体系工程建设"等系列研究的成果集成。按国家精品图书出版的要求，以打造国家精品图书，为生态文明建设提供科学的理论与实践。其内容包括系列研究中的中国森林生态网络体系理论，我国森林生态网络体系科学布局的框架、建设技术和综合评价体系，新的经验，重要的研究成果等。包含各研究区域森林生态网络体系建设实践，森林生态网络体系建设的理念、环境变迁、林业发展历程、森林生态网络建设的意义、可持续发展的重要思想、森林生态网络建设的目标、森林生态网络分区建设；森林生态网络体系建设的背景、经济社会条件与评价、气候、土壤、植被条件、森林资源评价、生态安全问题；森林生态网络体系建设总体规划、林业主体工程规划等内容。这些内容紧密联系我国实际，是国内首次以全国国土区域为单位，按照点、线、面的框架，从理论探索和实验研究两个方面，对区域森林生态网络体系建设的规划布局、支撑技术、评价标准、保障措施等进行深入的系统研究；同时立足国情林情，从可持续发展的角度，对我国林业生产力布局进行科学规划，是我国森林生态网络体系建设的重要理论和技术支撑，为圆几代林业人"黄河流碧水，赤地变青山"梦想，实现中华民族的大复兴。

作者简介

　　彭镇华教授，1964 年 7 月获苏联列宁格勒林业技术大学生物学副博士学位。现任中国林业科学研究院首席科学家、博士生导师。国家林业血防专家指导组主任，《湿地科学与管理》《中国城市林业》主编，《应用生态学报》《林业科学研究》副主编等。主要研究方向为林业生态工程、林业血防、城市森林、林木遗传育种等。主持完成"长江中下游低丘滩地综合治理与开发研究"、"中国森林生态网络体系建设研究"、"上海现代城市森林发展研究"等国家和地方的重大及各类科研项目 30 余项，现主持"十二五"国家科技支持项目"林业血防安全屏障体系建设示范"。获国家科技进步一等奖 1 项，国家科技进步二等奖 2 项，省部级科技进步奖 5 项等。出版专著 30 多部，在《Nature genetics》《BMC Plant Biology》等杂志发表学术论文 100 余篇。荣获首届梁希科技一等奖，2001 年被授予九五国家重点攻关计划突出贡献者，2002 年被授予"全国杰出专业人才"称号。2004 年被授予"全国十大英才"称号。